普通高等教育"十一五"国家级规划教材

高职高专规划教材

食品冷加工工艺

第 2 版

主　编　田国庆

副主编　齐凤生

　　　　张延明

参　编　刘红英

　　　　闵剑青

　　　　李　浙

主　审　李建华

U0288092

机械工业出版社

本书在系统介绍食品冷加工基本原理的基础上，论述了食品冷却、食品冻结、食品冻藏和食品解冻的基本理论和方法，并对肉禽、水产品、蛋类、果蔬类等的冷冻加工技术作了详细的介绍。书中还介绍了食品冻结装置、调理食品的冷加工技术及食品冷藏库的管理等内容。

本书可作为高等职业院校制冷与空调专业和食品专业以及农产品加工与储藏专业的教材，也可作为普通高等院校制冷空调专业和食品专业学生及相关专业技术和管理人员的教材或参考书，还可作为从事制冷空调工程和食品工程的技术、管理人员的参考书。

本书配有电子教案，凡使用本书作为教材的教师可登录机械工业出版社教材服务网 www.cmpedu.com 下载。咨询邮箱：cmpgaozhi@ sina. com。咨询电话：010 – 88379375。

图书在版编目（CIP）数据

食品冷加工工艺/田国庆主编. —2 版. —北京：机械工业出版社，2008. 1（2018. 2 重印）
普通高等教育"十一五"国家级规划教材. 高职高专规划教材
ISBN 978-7-111-12355-2

Ⅰ. 食…　Ⅱ. 田…　Ⅲ. 食品冷加工 – 高等学校：技术学校 – 教材
Ⅳ. TS205. 7

中国版本图书馆 CIP 数据核字（2008）第 003138 号

机械工业出版社（北京市百万庄大街 22 号　邮政编码 100037）
责任编辑：刘良超　张双国　责任校对：申春香
封面设计：饶　薇　　　　责任印制：张　博
三河市宏达印刷有限公司印刷
2018 年 2 月第 2 版第 6 次印刷
184mm×260mm · 14 印张 · 326 千字
12001—13900 册
标准书号：ISBN 978-7-111-12355-2
定价：36. 00 元

前　言

随着我国国民经济的发展，人民生活水平的提高和生活条件的改善，冷冻食品的需求量也越来越大，对冷冻食品生产的技术要求也越来越高。冷冻食品是保持食物新鲜品质和风味的最佳方法，冷冻与冷藏技术人员正在迅速增多，他们需要这方面的理论和生产工艺技术知识。为此，我们对《食品冷加工工艺》一书作了修订，以供高等职业院校制冷与空调专业和食品专业以及农产品加工与储藏专业学生学习和参考，也可供有关工程技术人员和管理人员学习和参考。

本书阐述了食品的冷却、冻结、冻藏、解冻等方面的基本理论和方法，详细介绍了肉禽、水产品、蛋类、果蔬类等的冷冻加工技术，还介绍了食品冻结装置、调理食品的冷加工技术和管理等。

本书由浙江树人大学田国庆任主编，河北农业大学海洋学院齐凤生、内蒙古轻工职业技术学院张延明任副主编。参加编写的还有：河北农业大学海洋学院刘红英、浙江树人大学闵剑青、浙江高专建筑设计研究院李浙。河北农业大学海洋学院李建华任主审。

作者在编写本书过程中，参阅了国内、外有关资料，并得到了有关科研机构和冷冻食品生产厂家的积极支持。本书参阅的国内、外有关的专业书籍、文献资料，均在书后列出了参考文献，如有疏漏，望能得到有关作者的谅解。

由于编者的业务水平和实践经验所限，书中难免存在错误和不足之处，恳请同行专家和读者批评指正。

编　者

目　录

绪　　论

饮食水平是反映人们生活质量高低，国家文明程度的重要标志。饮食水平的高低离不开食品工业的发展与现代化。食品冷藏冷冻业是现代食品工业的一个分支。自改革开放以来，伴随着我国经济的增长，人民物质文化水平的提高，食品冷冻冷藏业也有了长足的进步与发展。进入 21 世纪后，如何提高食品冷加工质量，完善食品冷藏链，保护食品资源，成为人们新的更高的追求目标，也是我国食品产业可持续发展的一项基本战略。对于从事于食品低温保鲜业、冷冻食品制造业、低温保藏业、低温运输业等行业人员来说，未来充满挑战和机遇，任重而道远。

人类利用天然冷源来制冷已有悠久的历史。早在 3000 多年前，我国《诗经》上就有冬季采集冰雪储藏，到夏季取出降温的记载。但采用天然冷源，难以得到 0℃ 以下的低温，还要受区域、季节等条件的限制，远远不能满足社会发展的需要。

人工制冷技术是从 19 世纪中叶开始发展的。1834 年英国人波尔金斯制成了用乙醚做制冷剂的第一台制冷机。1844 年美国人高斯发明了空气压缩式制冷机。1862 年法国人卡尔里制成吸收式制冷机。1874 年德国人林德发明了世界上第一台氨压缩机，使制冷技术进入实际应用的广阔天地。人工制冷不受环境、区域的限制，可以根据需要制取不同的低温。近 50 年来，随着现代科技的迅速发展，制冷技术已经成为现代社会不可缺少的技术，并且正在国民经济、人民生活、国防科研等各领域中发挥着日益重要的作用。

"民以食为天"，它深刻地说明了人类依赖于食品而生存的密切关系。在众多的食品保藏方法中，低温保鲜是能最大限度地保持食品原有色、香、味及食品外观和质地的方法。可以说低温保鲜在目前仍是效果最好、价格较低、保鲜时间较长的方法，也是世界各国最普遍采用的一种方法。低温保鲜不仅能抑制微生物及酶类的活动，而且能降低食品基质中水的活性，防止食品腐败变质，从而保持了食品的鲜度和营养价值。

食品工业是应用制冷技术最早、最多的部门。由于肉类、水产品、禽蛋、果蔬等易腐食品的生产有较强的季节性和地区性，为了调剂旺、淡季节，保障供给，就需要将食品进行冷加工、冷藏及冷藏运输，这就需要用制冷装置来装备冷库、冷藏车船等。在现代化的食品工业中，食品从生产、储藏到运输、销售，始终保持在低温状态。这种完整的冷藏网统称冷链，它可以较好地保证食品的质量，减少生产及分配过程中的损耗，在满足人们生活需要方面发挥着重要的作用。

我国食品冷藏业的发展经历了一个从无到有的过程。进入 21 世纪，全国社会安定，经济繁荣，生产发展，生活水平进一步提高，冷冻冷藏业呈现突飞猛进之势，全国冷藏库总容量大幅提高，各类食品速冻加工和冷冻加工经营企业、各种生产及经营冷冻设备企业也得到迅速发展，有关院校也迅速增多，开设相应课程，积极培养冷冻食品技术人才。

随着生活品质的逐步提高，人们开始关心环保，关心绿色消费和绿色食品。绿色食品是对"无污染"食品的一种形象表述。绿色食品是我国的提法，国外则把此类食品称做生态食品。绿色象征生命、健康和活力，也象征生态农业和环境保护。凡是与生命、环境相关的事物通常都冠之以"绿色"。所以，绿色食品是按照特定的生产方式生产，经专门机构认定，许可使用绿色食品标志，无污染、安全、优质、营养类食品的统称。中国绿色食品有一定的评价标准，一般分为 AA 级和 A 级，前者要求极为严格，后者略微宽松，即在生产过程中允许限量使用限定的化学合成物质——只要这种污染不影响人们的健康。随着我国冷冻冷藏事业的发展，绿色冷冻食品作为绿色食品的一部分，将会受到人们的进一步关注，有关这方面的研究工作将会进一步深入下去。

我国目前食品冷冻冷藏业的技术概貌有如下几点：

1）冷加工工艺多样化，包括低温保鲜、冰保鲜、冷却保鲜、微冻保鲜、冷海水喷淋保鲜、气调冷保鲜、CO_2 冷保鲜、化学冷保鲜、减压冷保鲜、微波保鲜、冻干技术等。

2）冷冻冷藏生产已开始采用计算机控制和调节过程，使制冷装置保持在最经济、最合理的工况下运行，使食品在冷加工和冷藏过程中保持最好的质量，食品干耗降到最小值，同时使制冷装置的耗电、耗水量和耗油量降到最小限度，从而达到降低经营管理费用的目的。计算机控制系统还将企业经营、管理等组合在一起，实现了生产经营的自动化管理，这是冷藏企业技术进步的一大飞跃。

3）食品冷冻加工已改变了旧式冻结间慢冻白条肉、冻大盘鱼虾等老式结构，冻结工艺已有吹风式、接触式、沉浸式和喷淋式等，并不断开发研制快捷、方便、富营养的速冻食品，单体食品冻结装置。我国已能生产推进式、流态式、螺旋式、隧道式等多种形式装置。速冻食品年产量成倍增长，正顺应了人们生活快节奏的要求。

我国食品冷冻、冷藏业未来发展趋势主要表现在以下几个方面：

1）我国食品冷链将进一步完善，新冷链经济模式也就降生，食品冷冻冷藏业就进入发展新阶段，直接促进了食品冷冻加工、储存、运输业的发展，必将产生一批新型的冷链设施制造企业和为冷链系统配套服务的制冷器具制造业。由于冷链形成为新兴产业，将成为我国国民经济新的增长点。

2）随着商业流通体制的改革，超市和连锁商业的快速发展，新建立或由原有的大型分配性冷库组建低温食品配送中心或冻品批发中心必然是新世纪冷库功能拓展的重要一环，以实现信息流、商流和物流的有机结合。

3）由于冷却肉具有味美、肉嫩、营养、卫生等特点，发展冷却肉（包括水产品微冻保鲜）已成为 21 世纪冷冻食品加工技术进步的主要标志。市场将形成"热鲜肉满天下，冷冻肉稳天下，冷却肉甲天下"的格局。

4）食品安全将得到政府和社会的进一步关注，冷藏食品的质量保证体系将进一步完善。目前，果蔬方面冷却保鲜技术的深化研究开发已经展开并取得一些良好的成果。各地将建设一批环保节能的气调冷库，以强化保鲜效果。

5）食品冷加工将优化产品结构，把不具备竞争优势的产品生产减少到最低限度，将资源移向具有竞争优势的产品上来，努力扩大优势产品的出口市场。速冻食品方面如中华名点心、特色佳肴、驰名调理食品、异域风味小吃及各式速冻配菜，将会有突飞猛进的跳跃发展。

6）社会发展和科技进步，使食品保鲜技术朝着储存温度多样化和低温化发展，变温

库和 $-20 \sim -30℃$ 的低温库将逐渐增加。企业的电脑化经营和制冷系统自动控制将进一步完善。

　　总之，食品冷冻技术是一项很重要的技术。掌握这门技术，可以使食品原有的营养、风味、鲜度和质量尽可能最大限度地保持。这对于提高经济效益，改善人们生活，具有深远的意义。我国的冷藏业应努力使食品冷冻、冷藏技术与装备逐步与国际冷冻、冷藏技术的发展相接轨，进一步建立和完善各类冷冻冷藏食品的生产标准和操作规程，发展冷藏链物流技术，逐步提高人们的生活品质。

第 一 章

食品的基础知识和低温储藏原理

1

食品品种多、分布广，但按其来源可分为两大类：动物性食品和植物性食品。动物性食品包括肉、禽、蛋、乳和动物脂肪等，植物性食物包括水果和蔬菜等。

第一节　食品的组成成分

食品的组成成分可分为有机的和无机的。属于有机的有蛋白质、糖、脂肪、维生素等；属于无机的有水和矿物质等。

一、蛋白质

蛋白质是一类复杂的高分子含氮化合物。它是一切生命活动的基础，是构成生物体细胞的主要原料。每1g蛋白质能为人体提供16.7kJ热量。

1. 蛋白质的组成

蛋白质种类繁多、结构复杂，但不管来源和种类如何，它们的化学组成均相似，主要由碳、氢、氧、氮、硫、磷6种元素组成，另有少量的铁、铜、锌等。碳、氧、氢、氮、硫、磷的含量大致如下：碳50.6%～54.5%[⊖]，氧21.5%～23.5%，氢6.5%～7.3%，氮15.0%～17.6%，硫0.3%～2.5%，磷0%～4%。

蛋白质的基本组成单位是氨基酸。一般由多种氨基酸组合而成，目前已知蛋白质中的氨基酸共有30多种，每种蛋白质至少含有10种以上的氨基酸。存在于食品蛋白质中的氨基酸约有20余种。根据人体需要，氨基酸可分为必需氨基酸和非必需氨基酸。必需氨基酸在人体内不能合成，必须由食物蛋白质来供给才能满足机体正常生长和健康。非必需氨基酸对于健康也是必需的，但它们在人体内是能够合成的。必需氨基酸包括赖氨酸、色氨酸、苯丙氨酸、蛋氨酸、苏氨酸、亮氨酸、异亮氨酸和缬氨酸8种。非必需氨基酸有甘氨酸、丙氨酸、丝氨酸、天门冬氨酸、谷氨酸、脯氨酸、羟脯氨酸、酪氨酸、胱氨酸和半胱氨酸等。

2. 蛋白质的性质

食品中蛋白质的性质是很不稳定的。它是同时具有酸性和碱性的两性化合物。由于蛋白质分子都很大，而且具有亲水胶体的一般特性，因此在水中时呈胶体溶液。蛋白质分子的水化作用使蛋白质溶液相当稳定。当在蛋白质溶液中加入大量的碱金属和碱土金属的盐类，如硫酸铵、硫酸钠、氯化钠、硫酸镁时，就能使蛋白质从水溶液中沉淀析出，这个现象称作盐析作用。盐析作用所引起的蛋白质析出常常是可逆的。因为这些无机盐破坏了蛋白质分子外层的水化膜，蛋白质仍保持了原来的结构和性质，用水处理即复溶解。

由于各种物理和化学因素的影响，蛋白质分子内部排列发生变化，致使蛋白质溶液凝固或使其原有性质发生部分改变或全部丧失，这个现象称作蛋白的变性作用。引起蛋白质变性的因素很多，如温度（加热或冷冻）、化学试剂、剧烈振荡、高压等。变性后的蛋白质许多性质发生了改变，包括溶解度降低、发生沉淀和凝固而不能再溶解、失去生理活性、易被消化水解等。在大部分情况下，变性过程是不可逆的。蛋清加热凝固、牛奶遇酸结块即是典型的变性与凝固现象。

⊖　本书中提及物质的含量，除特殊说明外，均指物质的质量分数。

蛋白质在强酸、强碱或酶的作用下，可逐步发生水解，并经过一系列的中间产物，最终产生氨基酸，这个作用称为蛋白质的水解反应。蛋白质的水解反应对生物体具有重要意义。生物摄取的蛋白质，必须水解为氨基酸后才能被吸收利用；植物体中衰老组织的蛋白质水解为氨基酸后，可运送至新生组织作为合成蛋白质所需的原料。但是，食品的腐败变质也是在蛋白质发生水解反应后微生物继续作用所致。

3. 蛋白质的分类

蛋白质根据其营养价值也即根据氨基酸的种类和数量分为三类：

（1）完全蛋白质　完全蛋白质是一种质量优良的、含有人体必需而在人体内不能合成的 8 种氨基酸的蛋白质。这种蛋白质所含的氨基酸种类齐全、数量充足、比例合适，不但能维持人的生命和健康，并能促进儿童的生长发育。酪蛋白、乳白蛋白、麦谷蛋白等均属于完全蛋白质。

（2）半完全蛋白质　这种蛋白质所含各种人体必需的氨基酸的种类尚齐全，但由于含量不均，互相之间比例不合适，若在膳食中作为唯一的蛋白质来源时，可维持生命，但不能促进生长发育。小麦中的麦胶蛋白即属于半完全蛋白质。

（3）不完全蛋白质　这种蛋白质所含人体必需的氨基酸的种类不全，用作唯一的蛋白质来源时，既不能促进生长发育，也不能维持生命。玉米中的胶蛋白等即属于不完全蛋白质。

二、糖类

糖是植物光合作用后的产物，由碳、氢、氧三种元素组成。绝大多数糖含氢和氧的比例和水中的氢、氧比例一样。因此，糖又称为碳水化合物。糖是供给人体热量的最主要、最经济的来源，其发热量与蛋白质相同且最易消化和吸收。每 1g 糖在人体内可产生 17.15kJ 的热量。

糖的种类很多，按其分子组成不同及能否水解和水解产物的情况，一般可分为单糖、双糖、多糖三类。

1. 单糖

单糖是不能再被水解的最终的糖分子，易溶于水，具有甜味，为白色粉状结晶，可不经过消化液的作用直接在人体氧化产生热能吸收和利用，如葡萄糖、果糖、半乳糖等。果实中存在大量葡萄糖和果糖。

单糖在鲜果菜中，在呼吸酶的催化下能参与呼吸作用，产生以下反应：

$$C_6H_{12}O_6 + 6O_2 \xrightarrow{\text{呼吸酶}} 6H_2O + 6CO_2 + 2818.4kJ$$

呼吸作用的结果，不仅消耗了糖类，而且产生的热量还能促进果蔬的其他生理化学变化，并为微生物的生长繁殖创造适宜的条件。针对果蔬的这种特点，可采用冷却储藏或气调储藏的方法控制它们的呼吸作用，延长它们的储藏期。

2. 双糖

双糖是两个分子单糖失去一个水分子组成的，水解之后可产生两个分子单糖。双糖易溶于水，有甜味，能形成结晶，渗透性、吸湿性较强。双糖需经过酸或酶的水解作用生成单糖后，方能被人体吸收。蔗糖、麦芽糖、乳糖等均属于双糖。

3. 多糖

多糖是由几百个单糖分子相互脱水组成的，没有甜味。多糖水解时分解为许多单糖。淀粉、纤维素和糖原等均为多糖。

淀粉在米、面、白薯和土豆中含量较多。纤维素存在于蔬菜、水果及谷类的外皮中，它不能被人体消化吸收，但有助于肠壁蠕动，帮助肠胃对食物的消化。糖原储存在动物组织中，肝脏和肌肉中含量较多。动物肌肉中的肌糖原在自溶酶所促进的无氧分解的酵解作用下产生乳酸，使肉的 pH 降低，肉由中性变成酸性，促进了肉的成熟。

三、脂类

脂类可分为脂肪与类脂两类。脂肪是由各种不同的脂肪酸和甘油结合而成的三脂肪酸甘油脂。构成脂肪的脂肪酸分饱和脂肪酸（硬脂酸、软脂酸等）与不饱和脂肪酸（油酸等）。

在一般情况下，不饱和脂肪酸较饱和脂肪酸熔点低。因此在常温下，饱和脂肪酸甘油脂呈凝脂状态，如猪油、牛油等；而不饱和脂肪酸甘油脂呈液状，如植物油、鱼肝油等。饱和脂肪酸在人体内可由蛋白质和糖综合转化而成，而一些不饱和脂肪酸在人体内不能合成，必须从饮食中获得。

类脂是一些类似脂肪的物质，其理化性质与脂肪相似，但其化学组成中除含有脂肪酸、甘油等外，还含有磷、胺基、糖等成分。脂肪在动物性食品中和植物种子内含量较多，在蔬菜、水果中含量较少，在猪肉中含 29.2%，鸡蛋中含 11.6%，牛奶中含 3.5%，花生仁中含 39.2%。

脂肪能供给人体大量的热能。脂肪也是某些维生素良好的溶剂。脂肪储存于皮肤下层和内脏四周，可以保持体温和保护内脏器官。类脂则是细胞膜和脑神经组织的组成成分。

脂肪的氧化分解过程与温度有关。温度高时，氧化作用进行得快些。所以，降低温度能保证脂肪的质量。

四、维生素

维生素是低分子的有机化合物，在食品中的含量很少，但却是维持生物正常生命活动所必需的一类有机物质。生物体对维生素的需要量很少，但它们却起着极其重要的作用，如调节新陈代谢等。缺乏维生素会引起各种疾病。人体需要的维生素主要从动物性食品和植物性食品中摄取。

维生素可分为脂溶性和水溶性两大类。脂溶性维生素有维生素 A、维生素 D、维生素 E、维生素 K 各小类，它们不溶于水而溶于脂肪和脂肪溶剂（如苯、乙醚、氯仿等）；水溶性维生素分维生素 B、维生素 C 各小类，有的小类或族中又包含几种维生素如维生素 B_1、维生素 B_2、维生素 B_6、维生素 B_{12} 等。

五、酶

酶是生物细胞中产生的一种特殊的具有催化作用的蛋白质。酶在食品中的含量很少，它脱离活细胞后仍然具有活性。酶促反应是食品腐败变质的重要原因之一。

酶的性质与蛋白质相似。酶的作用强弱与温度有关。酶不耐热，一般在 40～50℃时，酶的活性最强，而在低于 0℃或高于 70～100℃时，酶的活性即变弱或终止。每一种酶都有最适宜的温度。酶具有最明显的特异性，即每一种酶只能对一种物质或有限的几种物质起作用。

六、水

一切食品中均含有水分，但含水量是不同的，如水果的含水量为 73% ~ 90%，蔬菜含 65% ~ 96% 的水，鱼含 70% ~ 80% 的水，肉含 50% 的水。有的食品含水量较少，如乳粉含 3% ~ 4% 的水，食糖含 1.5% ~ 3% 的水。

食品中的水分主要是以游离水和胶体结合水两种状态存在的。所谓游离水，是指食品组织、细胞中能够自由移动游离，容易结冰，也能溶解溶质的水，亦称自由水。食品中的冰点，即是游离水结冰的温度。所谓胶体结合水，是指构成蛋白质、糖等胶粒周围水膜的水，亦称束缚水。胶体结合水不易流动，不能作为溶质的溶剂，也不易结冰，其冰点往往在 -30℃ 或 -40℃。

食品中的水分为微生物繁殖创造条件，所以为了达到降低食品水分以防止微生物的繁殖的目的，必须把食品中的水分去掉或冻结。

目前用水分活度（A_W）对介质内能参与化学反应的水分进行估量，食品水分的质量分数不能直接反映食品储藏的安全条件，而水分活度能直接反映食品的储藏条件。

水分活度是指食品中呈液体状态的水的蒸气压与纯水的蒸气压之比，即

$$A_W = \frac{p}{p_0} \qquad (1-1)$$

式中　p——食品中呈液体状态的水的蒸气压；

　　　p_0——纯水的蒸气压。

食品中只有自由水才能溶解可溶性的成分（如糖分、盐、有机酸等）。呈溶液状态的水，其蒸气压就随着可溶性成分的增加而减少。所以食品中呈液体状态的水，其蒸气压都小于纯水的蒸气压。食品的水分活度都小于 1。

水分活度可用来表示微生物生长的有效水分含量。不同的微生物在繁殖时所需要的水分活度范围是不同的。多数细菌最低的水分活度界限为 0.86，酵母为 0.78，霉菌为 0.65。

大多数新鲜食品（如鱼、肉、果蔬、牛奶等）的水分活度都在 0.9 以上，具有适合多数种类细菌繁殖的水分活度条件，所以新鲜食品是易腐性的食品。利用干燥、盐藏、糖渍、冷冻等方法储藏食品，其目的都是为了降低食品的水分活度。经过冻结的食品，水结成冰晶后，造成了干燥的环境，其水分活度大大降低，增加了食品储藏的稳定性。

七、矿物质

各种食品中都含有少量矿物质，大多以无机盐形态存在，一般占其总质量的 0.3% ~ 1.5%。其数量虽少，但却是维持动植物正常生理机能不可缺少的。人体所需的矿物质均要从食品中得到供给。植物体的矿物质含量比动物体要高，所以，蔬菜特别是其叶部是人类获得矿物质营养的主要来源。

动物性食品根据身体各部分的不同所含无机盐成分差异很大，如骨骼中的矿物质含量为 83%，它们主要是以钙和镁的磷酸盐及碳酸盐的形式存在；血清中矿物质主要以氯化钠（占总灰分的 60% ~ 70%）形式存在；红血球中含有铁；肝脏中含有碱金属与碱土金属的磷酸盐和氯化物，也含有铁；结缔组织中含有钙和镁的磷酸盐；筋肉中主要是钾的磷

酸盐，其次是钠和镁的磷酸盐。

植物性食品的矿物质成分主要是钾、钠、钙、镁、铁等磷酸盐、硫酸盐、硅酸盐与氧化物。植物储藏养料的部分（种子、块茎、块根等）含钾、磷、镁较多，而支撑部分含钙较多，叶子则含镁较多。

矿物质和蛋白质共存维持生物各组织的渗透压力，同时和蛋白质一起组成缓冲体系维持酸碱平衡。

由于食品中含有多种无机盐，故其冻结点要比纯水低些。一般食品汁液的冻结点在0℃以下。附录B中有一些食品的冻结点介绍。

第二节　食品微生物学基本知识

一、食品微生物与人类的关系

微生物学是研究微生物生命活动的一门科学。微生物是一种必须用光学或电子显微镜才能看到的微小的生物。它在自然界中分布极广，土壤、水、空气中均有微生物的存在，如在1g土中有几亿到十几亿个微生物，在1g水中有几千到几百万个微生物，在城市里1m^{3}空气中有几万个微生物。绝大多数微生物对人类有益，它们参与自然界中的各种物质转化，并为工农业生产所利用。如青霉素、链霉素是霉菌的活动产物，我们日常生活中用的酱、醋、酸牛奶、腐乳等也是霉菌作用的结果。

当然，霉菌的危害性也是较严重的。有害霉菌种类虽不多，但数量大、分布广，对食品有一定的损害。如有害霉菌曲霉、青霉和镰刀菌，它们极易在各种粮食、肉类、蔬菜和调味品等食品上生长，如条件合适，便可产生毒素，导致食品腐败、变质而不能食用。

由此可见，食品微生物是与人类的生活和健康有着密切关系的。食品微生物学就是专门研究与食品有关的微生物的性状，以及在一定条件下微生物与食品的相互关系。

二、微生物的形态、构造和繁殖

微生物多数是单细胞生物。其体积很小，在显微镜下观察，直径一般为$2\sim5\mu m$，最大的有$100\mu m$，最小的只有$0.01\mu m$。

微生物包括细菌、真菌（酵母菌、霉菌）、立克次氏体、放线菌、原生动物、病毒和单细胞藻类等。其中与食品冷加工最有关系的是细菌、霉菌和酵母菌。

1. 细菌

细菌大多数是无色的单细胞有机体。根据单细胞细菌的形状可分为三类：

（1）球状菌　球状菌形如规则的球形或椭圆形，平均直径为$1\mu m$。由于分裂的方向和分裂后细胞排列的位置不同，球状菌又分为单球菌、双球菌、链球菌、八叠球菌等（图1-1a～d）

（2）杆状菌　杆状菌形如长短芽孢和形成芽孢两类，后者为芽孢杆菌（图1-1e、f）。

（3）螺旋状菌　按菌体形状的弯曲程度可分为：螺旋菌，形如拉丁字母"S"；螺旋旋体菌，形如很多螺旋状的细丝（图1-1g、h）。

各种细菌的构造基本相同，且与植物细胞相似，一般由细胞壁、细胞膜、细胞质、核质体等组成。

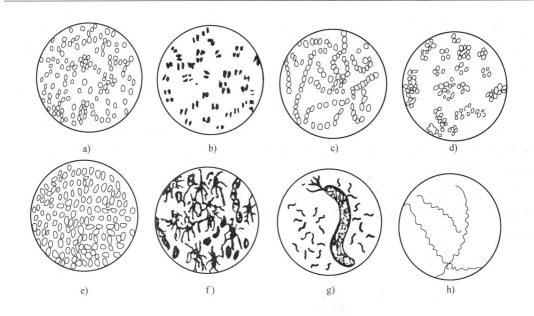

图 1-1　细菌和各种形状

a）单球菌　b）双球菌　c）链球菌　d）八叠球菌　e）杆状菌　f）芽孢杆菌　g）螺旋菌　h）螺旋旋体菌

细菌的繁殖是以裂殖的方式进行的，即一个细胞分裂为两个子细胞。分裂时首先菌体生长伸长，核质体分裂，菌体中部的细胞膜以横切方向形成隔膜，使细胞质分为两部分，细胞壁向内生长，把横隔膜分两层，形成子细胞的细胞壁，然后，子细胞分离成两个菌体。

细菌由一个母细胞分裂为两个子细胞，根据分裂的方向及分裂后各子细胞的排列的状态不同，可形成各种形状的群体。如球菌可分为六种：单球菌、双球菌、链球菌、四联球菌、八叠球菌、葡萄球菌。

细胞繁殖的速度与周围的环境条件有关，如温度、湿度、营养、光线作用、氧的供给及酸碱度等。在适宜的条件下，如大肠杆菌能在 $20 \sim 30min$ 繁殖一代，24h 可繁殖 72 代，菌体数目可达 47×10^{22} 个。但随着菌体数目的增加，营养物质迅速消耗，代谢产物逐渐积累，上述适宜的环境条件很难持久，所以微生物的繁殖速度永远达不到上述水平，最后减低繁殖速度或停止繁殖。

当单个或少数细胞接种到固体培养基地面后，如果条件适宜，它们就局限在一起，迅速生长繁殖形成肉眼可以看见的一团或一片子细胞群体，这称为菌落。菌落的形态（大小、形状）和颜色视细菌和培养基的种类而异。

2. 霉菌

霉菌亦称丝状真菌，是真菌的一部分。其菌体为丝状，分枝频繁，称为菌丝。大量密集的分枝相互交错在一团的菌丝称菌丝体。

霉菌的菌丝有两类：①有横隔菌丝，其每一段就是一个细胞，整个菌丝体是由多细胞构成，横隔的中央留有极细的小孔，使细胞质和养料互相沟通；②无横隔菌丝，其整个菌丝体就是一个单细胞，含有多个细胞核。

　　菌丝可能分化成特殊的结构或组织，在固体培养基上，一部分菌丝伸入培养基内层吸收养料，以供给整个菌丝体使用，称营养菌丝；另一部分菌丝向空中生长，称为气生菌丝，其中一部分发育到一定阶段，产生孢子，进行霉菌的繁殖。

　　一般霉菌菌丝无色，有些呈褐色或绿色，也有一些在生长初期无色而后期菌丝渐变有色。霉菌的菌落呈棉絮状或绒毛状，铺展较大。

　　霉菌的菌丝细胞的直径约 3 ~ 10μm。它是由细胞壁、细胞膜、细胞质、细胞核和其他胞内含物组成。其中细胞质中含有各种颗粒体，而且幼嫩的细胞质均匀、稠密，在老的菌丝中出现许多液泡。

　　霉菌适宜在氧气充足而潮湿的地方繁殖，故常生长在潮湿物质的表面或裂缝中。霉菌的繁殖方式主要依靠各种孢子来进行。形成孢子的方式分为有性孢子繁殖和无性孢子繁殖两种。

　　常见的几种霉菌形态见图1-2所示。

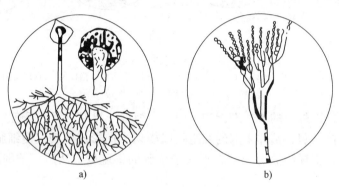

图 1-2　常见的几种霉菌形态
a）带有孢子的孢分囊　b）带有分生孢子的分生孢子柄

3. 酵母菌

　　酵母菌是一群单细胞微生物，属真菌类，一般地说是无鞭毛的不运动的真菌。酵母细胞的形态多样，依种类不同而有差异，普通的有球形、椭圆形、卵圆形、柠檬形、腊肠形以及菌丝状等，如图1-3所示。

　　酵母菌具有典型的细胞结构，有细胞壁、细胞膜、细胞核、液泡、线粒体及各种储藏

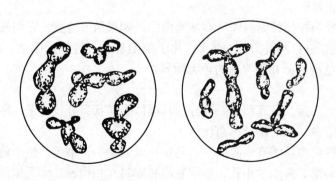

图 1-3　酵母菌的形状

物。酵母菌细胞的大小，根据不同的种类差别很大，一般在 $1 \sim 5\mu m$ 及 $5 \sim 30\mu m$ 之间。发酵工业上通常培养的酵母菌细胞平均直径为 $4 \sim 6\mu m$。

酵母菌的繁殖方式分无性繁殖和有性繁殖两种。无性繁殖以出芽的方式进行繁殖（芽殖）为主，只有少数的酵母菌是以分裂的方式来繁殖的（裂殖）。

三、微生物的营养和呼吸

微生物和其他生物一样，以新陈代谢为生命活动的基础。它们一方面不断地从外界摄取营养，组成新的细胞物质使自己生长，同时通过呼吸过程取得生长、繁殖和代谢活动所需的能量，并且将代谢产物排出体外。

1. 微生物的营养

微生物的种类很多，它们总是根据自身生命活动的需要，从自然界吸取各种不同的营养物质。例如，多数微生物从营养丰富的肉类、鱼类、粮食、果蔬等食品中吸取营养，旺盛地生长繁殖；有些微生物可以直接利用稻草、木屑、棉子壳等粗纤维充当食物；有些微生物能够吸取空气中的氮气、二氧化碳作为营养；有些微生物还可以分解破坏坚硬的混凝土来吸取养料维持生命；还有些微生物专从石油中获得营养，甚至连石炭酸毒剂，也可充当某些菌的"食物"。这些都说明不同的微生物对食物各有选择，且多样性。因此，我们应了解微生物的营养特性，并根据不同的需要进行有效地培养，利用和加以控制。

（1）微生物的基本营养　微生物的基本营养包括组成细胞结构的各种原料和生命活动所需能量的来源，主要是由碳、氢、氧、氮（占全部干质量的 90% ~97%）和各种无机元素所组成。这些元素构成各种细胞中有机物质，如蛋白质、糖类、脂肪、核酸及无机元素。另外，微生物细胞中含水量很大，约占细胞鲜质量的 70% ~90%。

（2）微生物的营养吸收　由于大多数微生物是由单细胞构成的，因而就决定了营养吸收的特殊性。微生物没有特殊的摄取营养物质和排出体内代谢物的器官，营养物质的吸收和代谢物质的排除均通过细胞质膜的通透性来实现。

细胞质膜允许物质透过的特性称为通透性，它与吸收并不是等同的概念。通透性是细胞质膜的物理化学属性，而吸收是细胞的生理作用。只有能透过的物质才能被细胞所吸收，所以细胞质膜的通透性对细胞营养吸收是重要的。

细胞质膜的通透性因微生物菌种和菌龄不同而有所差异，一般幼龄菌的细胞质膜的通透性较大。当细胞受操作或死亡时，细胞质膜的通透性增加，使菌体内容物渗出。细胞的通透性也可受各种因素的影响而发生变化，如对细胞加以冻结、溶解处理或有机溶剂处理及营养物质浓度较细胞内高时都可使通透性增加。外界的 pH 值、温度及有毒物质等都会影响细胞的通透性。

所有的营养物质只能随水一起进入细胞，也只能借水从细胞内排出代谢物。也就是说，微生物必须在有水的情况下才能生存。

营养物质要想透过细胞质膜而进入细胞，那它必须是溶质才行。如某些糖类、盐类等简单物质，可以直接透过细胞质膜进入细胞内，而有些物质，如蛋白质、淀粉、脂肪等，必须先分解成简单物质后才能进入细胞内部。这种分解过程必须通过胞外酶来实现。

微生物的酶有胞内酶和胞外酶两种。胞内酶是在微生物细胞内的酶，它的功用是将透过细胞质膜而进入细胞的营养物质合成为组成微生物物体的各种复杂成分；胞外酶是由微生物物体内分泌出来的酶，它的功用是将微生物周围的大分子的化合物水解成为小分子的可溶性简单物质，使其能透过细胞质膜而进入细胞内。当胞外酶对外界营养物质水解的数量大大超过微生物所需的营养物质的数量时，则说明食品已遭到微生物的侵蚀和污染，将开始大量腐败。

（3）微生物的营养类型　微生物所需要的营养物质是有一定范围的，只能利用某些类型的物质。根据微生物所需要营养和能源的不同，尤其是碳素营养来源的不同，可将它们分为自养微生物和异养微生物两大类。

1）自养微生物（无机营养型）。自养微生物靠营养而生，能在完全无机物的环境中生长繁殖，故是无机营养型，也称自养型。这类微生物又称无机营养型微生物。

无机营养型微生物能直接利用空气中的二氧化碳或环境中的碳酸盐作为唯一碳源。而将二氧化碳转化为有机化合物，还需能量供应。因其能量来源不同可分为利用无机物氧化过程释放化学能的化能无机营养型和利用光能即光合作用获得能量的光能无机营养型。

无机营养型微生物独立生活能力强，不依赖有机物生活，更不寄生在任何动植物体内，在农业生产上它们多数是有益的。

2）异养微生物（有机营养型）。异养微生物的合成能力较差，至少需要一种有机物存在才能成长，它不能以二氧化碳作为唯一的碳源，故是有机营养型，又称异养型。这类微生物称为有机营养型微生物。

有机营养型微生物一般都是以现成的有机物氧化分解时产生的化学能量来获得生命活动所需要的能量，称为化能有机营养型。但也有少数能进行光合作用获得能量的，称为光能有机营养型。

化能有机营养型微生物的种类和数量都很多，包括大多数细菌、酵母菌、霉菌及全部放线菌等。根据它们的生态习性不同又分为腐生性和寄生性两种类型。能够在分解死亡的有机物质（动植物残体）上获得营养而生长发育的微生物，称为腐生性微生物；必须寄居在活的生物体（动植物体）内才能生活的微生物，称为寄生性微生物。

2. 微生物的呼吸

微生物通过呼吸作用获得能量，用以进行各种复杂的生命活动。有机营养型微生物从有机物取得能量；无机营养型微生物则依靠化学能或日光能维持生命。

（1）微生物呼吸作用的特点　我们知道，动物利用呼吸器官吸入空气，摄取其中的氧气，氧化体内的食物，放出二氧化碳，同时获得能量来维持生命，称为呼吸作用。植物在日光辐射下进行光合作用，呼入二氧化碳和水，合成体内糖类和产生氧气，同时又吸入氧气，氧化体内的糖类，再放出二氧化碳，产生能量，这也是一种呼吸作用。动、植物的这两种呼吸作用的共同特点都是利用空气中的氧气进行氧化作用，放出二氧化碳，从而获得能量，维持生命。

微生物也需要通过呼吸作用，释放能量来维持生命，但微生物的呼吸不一定都需要氧气，有氧气和无氧气都能呼吸（氧化），放出二氧化碳和能量，供生命活动的需要。因此，微生物的呼吸作用，就是在细胞内酶的催化下，把营养物质氧化的过程，也可称为生物氧化作用。其过程是微生物从外界吸收营养物质，小部分用以组成细胞的物质外，大部分作为能源物质，在呼吸作用中被氧化释放出能量。

（2）微生物呼吸作用的类型 微生物在呼吸作用中，对于氧的要求不是一致的。根据与分子状态氧的关系，可以分为有氧呼吸和无氧呼吸两个类型。微生物中进行有氧呼吸的种类称为好气性微生物；进行无氧呼吸的种类称为厌气性微生物；既能进行有氧呼吸又能进行无氧呼吸的种类称为兼厌气性微生物。

四、影响微生物生长发育的环境条件

微生物虽然是最低等生物，但和其他生物一样，在生命活动过程中，与周围环境有着密切的联系，而且环境对微生物的影响，比其他高等生物更大。反之，环境也受微生物的影响。

环境对微生物的影响大致可分为三类：①适宜的环境，能够促进微生物的生长发育；②不适宜的环境，使微生物生长发育受到抑制或改变原有的特性；③恶劣的环境，可使微生物死亡。所以说微生物生命活动与外界环境是统一的，相互影响的。

影响微生物生长发育的外界因素是复杂和多方面的，相互之间有着密切的关系。其环境因素大致可分物理、化学、生物学三大类，本节主要介绍物理、化学因素对微生物的影响。

1. 物理因素对微生物的影响

（1）温度 温度对微生物的整个生命过程有着极其重要的影响。从微生物的总体来看，生长温度范围很广，可在 -10~80℃之间。各种微生物按其生长速度可分为最低生长温度（微生物生长与繁殖的最低温度）、最适生长温度和最高生长温度（微生物生长与繁殖的最高温度）三个温度界限。

根据微生物最适生长温度可将它们分为三大类型，如表 1-1 所示。

表 1-1 微生物生长的温度范围

类 型		最低温度/℃	最适温度/℃	最高温度/℃	存 在 环 境		种 类
低温微生物（嗜冷菌）		-10~0	5~20	20~30	海洋、湖泊、冷泉、河流、寒带冻土、冷藏库		细菌、霉菌
中温微生物（嗜温菌）	寄生微生物	5~10	37~40	40~50	自然界、土壤、空气	人体、哺乳动物	病原菌
	腐生微生物		18~30			食品、原料	腐败菌
高温微生物（嗜热菌）		25~45	50~60	70~80	温泉、土壤、堆肥、干草堆、厩肥、动物肠道		细菌

微生物对低温的抵抗力一般较高温强。在低温状态下，微生物的新陈代谢活动减弱，菌体处于休眠状态，只能维持生命而不生长、繁殖，并能在一个较长时间内保持其生命的活力。温度升高后，仍可恢复其正常的生命活动，进行生长和繁殖，致使食品腐败。

一般温度高于36℃时，细胞的繁殖速度减慢；到70℃左右时，能杀死细菌，但不能杀死孢子；到100~120℃时，才能全部灭菌。因为高温能使细胞内蛋白质凝固变性，同时菌体中的酶遇热后失去活性，使代谢发生障碍而引起菌体死亡。因此，利用高温可达杀菌的目的，温度越高，死亡就越快。微生物对高温的抵抗力依菌的种类、发育时间、有无芽孢而异。如无芽孢的细菌在液体中加热到 55~60℃时，经过 30min 即可死亡；70℃时，10~15min 死亡；100℃时，几分钟就死亡。细菌的芽孢，因含水较少，菌体蛋白不易凝固，有芽孢又具有较厚而致密的膜，热不易透入，因此芽孢对热的抵抗力很强大。各种不同的菌因含有不同的酶，对热的抵抗力也不同。如嗜热菌就比嗜冷菌对热的抵抗力强。

（2）干燥与渗透压　微生物的正常生活不仅需要温度，也需要水分。干燥可能引起菌体细胞失水，细胞内盐分浓度增加或蛋白质变性及酶的作用丧失可导致微生物生命活动的降低，继续干燥时，即可死亡。因此，人们广泛应用干燥的方法抑制微生物的生命活动来保藏粮食、食品等，防止霉腐。

不同的微生物对干燥的抵抗力也有差异。如醋酸菌失水后很快就死亡；酵母菌失水后可保存数月；有荚膜的细菌比没有的耐干燥；而细菌的芽孢、霉菌的孢子对干燥的抵抗力最大，可维持生命数年至数十年。当它们遇到水分和营养后仍可发芽繁殖，但活力将大大减弱。

（3）辐射　能量通过空间的传递称为辐射。在微生物工作中经常应用的是电磁辐射，主要的射线种类有可见光、紫外线、X 射线和 γ 射线。微生物因种类不同对于这些射线的敏感性有程度上的差异，并且剂量的不同杀菌效果亦不一致。一般低剂量 ［（258~1290）$\times 10^{-4}$ C/kg］ 照射可能有促进微生物生长的作用或使微生物发生诱变，用高剂量（258000 $\times 10^{-4}$ C/kg）照射时，对微生物有致死作用。这种方法一般应用于罐头、食品、粮食、选育菌种及其他物品的灭菌工艺。

以上介绍的物理因素是主要的，另外还有通风和表面张力等也会对微生物的生长产生影响。

2. 化学因素对微生物的影响

（1）酸碱度　环境的酸碱度一般都用氢离子浓度的负对数即 pH 值表示。pH 值小，表示氢离子浓度高，呈酸性；相反，pH 值大，表示氢离子浓度低，呈碱性。酸碱度对微生物的生命活动影响很大，它可以改变细胞原生质膜的渗透性，从而影响微生物对营养物质的吸收，影响代谢过程中酶的活性，引起细胞原生质中的蛋白质凝固。

每种微生物都有其最适宜的 pH 值和一定的 pH 适应范围，如表 1-2 所示。一般大多数细菌适宜于中性或弱碱性（pH 值 =6.5~7.5）。

表 1-2　微生物生长的最低、最高和最适 pH 值

微生物	最低	最高	最适
大肠杆菌	4.3	9.5	6.0~8.0
伤寒沙门氏菌	4.0	9.6	6.8~7.2
痢疾志贺氏菌	4.5	9.6	7.0
化脓性链球菌	4.5	9.2	7.8
霍乱弧菌	5.6	9.6	7.0~7.4
结核杆菌	5.0	8.4	6.8~7.7
枯草杆菌	4.5	8.5	6.0~7.5
酵母	2.5	8.0	4.0~5.8
霉菌	1.5	7.0~11.0	3.8~6.0

（2）化学药品　化学药品能够抑制微生物的生长或毒害死亡。凡是可以杀死致病和

其他有害的微生物的化学药品称为化学消毒剂。凡是能抑制微生物活动的药剂称为防腐剂。

消毒剂和防腐剂之所以能达到杀菌或抑菌的作用，是因为这些化学药品改变了细胞膜的渗透性或损伤了细胞膜，影响了正常的物质交换，使细胞损伤；同时其氧化作用，破坏原生质结构或氧化细胞结构中的一些活性基因，使酶失去活性。另外，这些化学药品能够改变原生质的胶体性质，使菌体发生沉淀或凝固。

五、冷冻食品的微生物

冷冻食品是将食品冻结并将其储存于低温（－18℃以下）条件下，以延缓或抑制微生物的生长。冷冻食品不像罐头食品那样经过高温杀菌处理并储存在完全无菌的状态下，故微生物与冷冻食品的品质及公共卫生有很大的关系。世界各国对于冷冻食品的微生物的控制都非常严格。

冷冻食品所含的微生物随原料的种类、加工方法的不同有很大的差别。通常销售的冷冻食品含有 $10^3 \sim 10^5$ 个/g 的微生物。最常见的细菌有极毛杆菌、黄杆菌等低温性微生物，约占菌落总数的40%。冷冻食品的微生物中，可在 0～10℃ 条件下生长的，大部分为革兰氏菌、无色杆菌、产碱杆菌，还有部分褐色小球菌、乳酸杆菌、舍氏菌和链球菌。冷冻鱼类中主要有腐败细菌和无色杆菌，另外也分离出褐色小球菌的阳性菌。家禽肉类和蛋类中多为沙门氏菌，水果中的微生物则以酵母和乳酸菌居多。

冷冻食品中，也常发现耐低温的酵母如假丝酵母、圆酵菌等，常见的霉菌则有交链孢属、头孢霉属等。

此外，冷冻食品所含的低温性厌氧菌在食品卫生上也不可忽视。例如，远洋冷冻白色鱼肉上的梭状芽孢杆菌及近海栖息性鱼上的丙酸杆菌、明串球菌等也常被检出。

第三节　低温储藏食品的基本原理

一、食品变质的原因

新鲜的食品在常温下放置一定时间后会变质，以致完全不能食用。引起食品变质的主要原因有以下几方面：

1. 由微生物的作用所引起的变质

前面有关微生物的基本知识中已经提到，微生物是一种躯体微小的生物，要用显微镜才能看见。如果把食品长期放置，就会受到微生物的污染。由于食品中含有多种营养物质和一定量的水分，适于细菌、酵母、霉菌等微生物的生长、繁殖和活动。大量的微生物在生活过程中分泌各种酶类物质，促使食品发生分解，由高分子的物质分解为低分子的物质，首先降低食品的质量，进而发生变质和腐烂。因此，在食品变质的原因中，微生物的作用往往是主要的。

微生物对食品的破坏作用，与食品的种类、成分及储藏环境有关。如果食品具备了适合于微生物繁殖的条件，则微生物迅速繁殖起来，并产生强烈的腐败作用。如果条件不够充分时，微生物繁殖缓慢，腐败作用也比较微弱。

微生物的生存和繁殖需要一定的环境条件，如氧气、温度、湿度等。其中温度是微生物的一个重要生活条件。由表1-1可知，当加热到一定高温时可以将微生物杀死；而保持在一定的低温时，就能阻止微生物繁殖，但不能将微生物杀死，一旦温度适宜，它又开始繁殖起来。因此，要防止由微生物引起的变质和腐败，必须将食品保存在稳定的低温环境中。

一般来讲，温度在0℃左右即可阻止微生物的繁殖。但对于某些嗜冷性微生物，例如霉菌或酵母菌，它们的耐低温能力很强，即使在-8℃的低温下，仍可看到孢子出芽。大部分水中细菌也都是嗜冷性微生物，它们在0℃以下仍能繁殖。因此，用低温保藏食品，必须维持足够低的温度，才能抑制微生物的作用，使它们停止生长、繁殖和活动，丧失分解食品的能力。

2. 由酶的作用引起的变质

前面对酶已作了一些介绍。酶是食品的组成成分之一，它是一种特殊的蛋白质，是活细胞所产生的一种有机催化剂。它可以脱离活细胞而起催化作用。生物体内各种复杂的生化反应，都需要有酶参加才能进行。

无论是动物性食物还是植物性食物，它们本身都含有酶。酶在适宜的条件下，会促使食物中的蛋白质、脂肪和碳水化合物等营养成分分解。例如屠宰后的肉，放的时间久了，其质量会下降，主要原因是在蛋白酶的作用下，蛋白质发生水解而自溶的结果。果蔬类等蛋白质含量少的食物，由于氧化酶的催化，促进了呼吸作用，使绿色新鲜的蔬菜变得枯萎、发黄，同时由于呼吸作用的加强，使温度升高，加速了食品的腐烂变质。另外，霉菌、酵母、细菌等微生物对食品的破坏作用，也是由于这些微生物生活过程中分泌的各种酶所引起的。

酶的活性与温度有关。在低温时，酶的活性很小。随着温度升高，酶的活性增大，催化的化学反应速度也随之加快。温度每升高10℃，可使反应速度增加2～3倍。但另一方面，酶受热要被破坏，温度一般在30℃时，已开始被破坏，到80℃时，则几乎所有的酶都被破坏了。酶与微生物一样，也存在一个最适生存的温度。如分解蛋白质的酶，在30～50℃活性最强，如降低温度，可以减低它的反应速度。因此，食品保持在低温条件下，可防止由酶的作用而引起的变质。

3. 非酶引起的变质

有部分食品的变质与酶无直接关系。如油脂的酸败，这是由于油脂与空气接触，发生氧化反应，生成醛、酮、醇、酸、内脂、醚等化学物质，并且油脂本身粘度增加，密度增加，出现令人不快的"哈喇"味。这是与酶无关的化学变化，称为油脂的酸败或油蚝。除油脂外，食品的其他成分如维生素C、天然色素等，也会发生氧化破坏。

无论是由细菌、霉菌、酵母引起的食物变质，或是由酶引起的变质及非酶变质，在低温的环境下，可以延缓、减弱其作用，但是低温并不能完全阻止它们的作用，即使在冻结点以下的低温，食品进行长期储藏时，其质量也会有所降低。因此，各类食品根据储藏温度的不同都规定有合理的冷藏期限，但已经腐败和发酵了的食品，在低温情况下保藏，也不能改变它原来的状态。

二、食品的冷藏原理

从以上的分析可知，多方面的因素均可导致食品变质，而采用冷加工的方法可使食品中的生化反应速度大大减慢，使食品可以在较长时间内储藏而不变质，这就是低温储藏食品的基本原理。前面已介绍过．食品可分植物性食品和动物性食品两大类。由于它们具有不同的特性，因此，利用低温进行储藏时，具体的处理方法是不同的。

1．动物性食品

畜、禽、鱼等动物性食品，在储藏时，由于生物体与构成它的细胞都死亡了，因此不能控制引起食品变质的酶的作用，也不能抵抗引起食品腐败的微生物的作用。如果把动物性食品放在低温条件下，则酶的作用受到抑制，微生物的繁殖受到阻止，体内起的化学变化就会变慢，食品就可较长时间维持它的新鲜状态。因此，储藏动物性食品时，要求在冻结点以下进行低温保藏。这对生物来说，可认为是破坏整个生活机能的一种特殊干燥过程。

2．植物性食品

水果、蔬菜等植物性食品在储藏时，它们仍然是具有生命力的有机体。因此，它们能控制体内酶的作用，并对引起腐败、发酵的外界微生物的侵入有抵抗能力。但另一方面，由于它们是活体，要进行呼吸，同时它们与采摘前不同的是不能再从母株上得到水分和其他营养物质，只能消耗其体内的物质而逐渐衰老。因此，为了长期储藏植物性食品，就必须维持它们的活体状态，同时又要减弱它们的呼吸作用。低温能减弱果蔬类植物性食品的呼吸作用，延长食品的储藏期限。但温度又不能过低，温度过低会引起植物性食品生理病害，甚至冻死。因此，储藏温度应该选择在接近冰点但又不使植物冻死的温度（有特殊要求的植物性食品储藏温度除外）。如能同时调节空气中的成分（氧、二氧化碳等），即气调储藏，就能取得更为良好的效果。

综上所述，防止食品的腐败，对动物性食品来说，主要是降低温度防止微生物的活动和生物化学变化；对植物性食品来说，主要是保持恰当的温度（因品种不同而异），控制好水果、蔬菜的呼吸作用。这样就能达到保持食品质量的良好效果。

第二章

食品的冷却

2

第一节　食品冷却概述

一、食品冷却的目的和应用范围

食品的冷却是将食品的温度降低到接近食品的冰点，但不冻结的冷加工方法，是一种延长食品储藏期并被广泛采用的方法。有些冻结食品在冻前也要先进行冷却。冷却是低温保藏中一种行之有效的食品保藏方法。降低环境温度是控制食品腐败变质的有效措施之一。因为低温可以有效地抑制微生物的生长繁殖，降低食品中酶的活性和减慢食品内化学反应的速度。冷却是冷藏的必要前处理，其本质是一种热交换的过程，冷却的最终温度在冰点以上。食品冷却的基本目的就是快速排除食品内部的热量，使食品温度在尽可能短的时间内（一般为几小时）降低到冰点以上，从而能及时地抑制食品中微生物的生长繁殖和生化反应速度，保持食品的良好品质及新鲜度，延长食品的储藏期。因此食品的冷却对于延长食品储藏期限、植物性食品的冷藏保鲜、肉类食品冻结前的预冷、分割肉的冷藏销售、水产品的冷藏保鲜等都非常重要。

食品冷却主要针对植物性食品。水果、蔬菜在采摘后储藏时，虽然不再继续生长，但它们仍是一个有生命力的有机体，由于受环境温度的影响，其表面温度一般比较高，加之其较强的呼吸作用，在成分不断发生变化的同时，放出呼吸热使其自身温度升高而加快衰老过程，而较高的温度又促使其呼吸加快并连续释放热量，水分大量蒸发，自身的营养和水分持续消耗，迅速萎蔫、鲜度降低，使货架期大大缩短。冷却可以抑制果蔬的呼吸作用，使食品的新鲜度能得到很好的保持。同时，对果蔬的冷却应及时进行，使呼吸作用自采摘后就处于较低水平，以保持果蔬的品质。但冷却温度不能过低，温度过低会引起植物性食品生理病害，甚至冻死。所以，对于果蔬类食品的冷却温度不能低于发生冷害的界限温度。

食品冷却也是短期保存动物性食品的有效手段。肉类的冷却是将肉类冷却到冰点以上的温度，一般为 $0 \sim 4℃$。对于动物性食品，冷却可以抑制微生物的活动和生物化学变化，最大程度地保持食品的原有特性，特别是新鲜度改变得很小，使其储藏期延长。对于肉类等一些食品，冷却过程还可以促使肉的成熟，使其柔软、芳香、易消化，冷却肉在品质各方面接近新鲜肉。在 $0 \sim 4℃$ 温度下时，酶的分解作用、微生物的生长繁殖，即干耗、氧化作用等都未被充分抑制，因此冷却肉只能储藏两周左右的时间。对于动物性食品冷却一般只能做短期保藏。

及早冷却与维持低温对水产品的储藏具有极其重要的意义。因为，鱼类经捕获死亡后，由于生命活动停止，组织中糖原进行无氧分解生成乳酸，分解过程是放热反应，放出的大量热量使鱼体温度升高 $2 \sim 10℃$，如果不及时冷却降温，鱼体很快腐败变质。当水产品被冷却到 $0 \sim 1℃$，一般在 $7 \sim 10$ 天之内鲜度能够保持得很好。

食品冷却一般是在食品的产地进行的。对易腐蚀食品冷却的理想做法是从收获或屠宰开始的，然后运输、仓储、销售、储藏过程均保持在低温环境中，这不仅是为了防止微生物的繁殖，也是保持食品原有品质的需要。低温保藏只能将食物中微生物的繁殖和酶的活性加以控制，使营养素的分解变慢，但不能杀灭微生物，也不能将酶破坏，食品的质量变化并未完全停止。所以，低温保存食品应有一定期限。

　　冷却速度及其最终冷却温度是抑制食品本身生化变化和微生物繁殖活动的决定因素。食品的冷却可用于果蔬类、水产类、肉禽蛋类、调理方便食品类等。

二、食品冷却过程中的热交换

　　食品冷却过程也就是食品与周围介质进行热交换的过程，即食品将本身的热量传给周围的冷却介质，从而使食品的温度降低。这个热交换过程是较复杂的，是以传导、辐射及对流来实现的。热交换的速度与食品的热导率、形状、散热面积、食品和介质之间的温度差以及介质的性质、流动速度等因素有关。

　　食品冷却过程的热交换速度与食品本身的热导率成正比。食品的热导率越大，在单位时间内由温度较高的食品中心向温度较低的表面传导的热量就越多，因而食品冷却或冻结得就越快。各种食品的化学组成不同，其导热性也不相同。水比脂肪的热导率大些，因此，含水多，含脂肪少的食品传热速度就快；反之，就慢。

　　当食品与周围介质进行热交换时，食品的散热表面积的大小与热交换的速度有直接关系。散热表面积大，单位时间内食品与周围介质之间交换的热量就越多，食品冷却或冻结就越快。这种关系可从下式热交换的基本公式中得到证明。

　　食品热交换的基本公式：

$$Q = \frac{A}{G} \times \alpha \times \tau(t - t_介) \tag{2-1}$$

　　或

$$\frac{Q}{\tau} = \frac{A}{G} \times \alpha(t - t_介) \tag{2-2}$$

式中　Q——1kg 食品在冷却时所放出的热量，单位为 kJ/kg；

　　　　A——食品的散热表面积，单位为 m^2；

　　　　G——食品的重量，单位为 kg；

　　　　α——食品与周围介质的对流放热系数，单位为 $W/(m^2 \cdot ℃)$；

　　　　τ——热交换过程的时间，单位为 h；

　　　　t——食品某一时刻的温度，是定性温度，单位为 ℃；

　　　　$t_介$——冷却介质的温度，单位为 ℃；

　　　　$\frac{Q}{\tau}$——食品与周围介质的热交换速度，单位为 $kJ/(kg \cdot h)$。

　　需要说明的是：上述公式不能作为计算使用，只能定性说明食品热交换进行的程度。

　　由式（2-2）可看出：食品与周围介质的热交换速度和食品的散热表面积的大小成正比，还和食品的散热表面积与食品重量的比值 F/G 有关，即 F/G 的数值越大，$\frac{Q}{\tau}$ 的数值也越大，说明食品的冷却时间越短。

$$\frac{A}{G} = \frac{A}{V \times \rho} \tag{2-3}$$

式中　V——食品的体积，单位为 m^3；

　　　　ρ——食品的密度，单位为 kg/m^3。

对一种物质来说，密度是一个常数。所以，可将 $\dfrac{A}{G}$ 用 $\dfrac{A}{V}$ 表示，则式（2-3）可改为：

$$\frac{Q}{\tau} \infty \frac{A}{V} \times \alpha \times (t - t_{介}) \tag{2-4}$$

从式（2-4）中可看出，食品与周围介质的热交换速度和食品的几何形状有关。因为表面有不同几何形状的物体，其 $\dfrac{A}{V}$ 的值是不同的。据计算

对于直径等于 D 的球体，$\dfrac{A}{V} = \dfrac{6}{D}$；

对于边长等于 D 的立方体，$\dfrac{A}{V} = \dfrac{6}{D}$；

对于直径等于 D 的无限长的圆柱体，$\dfrac{A}{V} = \dfrac{4}{D}$；

对于厚度等于 D 的无限长、宽的薄片状体，$\dfrac{A}{V} = \dfrac{2}{D}$。

所以，球形、立方体形和圆柱体形食品要比厚度相等的板状食品与周围介质的热交换速度快，即冷却的时间短些。

食品的实际形状可视为与上述的任一种标准几何形状相似。如某些截面接近于圆形的鱼类，可视为圆柱体形；白条肉和扁形的鱼类可视平板状；苹果可视作球形等。

食品与周围冷却介质之间的温度差，对热交换的速度有决定性影响且成正比，温度差越大，热交换就进行得越强烈。

冷却介质的表面传热系数对热交换速度有重要意义。不同冷却介质的表面传热系数也不相同。以空气和盐水两种介质相比，空气的表面传热系数较盐水为小，因而，空气作为冷却介质时，热交换的速度较以盐水为介质时慢些。

当冷却介质呈静止状态时，热交换只能以传导和辐射形式进行。当介质流动时，除了热传导和热辐射外，还要以对流形式传递热量，因而就加速了热交换过程。介质的流动速度越大，热交换的速度也就越快。

例如，食品主要是以空气作为冷却介质冷却时，空气在冷间内循环，室内温度保持在食品冻结温度以上 1~2℃左右。当空气温度为 0℃，空气循环不强时，冷却猪肉需 36h；如温度降至 -2℃，加强了空气循环，冷却时间就可以缩短至 16h。

三、食品的冷却速度和冷却时间

食品的冷却速度就是食品温度下降的速度，由于食品内部的温度不一样，所以食品温度的下降速度只能以食品平均温度的下降速度来表示。

食品的冷却时间与其冷却速度有着密切关系。当食品的温度随着时间的延长而逐渐降低时，它与冷却介质之间的温差也逐渐减小，食品的冷却速度也就减慢。所以食品的冷却速度是随着时间而变化的，如图 2-1 所示。

食品从初温降低到要求的温度所需要的时间与食品的初温、冷却介质的温度，食品的几何形状以及表面传热系数等有关。其计算公式如下：

1）平板状食品的冷却时间计算公式：

$$\tau = \frac{c\rho}{4.65\lambda}\delta\left(\delta + \frac{5.3\lambda}{\alpha}\right)\lg\frac{t_1 - t_3}{t_2 - t_3} \quad (2\text{-}5)$$

2）圆柱体形食品的冷却时间计算公式：

$$\tau = \frac{c\rho}{2.73\lambda}\delta\left(\delta + \frac{3.0\lambda}{\alpha}\right)\lg\frac{t_1 - t_3}{t_2 - t_3} \quad (2\text{-}6)$$

3）球形食品的冷却时间计算公式：

$$\tau = \frac{c\rho}{4.90\lambda}\delta\left(\delta + \frac{3.7\lambda}{\alpha}\right)\lg\frac{t_1 - t_3}{t_2 - t_3} \quad (2\text{-}7)$$

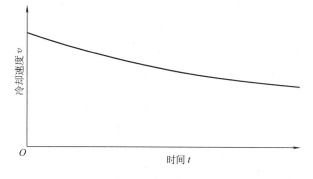

图 2-1　食品冷却速度与时间的关系

上述公式中　τ——食品的冷却时间，单位为 h；

　　　　　　c——食品的比热容，单位为 J/（kg·℃）；

　　　　　　ρ——食品的密度，单位为 kg/m³；

　　　　　　λ——食品的热导率，单位为 W/（m·℃）；

　　　　　　δ——食品的厚度，单位为 m；

　　　　　　α——食品的表面传热系数，单位为 W/（m²·℃）；

　　　　　　t_1——食品开始冷却时的初温，单位为℃；

　　　　　　t_2——食品冷却结束时的温度，单位为℃；

　　　　　　t_3——食品冷却时的介质温度，单位为℃。

利用上述公式进行计算时，应带入正、负号运算。

第二节　食品冷却时的变化

食品在冷却储藏时会发生一些变化，这些变化除肉类在冷却过程中的成熟作用外，其他均会使食品的品质下降。食品冷却时的变化主要有以下几方面。

1. 水分蒸发

水分蒸发也称干耗。食品冷却时，由于食品表面水分蒸发，出现干燥现象。对于果蔬而言，通常水分蒸发会抑制果蔬的呼吸作用、影响果蔬的新陈代谢，当水分蒸发 >5% 时，会对果蔬的生命活动产生抑制。食品中的水分减少后，造成质量损失，对于植物性食品会失去新鲜饱满的外观、新鲜度下降、果肉软化收缩、氧化反应加剧；对于动物性食品（肉类）会因水分蒸发而发生干耗，同时肉的表面收缩、硬化，形成干燥皮膜，肉色也有变化。鸡蛋内的水分蒸发主要表现为鸡蛋气室增大而造成质量下降。

为了减少蔬菜类食品冷却时的水分蒸发量，要根据各种蔬菜的水分蒸发特性控制其冷却湿度、温度及风速。肉类食品冷却时的水分蒸发量，除了与温度、湿度和风速有关外，还与肉的种类、单位质量表面积的大小、表面形状、脂肪含量等有关。

2. 生理作用

水果、蔬菜在收获后仍具有和生长时期相似的生命状态，仍维持一定的新陈代谢，只是不能再从母株上得到水分及其他营养物质。只要果蔬的个体保持完整未受损伤，该个体就可以利用体内储存的养分维持正常的新陈代谢。就整体而言，此时的代谢活动主要向分解的方向进行。为了运输和储存上的便利，果蔬在收获时尚未完全成熟，因此收获后还有个后熟过程。在冷却储藏过程中，由于水果、蔬菜是活体，水果、蔬菜的呼吸作用、后熟作用仍在继续进行，一般情况下，果蔬个体的呼吸强度降低，新陈代谢速度放慢，植物个体内储存物质的消耗速度减慢，储存期延长。另外在冷却储藏过程中，果蔬体内各种成分也不断发生变化。对于大多数水果来说，随着果实由未熟向成熟过渡，果实内的糖分、果胶增加，果实的质地变得软化多汁，糖酸比更加合适，食用口感变好。此外冷藏过程中果蔬的一些营养成分如维生素 C 会有一些损失，同时还可以看到颜色、硬度等的变化。鸡蛋冷藏过程中蛋白质趋于碱性化。

3. 成熟作用

动物屠宰后体内会发生一系列的生物化学和物理化学变化。刚屠宰的动物的肉是柔软的，并具有很高的持水性，放置一段时间后，肉质就会变得僵硬，持水性降低。继续延长放置时间，肉质就开始逐渐变松软，这样的变化称之为僵直的解除或解僵，此时肉质持水性有所恢复。开始解僵就进入了肉的成熟阶段，继续放置，肉质进一步变软，达到最佳食用状态。这一系列的变化，使肉质变得软嫩，并具有特殊的鲜、香味，肉的这种变化过程称为肉的成熟。

肉类在冷藏过程中，缓慢进行成熟作用，一般在 0～1℃ 的条件下进行。但必须注意的是，这种成熟作用如进行得过分时，肉质就会进入腐烂阶段，使肉类的品质下降。

4. 脂质劣化

脂质劣化有氧化和水解两种，这两种反应包括两方面的因素：一种是纯粹的化学反应；另一种是酶的作用。水解反应在 -14～-10℃ 温度下可以有所抑制，但某些水解酶在低温下仍然有一定的活性。在冷却储藏过程中，食品中所含的油脂仍会发生水解、脂肪酸氧化、聚合等复杂的变化，使食品的口味变差，出现变色、脂肪酸败、粘度增加现象，严重时就称为"油烧"，使食品质量下降。应当注意水分蒸发在冷却初期特别快，肉类在冷却过程中的水分蒸发会在肉的表面形成干化层，加剧脂肪的氧化。

5. 淀粉老化

普通淀粉是由 20% 的直链淀粉和 80% 的支链淀粉构成。生淀粉分子靠分子间氢键结合而排列得很紧密，形成束状的胶束，彼此之间的间隙很小，即使水分子也难以渗透进去。具有胶束结构的生淀粉称为 β-淀粉。β-淀粉在水中经加热后，一部分胶束被溶解而形成空隙，于是水分子浸入内部，与余下部分淀粉分子进行结合，胶束逐渐被溶解，空隙逐渐扩大，淀粉粒吸水后，体积膨胀，生淀粉的胶束消失，这种现象称为膨润作用。继续加热，淀粉胶束全部崩溃，形成单个淀粉分子，并被水包围而成为溶液状态，这种现象叫淀粉的糊化。所以糊化作用实质上是把淀粉分子间的氢键断开，水分子与淀粉形成氢键，形成胶体溶液。糊化的淀粉叫 α-淀粉。糊化了的淀粉在室温或低于室温的条件下慢慢冷却，经过一段时间，变得不透明，甚至凝结沉淀，这种现象称为淀粉的老化，俗称淀粉的返生。老化是糊化的逆过程，但老化不能使淀粉彻底复原到 β-淀粉的结构状态，它比 β-淀粉的晶化程度低。老化过程的实质是：在糊化过程中，已经溶解膨胀的淀粉分子重新排列组合，形成一种类似天然淀粉结构的物质。老化后的淀粉与水失去亲和力，不仅口感变差，消化吸收率也随之降低。值得注意的是：淀粉老化的过程是不可逆的，比如生米煮成熟饭后，不可能再恢复成原来的生米。

食品中的淀粉是以 α-淀粉的形式存在，但是在接近 0℃ 的低温范围中，淀粉 β 化迅速出现。

淀粉老化的速度也与食物的储存温度有关，一般淀粉老化最适宜的温度是 2 ~ 4℃。面包冷却储藏时淀粉迅速老化，味道就变得很不好吃。土豆在冷冻陈列柜中存放时，也会有淀粉老化的现象发生。储存温度高于 60℃ 或低于 -20℃ 时都不会发生淀粉的老化现象。因为低于 -20℃，淀粉分子间的水分冻结，形成了结晶，阻碍了淀粉分子间的相互靠近而不能形成氢键，所以不会发生淀粉老化的现象。需储存的馒头、面包、凉粉、米饭等，不宜存放在冰箱保鲜室。因为保鲜室的温度恰好是淀粉老化最适宜的温度，最好把它们放入冷冻室速冻起来，就可以阻止这些食品中淀粉的老化，使之仍保持糊化后的 α-型状态。加热后再食用，口感如初、香馨松软。淀粉老化作用的控制在食品工业中有重要的意义。

6. 低温病害（冷害）

低温可降低果蔬的呼吸代谢、延缓组织衰老、抑制微生物繁殖、减少腐烂、延长储期，但是温度过低则会发生低温病害。在冷却储藏时，有些水果蔬菜的温度虽然在冰点以上，但当储藏温度低于某一温度界限时，果蔬的正常生理机能发生障碍，失去平衡，称为低温病害。低温病害有各种现象，最明显的症状是表皮出现软化斑点，内心部变色，水渍状病斑，萎蔫。果皮、果肉或种子变褐，不能正常后熟，果蔬口味变劣，出现异味甚至臭味，加速腐烂。不同果蔬冷害症状有所不同。像鸭梨的黑心病、马铃薯的发甜现象都是低温病害。有些果蔬在外观上看不出症状，但冷藏后再放至常温中，就丧失了正常的促进成熟作用的能力，这也是低温病害的一种。

一般来说，产地在热带、亚热带的水果蔬菜及地下根茎类蔬菜对低温比较敏感，容易发生低温病害。如香蕉、芒果、青椒、西红柿、黄瓜、茄子、西瓜、冬瓜、豆角、姜、甘薯等，储藏适宜温度一般都在 7℃，甚至更高，而叶菜类则对 0℃ 以上的低温不敏感。但是，有时为了吃冷的果蔬，短时间放入冷藏库中，即使是在界限温度以下，也不会出现低温病害。因为果蔬低温病害的出现需要一定的时间，症状出现最早的是香蕉，黄瓜和茄子则需要 10 ~ 14d。

冷害临界温度以下的温度可分为高、中、低 3 档，储藏在高档温度下的果蔬，生理伤害轻，所以症状也轻；低档温度下生理伤害最重，但症状因温度很低而表现慢甚至受到抑制，所以看起来也较轻，但转入常温后则会发生爆发性的变化；中档温度介于 2 种情况之间，所以在储藏中就显得较其他两个温度档次严重。如黄瓜在 4 ~ 5℃ 的低温下储藏腐烂最快、最重，在 7 ~ 9℃ 的黄瓜基本无冷害症状，而 1 ~ 2℃ 的黄瓜表面看起来很正常，但移至室温几个小时就出现腐烂症状，货架期非常短。

冷害的特点：①果蔬冷害损伤程度与低温的程度和持续时间的长短密切相关。在冷害温度下储藏温度越低，持续时间越长，冷害症状越严重，反之则轻。如黄瓜在 1℃ 储藏 3 天即出现冷害症状，而在 5℃ 储藏 10d 才出现冷害症状。②冷害还可以累积。如果果菜类在采前受到 5d 冷害温度的影响，采后又经历 5d 冷害温度，其表现的受害程度与连续 10d

的冷害相仿。采前持续的低温处于冷害临界温度以下会造成采后冷害的发生，因此果菜类在田间遭霜打后不耐储藏，严重的很快表现出冷害症状，导致腐烂。

7. 移臭（串味）

有强烈香味或臭味的食品与其他食品放在一起冷却储藏时，这香味或臭味就会串到其他食品上去。例如蒜与苹果、梨放在一起，蒜的臭味就会移到苹果和梨上面去；洋葱和鸡蛋放在一起，鸡蛋就会有洋葱的臭味。这样食品固有的风味就发生变化，口味变差。另外，冷藏库还具有一些特有的臭味，俗称冷藏臭，也会移给冷却食品。

8. 微生物增殖

食品中的微生物可分为低温细菌、中温细菌和高温细菌。在冷却储藏中，当水果蔬菜渐渐衰老或者有伤口时，就会有霉菌繁殖。肉类在冷却储藏中也有霉菌和细菌的增殖。细菌增殖时，肉类的表面会出现粘湿现象。鱼在冷却储藏时也有细菌增殖，因为鱼体附着的水中细菌，如极毛杆菌、无芽孢杆菌、弧菌等都是低温细菌。在冷却储藏的温度下，微生物特别是低温细菌的繁殖和分解作用并没有充分被抑制，只是速度变得缓慢些。冷却储藏时间变长后，由于低温细菌的增殖，就会使食品发生腐败。

低温细菌的繁殖在0℃以下变得缓慢，但要停止繁殖，温度要达到 -10℃以下。个别的细菌要到 -40℃以下才停止繁殖。

9. 寒冷收缩

寒冷收缩是畜禽屠宰后在未出现僵直前快速冷却造成的，其中牛肉和羊肉较严重，而禽类肉较轻。寒冷收缩后的肉类经过成熟阶段后也不能充分软化、肉质变硬、嫩度变差。如宰后的牛肉在短时间内快速冷却，肌肉会发生显著收缩，以后即使经过成熟过程，肉质也不会十分软化。一般来说，宰后10h内，肉温降低到8℃以下，容易发生寒冷收缩。成牛与小牛或者同一头牛的不同部位寒冷收缩的程度也不相同。例如成牛是温度低于8℃，而小牛是温度低于4℃，容易发生寒冷收缩。

近年来由于冷却肉的销售量不断扩大，为了避免寒冷收缩的发生，人们正在研究不引起寒冷收缩的冷却方法。

第三节　食品冷却的方法和装置

冷却又称为预冷，是将食品的温度降低到冷藏温度的过程。常用的冷却食品方法有冷风冷却、冷水冷却、碎冰冷却和真空冷却等。表2-1 列出了这几种冷却方法的使用范围，可根据食品的种类及冷却要求的不同，选择合适的冷却方法和相应的设备。

表 2-1　冷却方法与使用范围

冷却方法	肉	禽	蛋	鱼	水果	蔬菜	烹调食品
冷风冷却	○	○	○		○	○	○
冷水冷却	—	○		○	○	○	
碎冰冷却	—	○		○		○	
真空冷却						○	

一、冷风冷却

冷风冷却是利用强制流动的冷空气使被冷却食品的温度下降的一种冷却方法。它是一种应用范围较广的冷却方法。进入冷却间的货物温度一般较高，如水果、蔬菜、鲜蛋相当于室外温度，而刚屠宰不久的肉胴体或分割肉则约为35℃。为了抑制微生物和酶的活动、保持食品的鲜度，必须迅速将物品温度降至±0.5℃左右，并尽可能减少它的干耗。冷却间的温度一般采用±0℃（肉冷却间可采用-2℃），相对湿度为90%。

应用冷风冷却最多的是冷却水果和蔬菜。冷空气自冷风机的风道中吹出，流过库房内的水果、蔬菜的表面而吸收热量，然后流回到冷风机的蒸发器中，将热量传给蒸发器，空气温度降低后又被冷风机吹出。如此循环往复，冷却室中的空气形成循环，这样冷空气不断地吸收水果、蔬菜表面的热量并维持其低温状态。冷风冷却法的工艺效果主要取决于空气的温度、相对湿度和流速等。其工艺条件的选择根据食品的种类、有无包装、是否易干缩、是否快速冷却等来确定。在冷却食品的量和冷空气确定后，空气的流速决定了降温的速度。空气的流速愈快，降温的速度愈快。冷风的温度可根据选择的储藏温度进行调解和控制。应当注意，当采用冷风冷却时，用相对湿度较低的冷空气冷却未经阻隔包装的食品时，食品表面的水分会有一定程度地蒸发。空气的相对湿度和空气的流速会影响食品表面的水分的蒸发，使食品干耗。

冷风冷却装置中的主要设备为冷风机。图2-2中有几种不同的吸、吹风形式的冷风机。

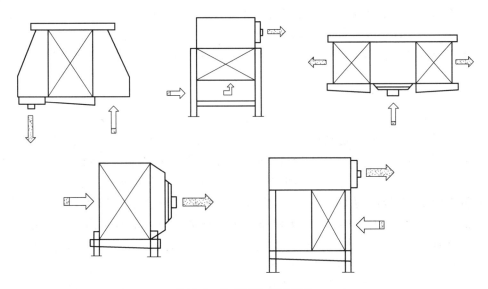

图2-2　冷风机冷却示意图

最近几年来，冷却肉的销售量不断扩大，肉类的冷风冷却装置也被普遍使用。图2-3所示为肉冷却设备布置示意图。

为了使屠宰后的肉胴温度能在20h内从35℃冷却至4℃，一般采用柜式冷风机，并配置集中送风型的大口径喷口。冷风机通常布置在冷却间的纵向一端，它的四侧离墙面或柱边的间距不应小于400mm，冷风机的设置高度应尽量利用库房的净高，使它的喷口上

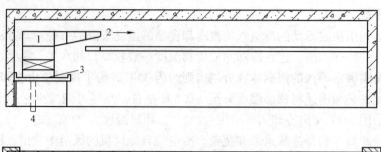

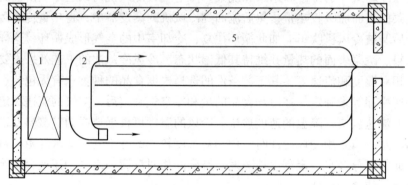

图 2-3　肉冷却设备布置示意图
1—冷风机　2—喷风口　3—水盘　4—排水管　5—吊轨

端稍低于库房的楼板底或梁底。经冷风机翅片管蒸发器冷却后的空气借离心式风机从喷口射出，并沿吊轨上面射向冷却间的末端，再折向吊轨下面，从吊挂的白条肉间流过，冷空气与白条肉进行热交换后又回到冷风机下面的进风口。冷空气的这种强制循环，加速了白条肉的冷却过程，同时，由于喷口气流的引射作用，靠近冷风机侧的空气循环加剧，从而使冷却间内的温度比较均匀。

有些单位采用冷藏库的冷却间对肉类采用快速冷却方法，主张采用变温快速两段冷却：第一阶段是在快速冷却隧道或冷却间内进行，空气流速为 2m/s，空气温度一般在 -5 ~ -15℃ 之间，相对湿度为 90%。经过 2 ~4h 后，肉胴体表面温度降到 0 ~ -2℃，而后腿中心温度还在 16 ~20℃。这一阶段的特征是散热快，肉胴体表面温度达 0℃ 以下，形成了"冰壳"。然后在温度为 +1 ~ -1℃、相对湿度为 90% 的空气自然循环冷却间内进行第二阶段的冷却，经过 10 ~14h 后，半白条肉内、外温度基本趋向一致，达到平衡温度 +4℃ 时，即可认为冷却结束。整个冷却过程在 14 ~18h 之内可以完成。最近国外推荐的二段冷却温度更低，第一阶段温度达到 -35℃，在 1h 内完成；第二阶段冷却室空气温度为 -20℃。整个冷却过程中，第一阶段在肉类表面形成不大于 2mm 的冻结层，此冻结层在 20h 的冷却过程中一直保持存在。研究认为这样可有效减少干耗，其自然干耗平均为 1%，较常法少 40% ~50%。用快速方法冷却的肉类外观良好，色泽味道正常，冷却时间缩短了 4 ~7h。

采用变温快速两段冷却法的优点是：食品干耗小，平均干耗量为 1%；肉的表面干燥、外观好，肉味佳，在分割时汁液流失量少。但由于冷却肉的温度为 0 ~4℃，在这样的温度条件下，不能有效地抑制微生物的生长繁殖和酶的作用，所以只能作 1 ~2 星期的短期储藏。

冷风冷却应用较广，不仅用于水果、蔬菜和肉类的冷却，还可以用来冷却禽、蛋、调理食品等。缺点是当室内温度低时，被冷却食品的干耗较大。

二、冷水冷却

冷水冷却是通过低温水把被冷却的食品冷却到指定温度。冷却水的温度一般在0℃左右。冷水冷却通常用于禽类、鱼类，有时也用于水果、蔬菜和包装食品的冷却，对某些果蔬特别是对鲜度下降较快的水果（如桃子等）更为适用。大多数产品不允许用液体冷却，因为产品的外观会受到损害，而且失去了冷却以后的储藏能力。

冷水冷却通常用预冷水箱来进行。水在预冷水箱中被布置于其中的制冷系统的蒸发器冷却，然后与食品接触，把食品冷却下来。如不设预冷水箱，也可将蒸发器直接设置于冷却槽内，冷却池内设搅拌器，水由搅拌器搅动而流动，使冷却池内温度均匀。现代冰蓄冷技术的不断发展与完善，使冷水冷却的应用前景更为广阔。具体做法是在冷却开始前先让冰凝结于蒸发器上，冷却开始后，此部分冰就会释放出冷量。

冷水冷却有三种形式：喷淋式、浸渍式和混合式（喷淋和浸渍）三种，其中喷淋式应用最多。

（1）喷淋式　被冷却的食品放在传送带上，冷却水在食品上方由喷嘴喷下，或淋水盘均匀淋下冷却水和食品直接接触，达到冷却的目的。

（2）浸渍式　被冷却的食品直接浸在冷水中冷却，冷水被搅拌器不停地搅拌，提高传热速度、加快食品的冷却并使温度均匀。采用浸渍式冷却食品时，水的流速直接影响到冷却的速度，但水流太快可能产生泡沫，影响传热效果。

冷却水可用淡水或盐水（海水）。淡水冷却水的温度一般在0℃以上，而盐水（海水）冷却水的温度可在 $-0.5 \sim -2$℃。目前冷海水冷却法在远洋作业的渔船上应用较多。采用降温后的无污染低温海水冷却鱼类，不仅冷却速度快、鱼体冷却均匀，而且成本也低。

应当注意，喷淋式和浸渍式两种冷却方法中冷却水都是循环使用。因此当循环水滋生微生物或受某些个体食品污染后，容易造成对其他食品的污染，可在水中加杀菌剂进行控制。因为冷却水直接接触食品，可能对食品的品质有一定的影响，如用冷海水冷却鱼体可能使鱼体吸水膨胀、肉变咸、蛋白质也容易损耗、变色，也易污染。冷海水法目前在国际上被广泛地用来作为预冷手段。

（3）混合式　混合式冷却装置一般采用先浸渍后喷淋的步骤。

同冷风冷却相比较，冷水冷却有以下优点：①避免了干耗。②水的传热系数较高，冷却速度大大加快，可以大大缩短冷却时间。③所需空间减少。④对于某些产品，成品的质量较好。⑤冷却水与食品接触均匀，不产生干耗。这种方法的缺点是可能产生污染。例如，在冷却家禽时若有一个禽体上染有沙门氏菌，就会通过冷水传染给其他禽体，影响成品质量。

三、碎冰冷却

冰是一种良好的冷却介质，具有较大的冷却能力。碎冰冷却是采用冰来冷却食品，利用冰融化时的吸热作用来降低食品的温度。本法的优点是，食品冷却速度快，冰的价格便宜、无毒害，易携带和储藏。此外融解的冰水使食品的表面保持湿润，能避免干耗现象。碎冰冷却常用于冷却水产品，因为它不仅能使鱼冷却、湿润、有光泽，而且不会发生干耗现象。

用来冷却食品的冰有淡水冰和海水冰两种。一般淡水鱼用淡水冰来冷却，淡水冰的融化热为 334.72kJ/kg，按冰质可分为透明冰和不透明冰。不透明冰是由于形成的冰中含有许多微小的空气气泡而导致不透明。从单位体积释放的冷量来讲，透明冰的冷量要高于不透明冰的冷量。淡水冰可分为机制块冰（块重 100kg/块或 120kg/块，经破碎后用来冷却食品）、管冰、片冰、米粒冰等多种形式。为了提高碎冰冷却的效果，要求冰要细碎、冰与被冷却的食品接触面积要大、冰溶化后生成的水要及时排出。海水冰的融化热为 321.70 kJ/kg。海水冰主要以块冰和片冰为主。海水冰的特点是没有固定融点，在储藏过程中会很快地析出盐水而变成淡水冰，用来储藏虾时降温快，可防止变质。随着制冰机技术的完善，许多作业渔船可带制冰机随制随用，远洋捕捞船上多用海水冰。应当注意，不能用被污染的海水及港湾内的水来制冰。

常用碎冰的体积质量和比体积如表 2-2 所示。

表 2-2　常用碎冰的体积质量和比体积

碎冰的规格/（cm×cm×cm）	体积质量/（kg/m³）	比体积/（m³/t）
大块冰（10×10×5）	500	2.0
中块冰（4×4×4）	550	4.82
细块冰（1×1×1）	560	1.78
混合冰（大块冰和细块冰混合）	625	1.60

碎冰冷却可将碎冰撒在鱼层上，形成一层鱼一层冰，或将碎冰和鱼混拌在一起。前者被称为层冰层鱼法，适合于大鱼的冷却；后者为拌冰法，适合于中、小鱼的冷却。对海上的水产品进行冷却时，可采用碎冰冷却和水冰冷却。

（1）碎冰冷却（干式冷却）　该法要求在容器的底部和四壁先加上碎冰，随后一层冰一层鱼，冰可以是淡水冰，也可以是海水冰，有轧碎冰、鳞片状冰、板状冰、管状冰、雪花状冰等，冰粒要细，撒布要均匀，最上面的盖冰冰量要充足。鱼体温度可降至 1℃，一般可保鲜 7~10d 不变质。注意冰融化成的水要及时排出，以免对鱼体造成不良的影响。

（2）水冰冷却（湿式冷却）　水冰法是在有盖的泡沫塑料箱内，用冰加上冷海水来保鲜。水冰冷却主要用于鱼类的临时保鲜。将海水预冷到 1.5~-1.5℃，送入容器或船舱中，再加入鱼和冰，鱼必须完全被冰浸没，用冰量根据气候变化而定。用冰量一般是鱼和冰体积之比为 2:1 或 3:1。为了防止咸水鱼在冰水中变色，用淡水冰时需加盐，如乌贼鱼要加盐 3%，鲷鱼要加盐 2%。淡水鱼则可用淡水加淡水冰保藏运输，不需加盐。此法的优点是易于操作，用冰量少，冷却效果好。缺点是当鱼在冰水中浸泡时间过长时，鱼肉容易变软、变白。

总之，冰冷却的特点是无害、便宜；能使冷却表面湿润有光泽，减少干耗；冷却速度快。它也用在叶类蔬菜的冷却和运输及某些食品的加工中，如香肠的碎肉加工。

四、真空冷却

真空冷却又叫减压冷却。因为水分在不同的压力下有不同的沸点，只要改变压力，就可改变水分的沸腾温度，真空冷却装置就是根据这个原理设计的。用真空降低水的沸点，可促使食品中水的蒸发，因为蒸发热来自食品本身，从而使食品温度降低而冷却。真空冷却使被冷却的食品处于真空状态，并保持冷却环境的压力低于食品的水蒸气压力，造成食品中的水分蒸发。由于水分蒸发带走大量的蒸发热使食品的温度降低，当食品的温度达到冷却要求的温度后，应解除真空以减少食品中水分的蒸发。

真空冷却食品时，可先将食品原料湿润，为蒸发提供较多的水分，再进行抽空冷却操作，这样可加快降温速度、减少食品内部水分的损失、减少干耗。

真空冷却的优点是冷却速度快、冷却均匀，对表面极大的食品（如叶类蔬菜）冷却效果特别好。缺点是食品的干耗大、能耗大、设备投资和操作费高。

真空冷却装置中配有真空冷却槽、制冷装置、真空泵等设备，如图2-4所示。

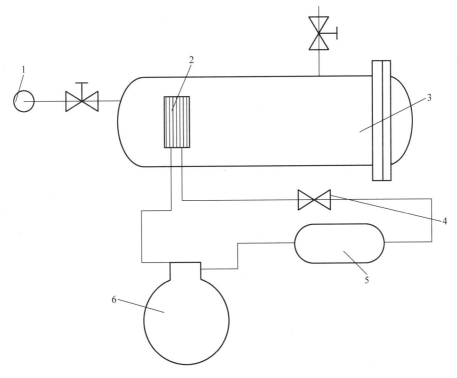

图2-4 真空冷却示意图

1—真空泵 2—冷却器 3—真空冷却槽 4—膨胀阀 5—冷凝器 6—压缩机

真空冷却主要适用于蒸发表面大、通过水分的蒸发能迅速降温的食品。如叶类蔬菜的快速冷却，蔬菜经挑选、整理，放入打孔的纸板箱后，推进真空冷却槽，关闭槽门，开动真空泵和制冷机。当真空槽内压力降低至667Pa时，蔬菜中的水分在+1℃低温下迅速汽化。水变成水蒸气时吸收的2253.88kJ/kg的汽化热使蔬菜本身的温度迅速下降到+1℃。装置中配有的制冷装置不是直接用来冷却蔬菜的。由于水在667Pa压力、+1℃温度下变成水蒸气时，其体积要增大约 20 万倍，此时既使用二级真空泵来抽，也不能使真空冷却槽内的压力很快降下来，也不能使真空冷却槽内的压力维持在 667Pa。所以增设制冷设备使大量的水蒸气冷凝成水而排出，保持了真空冷却槽内稳定的真空度。

真空冷却效率高，例如生菜从常温 24℃ 冷却到 +3℃，冷风冷却需要 25h，而真空冷却只需要 0.5h。由于冷却速度快，水分蒸发量也只有 2% ~ 4%，因此不至于影响蔬菜新鲜饱满的外观。

真空冷却是目前冷却速度最快的一种冷却方法，对表面积大（如叶类菜）的食品的冷却效果特别好。真空冷却的主要优点是冷却速度快、时间短；冷却后的食品储藏时间长；易于处理散装产品；若在食品上事先喷撒水分，则干耗非常低。缺点是装置成本高，少量使用时不经济。

五、其他冷却方法

1. **热交换器冷却**

这种冷却形式用于液体的散装处理，如牛乳、液体乳制品、冰淇淋混合物、葡萄汁、啤酒果汁等。热量通过固体壁从液体食品传递给循环的冷却介质。冷却介质可以是制冷剂或载冷剂。冷却介质应该无毒性和污染性，对金属无腐蚀。

液体冷却器主要有多管式、表面式、套管式几种形式。

2. **金属表面接触冷却**

金属表面接触冷却装置是连续流动式的，它装着一条环状的厚约 1mm 的钢质传送带，在传送带下方冷却或直接用水、盐水喷淋，也可以滑过固定的冷却面而冷却。这种冷却形式的冷却速度高，甚至可以将半流质的食品在传送带上进行冷却。

3. **低温介质接触冷却**

这种冷却形式主要用液态的 CO_2 和 N_2 进行冷却。液体 CO_2 在通过小孔径板膨胀时，变为气固两相的混合物，干冰能产生很快的冷却效果，而且转换时没有残留物。这种方法可用于碎肉加工、糕点类食品的散装冷却等。

第 三 章

食品的冻结

3

将食品中所含的水分大部分转变成冰的过程，称为食品的冻结。食品冻结的原理就是将食品的温度降低到其冻结点以下，使微生物无法进行生命活动，生物化学反应速度减慢，达到食品能在低温下长期储藏的目的。

食品冻结首先应尽一切可能保持其营养价值和美味，也就是使在冻结过程中所发生的各种变化达到最大的可逆性。这样，就必须研究有关食品冻结的一些问题。

第一节 食品冻结时的变化

食品在冻结过程中将发生各种各样的变化，主要有物理变化、组织变化和化学变化。

1. 物理变化

（1）体积膨胀和产生内压 0℃的纯水冻结后体积约增加8.7%。食品冻结后也会发生体积膨胀，但膨胀的程度比纯水小，食品体积约增加6%。当然冰的温度每下降1℃，其体积收缩0.0165%，两者相比较，膨胀要比收缩大得多，所以含水分多的食品冻结时体积膨胀。当冻结时，水分从表面向内部冻结。在内部水分冻结而膨胀时，会受到外部冻结层的阻碍，于是产生内压。从理论上讲这个数值达到8.7MPa，所以有时外层受不了内压而破裂，逐渐使内压消失。如冻结速度很快的液氮冻结时就产生龟裂，还有在内压作用下使内脏的酶类挤出、红血球崩坏、脂肪向表层移动等，由于血球膜的破坏，血红蛋白流出，加速了变色。

影响食品冻结过程体积变化的因素：

1）成分 主要是食品中水分的质量分数和空气的体积分数。水是导致食品冻结后体积变化的原因，水分的减少会使冻结时体积的膨胀减小；食品内部的空气主要存在于细胞之间（特别是对于植物组织），空气可为冰晶的形成与长大提供空间，因此空气所占的体积增大，会减小体积的膨胀。

2）冻结时未冻结水分的比例 食品中可以冻结的自由水减少，冻结时冰晶就减少。

（2）比热容、热导率等热力学特性有所改变 比热容是单位质量的物体温度升高或降低1K（或1℃）所吸收或放出的热量。冰的比热容是水的1/2。食品的比热容随含水量而异，含水量多的食品比热容大，含脂量多的食品比热容小。对一定含水量的食品，冻结点以上的比热容要比冻结点以下的大。比热容大的食品在冷却和冻结时需要的冷量大，解冻时需要的热量亦多。

水的热导率为0.6W/（m·℃），冰的热导率为2.21 W/（m·℃），冰的热导率约为水的4倍。食品中其他成分的热导率基本上是一定的，但水在食品中的含量很高，当温度下降，食品中的水分开始冻结，热导率相应增大，食品的冻结速度加快。

（3）干耗 目前大部分食品是以高速冷风冻结，因此在冻结过程中不可避免会有一些水分从食品表面蒸发出来，从而引起干耗。设计不好的装置干耗可达5%～7%，设计优良的装置干耗降至0.5%～1%。由于冻结费用通常只有食品价值的1%～2%，因此比较不同冻结方法时，干耗是一个非常重要的问题。产生干耗的原因是：空气在一定温度下只能吸收定量的水蒸气，达到最大值时，则称为含饱和水蒸气的空气，这种水蒸气有一个与空气饱和程度相应的蒸气压力，它在恒定的绝对湿度下随温度升高将会变小。空气中水蒸气的含量很小时，水蒸气压力亦很小，而鱼、肉和果蔬等由于含有水分其表面水蒸气压力大，这样从肉内部移到其表面并蒸发，直到空气不能吸收水蒸气，即达到饱和为止，也就是不再存在蒸气压差。温度低空气中蒸气压会增大，故温度低干耗小。

除蒸气压差外，干耗还与食品表面积、冻结时间有关，其计算如下：

$$q_m = \beta A \ (p_f - p_a) \tag{3-1}$$

式中　q_m——单位时间内的干耗量，单位为 kg/h；

　　　β——蒸发系数，单位为 kg/（h·m²·Pa）；

　　　A——食品的表面积，单位为 m²；

　　　p_f——食品表面的水蒸气压力，单位为 Pa；

　　　p_a——空气的水蒸气压力，单位为 Pa。

上述关系式表明，蒸气压差大，表面积大，则冻结食品的干耗亦大。如果用不透气的包装材料将食品包装后冻结，由于食品表面的空气层处于饱和状态，蒸气压差减小，就可减少冻结食品的干耗。

（4）非水相组分被浓缩　水结冰后，食品中非水相组分的浓度将比冷冻前变大。食品在冻结时，水分是以纯水的形式形成冰结晶，因此非水组分几乎全部都浓集到未结冰的水中，其最终效果类似食品的普通脱水。食品冻结的浓缩程度主要受冻结速度和最终温度的影响。食品冻结出现的浓缩效应，还会导致未冻结溶液的相关性质的改变，使非结冰相的 pH、可滴定酸度、离子强度、粘度、冰点、表面和界面张力、氧化-还原电位等发生明显的变化。此外，还将形成低共溶混合物，溶液中的氧气、二氧化碳等可能逸出，水的结构和水与溶质间的相互作用也剧烈地改变，同时由于浓缩使大分子间的距离缩小，更加紧密地聚集在一起，使之相互作用的可能性增大，大分子胶体溶液的稳定性受到破坏。上述变化常常有利于提高反应的速度。所以冷冻对反应速度的影响有两方面：降低温度使反应变得非常缓慢，而冷冻所产生的浓缩效应却又导致反应速度的增大。

冷冻浓缩所造成的损害可以发生在冻结、冻藏和解冻过程中，对食品的损害程度与食品的种类和工艺条件有关，一般对动物性食品的影响大于植物性食品。

2. 组织的变化

冻结可对食品的组织结构产生不利影响，如造成组织破坏，引起组织软化、流汁。一般认为这些影响不是低温的直接影响，而是由于冰晶体的膨大而造成的机械损伤，细胞间隙的结冰而引起细胞脱水、死亡，从而失去新鲜特性的控制能力。

（1）机械损伤　机械损伤又称冻伤。食品在冻结时细胞间隙形成的冰晶体会越来越大，体积的膨胀和食品内部存在的温度梯度等会导致产生机械应力并产生机械损伤。机械损伤对脆弱的食品组织如果蔬等植物组织的损伤较大。

植物性食品受到机械损伤时，氧化酶活动增强而出现褐变。故植物性食品如蔬菜冻结前经烫漂、杀酶，冻结中不会褐变。动物性食品受机械损伤后，解冻时体液流失，并因胶质损伤而引起蛋白质变性。

（2）细胞的溃解　植物细胞由原生质形成，表面有原生质膜，外侧有以纤维素为主要成分的细胞壁。原生质膜能透水而不透溶质，极软富有弹性，能吸水而膨胀。细胞壁则不同，水和溶质均可透过，它又较厚缺乏弹性，植物细胞冻结时，原生质膜胀起，细胞壁会胀破，不能保持原来形状，细胞死亡时原生质膜随之破坏，溶液可以任意出入，解冻时有体液流出。动物细胞膜软，有弹性，仅是一层原生质膜而没有细胞壁。冻结水分膨胀，细胞仅出现伸展和失掉能力。

（3）气体膨胀 组织细胞中溶解于液体中的微量气体在液体冻结时发生游离而体积增加数百倍，从而损害细胞和组织，引起质地的改变。

一般植物性食品的组织结构脆弱，细胞壁较薄，含水量高，缓慢冻结会造成严重的组织结构的改变，应该速冻，避免组织受到损伤。

3. 化学变化

（1）蛋白质冻结变性 冻结后的蛋白质变化是造成质量、风味下降的原因。对于动物性食品，构成肌肉的主要蛋白质是肌原纤维蛋白质。在冻结过程中，肌原纤维蛋白质会发生冷冻变性。造成蛋白质冷冻变性的原因有以下几点：

1）冰结晶生成无机盐浓缩，盐析作用或盐类直接作用使蛋白质变性。

2）冰结晶生成时蛋白质分子失去结合水，蛋白质分子受压集中，互相凝集。

3）脂质分解的氧化产物对蛋白质变性有促进作用。脂肪在耐低温的磷脂酶作用下水解产生游离脂肪酸，其氧化产物醛、酮等可促使蛋白质变性。

4）由于生成冰晶，使细胞微细结构紊乱，引起肌原纤维变性。

这些原因是互相伴随发生的，因动物性食品种类、生理条件、冻结条件不同而由某一原因起主导作用，其中脂类的分解氧化在冻结时不明显，在冻藏时较突出。

蛋白质变性后的主要表现为：持水力降低、质地变硬、口感变差，同时加工适宜性下降。如用蛋白质冷冻变性的鱼肉加工鱼糜制品，产品缺乏弹性。蛋白质变性可造成细胞死亡，解冻后组织解体、质地软化、流出汁液、风味下降。

（2）变色 冷冻鱼的变色从外观上看有褐变、黑变、褪色等。鱼类变色的原因包括自然色泽的分解和新的变色物质产生两方面。自然色泽的破坏如红色鱼皮的褪色、冷冻金枪鱼的变色；产生新的变色物质，如鳕鱼肉中的核酸系物质反应生成核糖，再与氨基化合物发生美拉德（Maillard）反应产生褐变，酪氨酸酶的氧化造成虾类的黑变，肌肉的肌红蛋白受空气中氧的作用而变色。变色使外观不好看，而且会产生臭味，同时影响冻品的质量。

4. 生物和微生物的变化

生物（是指小生物，如寄生虫和昆虫之类）经冻结都会死亡。在 -23℃冻结温度条件下，冻结肉虽不能达到完全杀菌，但除个别微生物仍能生存外，对大多数微生物特别是肉中的寄生虫有致命作用。如寄生在猪肉中的旋毛虫在温度低于 -17℃时两天就会死亡；猪囊虫在 -18℃时就死去；钩绦虫类在温度 -18℃时三天内死亡；肉体中的弓型属类、毒素在温度 -15℃时，两天以上即可死亡；囊尾虫在温度 -12℃时即可完全死亡。大麻哈鱼中的裂头条虫的幼虫在 -15℃下 5 天死去，因此冻结对肉类所带有的寄生虫有杀灭作用。

引起食品腐败变质的微生物包括细菌、霉菌、酵母三种。其中与食品腐败和食物中毒关系最大的是细菌。微生物的生长、繁殖需要一定的温度，当温度低于最适宜温度时，微生物的生长受到抑制；当温度低于最低温度时，微生物即停止繁殖。冻结可抑制或阻止微生物的生长繁殖。但应当注意，不能期待利用冻结杀死冻结前污染的微生物，只要温度回升，微生物会很快繁殖。所以要求在冻结前尽可能杀灭细菌，而后进行冻结。

第二节 食品冻结过程中的冻结水量和冰结晶

一、食品冻结时产生冰结晶的条件

冰结晶表现了冻结过程的最基本的实质。当食品中所含水分结成冰结晶时，即有热量从食品中传出，同时食品的温度也随之降低。

从物质分子结构上来看，液体介于气体和固体之间。气体分子运动是混乱的，彼此各不相关。而在固体（结晶体）中，分子是按一定的规律排列的，彼此之间有着相互的关联。当温度升高时，液体分子运动加速，使它的结构与气体接近；当温度降低时，液体分子运动减慢，其结构则趋向于结晶体。当温度降低至冻结点时，液相与结晶相处于平衡状态。要使液体变为结晶体，就必须破坏这种平衡状态，也就是使液体温度降至稍低于冻结点的温度，造成液体的过冷。由此可见，过冷现象是使液体中产生冰结晶的先决条件。

当液体处于过冷状态时，由于某种刺激作用（如液体中所含的灰尘或振动等），其内部形成了稳定的原始结晶核，因此，普通河水较煮沸水和蒸馏水容易结晶。灰尘与杂质能确定液体中结晶核的位置，并产生两相的分界面。

在稳定的结晶核形成后，如继续散失热量，水分子就聚集在结晶核周围组成结晶冰的晶格排列，使水变成冰而放出热量。这种热量的放出，使水或水溶液的温度由过冷温度上升至冻结点温度。因此，要保证冰结晶过程的进行，必须不间断地将热量移走。

各种食品的汁液均有不同的过冷临界温度。所谓过冷临界温度实际上就是温度低于物质的临界温度。物质处于临界状态时的温度为临界温度，这个温度就是物质以液态形式出现的最高温度，如再将其降低，即达到过冷临界温度，则液态将变成固态而成为冰。牲畜、家禽和鱼中所含的汁液，其过冷临界温度平均约为 $-4 \sim -5℃$，乳类约为 $-5 \sim -6℃$，蛋类约为 $-11 \sim -13℃$。

食品在冻结过程中，一般不会有稳定的过冷产生。因为冻结时，食品表面层的温度很快降低，破坏了表面层的过冷状态而产生冰晶。随着冻结时间的延长，冰晶将不断地发展，使食品内部的热量不断导出而在其内部亦产生冰结晶。

二、食品的冻结水量

纯水通常在一个大气压下温度降至 $0℃$ 时就开始结冰，$0℃$ 称为水的冰点或冻结点。食品中的水分不是纯水，是含有有机物质和无机物质的溶液，这些物质包括盐类、糖类、酸类及水溶性蛋白质、维生素和微量气体等。根据拉乌尔法则，溶液冻结点的降低与溶质的浓度成正比，每增加 $1 mol \cdot L^{-1}$ 溶质，冻结点下降 $1.86℃$。因此食品的温度要降至 $0℃$ 以下才产生冰晶，此冰晶开始出现的温度即食品的冻结点。由于食品中溶质的种类和浓度不同，其冻结点也不同。一般食品冻结点的温度范围为 $-2.5 \sim -0.5℃$。

食品温度降至冻结点后开始冻结，随着冻结过程的进行，水分不断地转化为冰结晶，冻结点也随之降低，这样直至所有的水分都冻结，此时食品中的溶质、水（溶剂）达到共同固化，这一状态点被称为低共熔点或冰盐冻结点。根据实验可知，要使食品中水分全部冻结，必须将其温度降低至食品的低共熔点，即 $-55 \sim -65℃$。要获得这样低的温度，在技术上和经济上都有难度，因此目前大多数食品冻结只要求食品中绝大部分水分冻结，食品温度在 −18℃ 以下即达到冻结储藏要求。食品在冻结点与低共熔点之间的任意温度下，其水分冻结的比例称冻结率（ω），以质量分数表示，其近似值可用下式计算：

$$\omega = \left(1 - \frac{食品冻结点}{食品温度}\right) \times 100\% \tag{3-2}$$

三、食品的冻结温度曲线和最大冰晶生成带

在冻结过程中，食品的温度随冻结时间变化的曲线称为食品的冻结温度曲线。不论是快速还是慢速冻结，在冻结过程中，温度的下降可分为三个阶段，如图 3-1 所示。

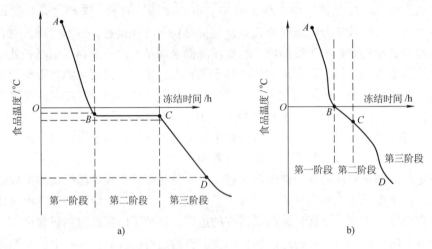

图 3-1 食品在冻结时温度下降的情况
a）慢速冻结 b）快速冻结

在第一阶段，食品的温度迅速冷却下降，曲线较陡，放出热量为显热（此热量与全部放出的热量比较是较小的，故降温快，曲线较陡），直到降低至冻结温度为止。第二阶段即冰结晶形成阶段，曲线平坦，近于水平。这阶段的温度在 −5 ~ −1℃ 左右，食品内部大部分水分冻结为冰，同时放出相变热。由于相变热是显热的 50 ~ 60 倍，整个冻结过程中绝大部分热量在此阶段放出，热量不能大量及时导出，故温度下降减缓，曲线平坦，相对地需要较长的时间。对于新鲜食品来说，一般温度降至 −5℃ 时，已有 80% 的水分生成冰结晶。由于食品在最大冰晶生成带放出大量热量，食品温度降不下来，食品的细胞组织易受到机械损伤，食品构成成分的胶体性质会受到破坏，因此，最大冰晶生成带也是冻结过程中对食品品质带来损害最大的温度区间。所以食品在冻结操作时，要充分发挥制冷机和设备的效率，加快冻结速度，尽快通过最大冰晶生成带，如图 3-1b 所示。最后，进入第三阶段，从成冰到规定的最终温度，此时放出的热量一部分是冰的降温，另一部分是内部未结冰的水继续结冰，但结冰量要比第二阶段少，所以放出的热量主要是显热。在这一阶段中，开始时温度下降比较迅速，随着食品与周围介质之间温差的缩小，降温速度即不断减慢，而且冰的比热容比水小，从理论上讲，曲线应更陡，但因还有残余水结冰所放出的潜热，所以，降温没有第一阶段快，曲线也不及第一阶段那样陡。

图 3-1 所示是食品冻结曲线的一般模式，曲线中并未将食品中水分的过冷现象表现出

来。若有过冷现象则食品温度在第一阶段会低于冻结点，然后略有回升。实际上，食品表面微带潮湿，表面常落上霜点或有振动，使得食品表面有形成晶核的条件，故无显著过冷现象。所以该曲线没有过冷的波折。

在实际冷冻中，食品不同部位温度下降速度是不一样的。虽然它们都符合冷冻曲线，但在同一时刻，食品表面温度最低，越接近中心部位温度越高。食品在冻结结束后，食品中心、表面及内部各点上的最终温度仍然有所差别，经过一段时间冻藏后各部位的温度可以趋于一致。食品冻结结束时的平均温度称为冻结终温。在食品冻结后一般实际测量食品的中心温度，要求移入冻藏间时不致引起冻藏间温度波动。

四、食品冻结时放出的热量

食品在冻结过程中所放出的热量由三部分组成。

1. 食品冷却时放出的热量

食品冷却时放出的热量可由下式计算：

$$Q_1 = Gc_1 \left(t_初 - t_冻 \right) \tag{3-3}$$

式中　c_1——冻结点以上食品的比热容，单位为 kJ/（kg·℃）；

　　G——食品的重量，单位为 kg；

　　$t_初$——食品的初温，单位为℃；

　　$t_冻$——食品的冻结点温度，单位为℃。

2. 冻结时形成冰晶体的放热量

冻结时形成冰晶体的放热量可由下式计算：

$$Q_2 = GW\omega\gamma_冰 \tag{3-4}$$

式中　W——食品中的含水量，单位为 kg/kg；

　　G——食品的重量，单位为 kg；

　　ω——冻结率，单位为（%）；

　　$\gamma_冰$——水形成冰时所释放的相变潜热，单位为 kJ/kg。

3. 冻结食品降温时放出的热量

冻结食品降温时放出的热量可由下式计算：

$$Q_3 = Gc_2 \left(t_冻 - t_终 \right) \tag{3-5}$$

式中　c_2——冻结后继续降温阶段食品的比热容，单位为 kJ/（kg·℃）；

　　G——食品的重量，单位为 kg；

　　$t_冻$——食品的初始冻结点，单位为℃；

　　$t_终$——食品的最终冻结温度，单位为℃。

食品的比热容可根据食品中干物质、水分和冰的比热容及各部分在食品中的比例推算：

$$c = c_d \left(1 - W \right) + c_i \omega W + c_w \left(1 - \omega \right) W \tag{3-6}$$

式中　c——冻结食品的比热容，单位为 kJ/（kg·℃）；

　　c_d——冻结食品中干物质的比热容，单位为 kJ/（kg·℃）；

　　c_i——冰的比热容，单位为 kJ/（kg·℃）；

　　c_w——水的比热容，单位为 kJ/（kg·℃）；

W——食品中的水分含量，单位为 kg/kg；

ω——各种温度下的冻结率（%）。

食品在冻结过程中放出的总热量为：

$$Q = Q_1 + Q_2 + Q_3 = G[c_1(t_初 - t_冻) + W\omega\gamma_冻 + c_2(t_冻 - t_终)] \tag{3-7}$$

食品在冻结过程中放出的总热量也可用焓值差进行计算：

$$Q = G \times (h_1 - h_2) \tag{3-8}$$

式中　G——食品的重量，单位为 kg；

h_1——食品初始状态的焓值，单位为 kJ/kg；

h_2——食品冻结终了时的焓值，单位为 kJ/kg。

在冷库设计中，此总热量即为食品冻结时的耗冷量。在冷库设计时，一般都用焓差法计算耗冷量。

五、冻结速度与冰结晶的分布和数量

冻结速度的快慢一般可用食品中心温度下降的时间或冻结层伸延的距离来划分。

（1）按时间划分　食品的中心温度从 -1℃下降至 -5℃所需的时间（即通过最大冰结晶生成带的时间），在 30 min 以内时属于快速冻结，超过 30min 则属于慢速冻结。一般认为，在 30 min 内通过 -1 ~ -5℃的温度区域所冻结形成的冰晶，对食品组织影响最小，尤其是果蔬组织质地比较脆嫩，冻结速度应要求更快。由于食品的种类、形状和包装等情况不同，这种划分方法对某些食品并不十分可靠。

（2）按距离划分　冻结速度还可用单位时间内 -5℃的冻结层从食品表面伸延向内部的距离来判断（冻结速度 v 的单位 cm·h^{-1}）。冻结速度可分为 3 类：快速冻结 $v \geq 5 \sim 20$cm·h^{-1}；中速冻结 $v = 1 \sim 5$cm·h^{-1}；慢速冻结 $v = 0.1 \sim 1$cm·h^{-1}。

国际制冷学会对冻结速度的定义：食品表面与温度中心点间的最短距离，与食品表面温度达到 0℃后食品温度中心点降至比冻结点低 10℃所需时间的比值即食品冻结速度。根据这一定义，食品温度中心点降温的计算值是随食品冻结点而改变的，与所述冻结速度计算的温度下限为 -5℃相比要低得多，所以对冻结设备的设计、制造提出了更高的要求。

目前国内使用的各种冻结装置，由于性能各异，冻结速度也不同。如在冷风冷库中冻结时为 0.2cm·h^{-1}，送风冻结器为 0.5 ~ 2cm·h^{-1}，悬浮冻结器（即流态床速冻器）为 5 ~ 10cm·h^{-1}，液氯冻结器为 10 ~ 100cm·h^{-1}。前者只属于慢速冻结，其次是中速冻结，后两者才属于快速冻结，由此可见冻结设备的重要性。

冻结速度与冰晶分布的状况和数量有密切的关系。动植物组织都是由娇嫩细胞膜或细胞壁包围住的细胞所构成。食品中的水分大致可分为细胞内的水分和细胞间隙中的水分。细胞间隙中的水分，水蒸气张力比在细胞内小，盐的浓度也低些，冻结点则较高。当食品温度降低，处于细胞间隙内的水分首先形成冰晶体。缓慢冻结时，在最大冰晶生成带停留时间较长，而此时细胞内的水分仍以液相形式存在。由于同温度下水的蒸气压力大于冰的蒸气压力，在蒸气压力差的作用下，细胞内的水分透过细胞膜向细胞外的冰晶移动，使大部分水冻结于细胞间隙内，渐渐形成大冰晶体，最大的晶体直径可达到 500 ~ 900μm。这些冰晶体在食品组织内分布不均匀，再加上由于是慢速冻结，冰晶体并不稳定，在冷冻初期存在结冰、融化、再结冰的变化。这些都对组织形成了挤压力，使细胞破裂，组织结构

破坏。由于细胞内脱水，溶液浓度增加，细胞内的胶质成为不稳定状态，原来具有保水能力的淀粉、蛋白质等营养成分凝固变性，这一变化过程是不可逆的，因此，缓慢冻结的食品在解冻时冰结晶融化成水，不能再与淀粉、蛋白质等分子重新结合恢复冻结前的原有状态；慢速冻结的食品在解冻过程中汁液大量流失，造成了风味成分、营养素的损失。食品的冻结速度越慢，所形成的冰结晶越大，解冻时汁液流失越多，对食品的质量影响就越大。

　　快速冻结食品时，由于散热作用很强，使冰结晶形成的速度大于水和水蒸气的渗透、扩散速度。因而使食品细胞内、外的水分同时达到形成冰结晶的温度条件，组织内冰层推进的速度也大于水分移动的速度，冰晶的分布接近天然食品中液态水的分布情况，冰晶数量极多，呈针状细小结晶体。从而基本避免或大大减弱了因结冰引起的冻结膨胀、机械损伤、脱水损害等质量问题。而且食品在解冻后能基本恢复冻结前的状态，获得最大可逆性。因而快速冻结能最大限度地保持食品原有的营养成分及色、香、味等品质。

　　快速冷冻对于果蔬食品来说特别重要。因为植物性食品的细胞壁缺乏弹性，易受压力损伤，解冻时会有大量汁液外流。对于肉类来说，其敏感性虽不如水果蔬菜，但缓慢冻结仍会使细胞膜破裂，肌球蛋白脱水变性，造成风味下降。条件许可下，应该运用快速冻结方式。快速冻结还可以减轻淀粉的 β 化，减少食品出现色泽、质地或其他方面的劣变。快速冻结已成为冷冻食品的首选。

　　冻结速度对冰晶体大小和冰晶形状的影响如表3-1、表3-2所示。

表3-1　冻结速度对冰晶体大小的影响（龙须菜）

冻结速度顺序	冻结方式	冰晶体的大小/μm		
		长	宽	高
1	液氮（−196℃）	5～15	0.5～5	0.5～5
2	干冰（−80℃）	29.2	18.2	6.1
3	盐水（−18℃）	29.7	12.8	9.1
4	金属板（−40℃）	320.0	763.0	87.6
5	空气（−18℃）	920.0	544.0	324.4

表3-2　冻结速度与冰晶形状的关系（鱼肉）

冻结速度（通过0～−5℃的时间）/min	冰结晶				冰层推进速度 v_i 水分移动速度 v_w
	位置	形状	大小（直径×长宽）/μm	数量	
数秒	细胞内	针状	(1～5) × (5～10)	无数	$v_i \gg v_w$
1.5	细胞内	杆状	(1～20) × (20～50)	多数	$v_i > v_w$
40	细胞内	柱状	(50～100) ×100以上	少数	$v_i < v_w$
90	细胞外	块粒状	(50～200) ×200以上	少数	$v_i \ll v_w$

第三节　食品冻结时间

一、冻结时间的计算

　　在组织生产或设计冻结装置时，常常需要了解食品的冻结时间。如安排生产流程时，要了解冻结时间才能决定冻结量，设计一个冷库时亦需知道冻结时间才能决定库容和冻结量的比例，又如设计连续式螺旋冻结器时只有知道了冻结时间才能决定螺旋输送带的长度、传动装置的传送速度，所以在冻结加工过程中究竟需要多少时间才能把食品冻结到规定的温度，这是一个重要的问题。由于冻结过程受到许多变化因素的影响，冻结时间不容易用解析式求解，但利用普朗克公式可预测食品的冻结时间。

厚度为 L 的大平板状食品，在温度为 t_∞ 冷却介质中冻结，食品的表面温度为 t_s，如图 3-2 所示。假设食品的初始温度均匀一致并等于其初始冻结温度 t_f，冻结过程 t_f 保持不变，热导率等于冻结时的热导率，只考虑水的相变热而忽略冻结前后放出的显热，传热系数不变。经过一段时间后，冻结层离表面已有 x 距离。

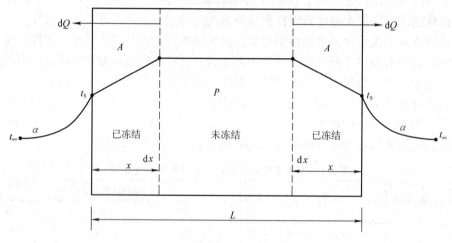

图 3-2　平板状食品冻结图

在经 dt 时间后冻结层向内推进 dx 距离，其放出的热量为：

$$dQ = q_i \rho A dx$$

式中　Q——食品的冻结热，单位为 $J \cdot kg^{-1}$；

q_i——纯水的冻结热与食品水分百分含量 W 的积，即 $q_i = 334.72 \times 10^3 \times W$；

ρ——食品的密度，单位为 $kg \cdot m^{-3}$；

A——食品的表面积，单位为 m^2。

此热量经过厚度为 χ 的冻结层，在表面处以对流换热的方式传至冷却介质，则

$$dQ = \frac{t_f - t_\infty}{\dfrac{x}{\lambda A} + \dfrac{1}{\alpha A}} dt \tag{3-9}$$

式中　t_f——食品的初始冻结温度，单位为℃；

t_∞——冷却介质的温度，单位为℃；

λ——冻结层的热导率，单位为 $W \cdot m^{-1} \cdot ℃^{-1}$；

α——食品表面的传热系数，单位为 $W \cdot m^{-2} \cdot ℃^{-1}$。

由上述二式可得：

$$dt = \frac{q_i\rho}{t_f - t_\infty}\left(\frac{1}{\alpha} + \frac{x}{\lambda}\right)dx \qquad (3-10)$$

在 $0 \sim L/2$ 区间积分：

$$\int_0^t dt = \int_0^{\frac{L}{2}} \frac{q_i\rho}{t_f - t_\infty}\left(\frac{1}{\alpha} + \frac{x}{\lambda}\right)dx$$

得到大平板状食品的冻结时间 t：

$$t = \frac{q_i\rho}{2(t_f - t_\infty)}\left(\frac{L}{\alpha} + \frac{L^2}{4\lambda}\right) \qquad (3-11)$$

用类似的方法获得圆柱状和球状食品的冻结时间。对于圆柱状，L 为直径，冻结时间为：

$$t = \frac{q_i\rho}{4(t_f - t_\infty)}\left(\frac{L}{\alpha} + \frac{L^2}{4\lambda}\right) \qquad (3-12)$$

对于球状，L 为直径，冻结时间为：

$$t = \frac{q_i\rho}{6(t_f - t_\infty)}\left(\frac{L}{\alpha} + \frac{L^2}{4\lambda}\right)$$

对于不同形状的食品，引入形状系数 P 和 R，就可获得冻结时间的通用表达式：

$$t = \frac{q_i\rho}{(t_f - t_\infty)}\left(\frac{PL}{\alpha} + \frac{RL^2}{\lambda}\right)$$

大平板状食品：$P = 1/2$；$R = 1/8$。

圆柱状食品：$P = 1/4$；$R = 1/16$。

球状食品：$P = 1/6$；$R = 1/24$。

对于方块或长方块装等食品，三个边长分别为 a、b、c，$a > b > c$，在使用普朗克计算式时，可用图 3-3 所示的曲线查出 P 和 R 值。$\beta_1 = b/c$，$\beta_2 = a/c$，P 和 R 值可由图 3-3 上的 β_1 和 β_2 的交叉点查得。

实际冻结时，还应考虑初温到冻结点的时间，冻结过程还有显热放出。因此，为改进精度，还可用食品的初温焓值 h_1 和终温焓值 h_2（可由相关表格查得）的焓差 Δh 代替食品的冻结热 q_i，得到冻结时间计算修正公式：

$$t = \frac{\Delta h\rho}{(t_f - t_\infty)}\left(\frac{PL}{\alpha} + \frac{RL^2}{\lambda}\right) \qquad (3-13)$$

当食品放在包装容器内冻结时，上式中的传热系数 α 用一个总的传热系数 U 替代，以考虑包装材料的热阻：

$$U = \frac{1}{\delta_p/\lambda_p + 1/K}$$

式中　δ_p——包装材料的厚度，单位为 mm；

　　　λ_p——包装材料的热导率，单位为 W/（m·℃）。

【例题】已知某冻结间空气平均温度为 -30℃，牛肉块（0.75m × 0.50m × 0.25m）初温为 35℃，冻至 -18℃。已知牛肉的表面传热系数为 15.1W/（m²·℃），冻结牛肉的热导率为 1.36W/（m·℃），求牛肉胴体的冻结时间。如果牛肉块用 1.0mm 厚的纸板箱包装，热导率 λ_p 为 0.04W/（m·℃），计算其冻结时间。

解：按修正后的普朗克公式计算冻结时间，由附录 A 求得牛肉在冻结前后的焓值

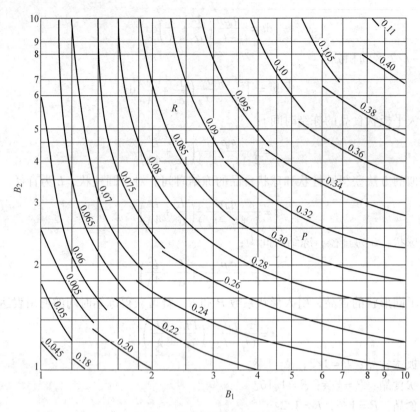

图 3-3 块状食品的 P 和 R 值

差为：

$$\Delta h = (345 - 4.6) \times 10^3 \text{J/kg} = 340.4 \times 10^3 \text{J/kg}$$

取冻结牛肉的密度为 $\rho = 900 \text{kg/m}^3$，牛肉的冰点为 $t_f = -2℃$

根据牛肉块的尺寸，算出 β_1 和 β_2：

$$\beta_1 = b/c = 0.50/0.25 = 2，\quad \beta_2 = a/c = 0.75/0.25 = 3$$

由图 3-3 查得：$P = 0.275$；$R = 0.078$。

将已知数据代入，得到冻结时间为：

$$t = \frac{\Delta h \rho}{(t_f - t_\infty)} \left(\frac{PL}{\alpha} + \frac{RL^2}{\lambda} \right)$$

$$= \frac{340.4 \times 10^3 \times 900}{-2 + 30} \left(\frac{0.275 \times 0.25}{15.1} + \frac{0.078 \times 0.25^2}{1.36} \right) \text{s} = 89037\text{s} = 24.7\text{h}$$

当牛肉是包装的时，计算式中的 α 用 U 替代。

$$U = \frac{1}{\delta_p/\lambda_p + 1/K} = \frac{1}{0.001/0.04 + 1/15.1} \text{W/} (\text{m}^2 \cdot ℃) = 10.96\text{W/} (\text{m}^2 \cdot ℃)$$

将 $U = 10.96\text{W/} (\text{m}^2 \cdot ℃)$ 代入冻结时间计算式即可算出包装条件下的冻结时间 $t' = 107854\text{s} = 29.96\text{h}$。由此可见，由于包装材料的绝热性质使食品冻结时间明显延长。

二、缩短冻结时间的措施

食品在冻结时，影响其冻结时间的因素有：①产品的大小和形状，尤其是产品的厚度。②产品的初温和终温。③冷却介质的温度。④产品的表面传热系数。⑤热焓的变化。⑥产品的热导率。根据普朗克公式，对于一种确定的食品，缩短其冻结时间的途径有：减小食品的厚度；减低冷冻介质的温度；增大食品的表面传热系数等。

第四节　食品的冻结方法和装置

食品的冻结方法及装置多种多样，分类方式不尽相同。按冷却介质与食品接触的方式可分为空气冻结法、直接接触冻结法和直接冻结法等。其中，每一种方法均包含了多种形式的冻结装置。

目前所采用的各类速冻装置，不管其结构和原理怎样，应具备以下条件：①冻结速度快，产品质量高。②生产效率高。③工作人员劳动强度低。④能连续工作，形成加工、冻结一条龙。⑤速冻的食品能符合卫生要求。

目前世界上采用的食品快速冻结装置主要有以下几种。

一、空气冻结法

在冻结过程中，冷空气以自然对流或强制对流的方式与食品换热。由于空气的导热性差，与食品间的表面传热系数小，故所需的冻结时间较长。但是，空气资源丰富，无任何毒副作用，其热力性质早已为人们熟知，机械化较容易，因此，用空气作介质进行冻结仍是目前应用最广泛的一种冻结方法。增加风速，能使冻品表面传热系数增大，这样冻结速度可加快。风速与冻结速度的关系如表3-3所示。

表3-3　风速与冻结速度的关系

风速/（m/s）	表面传热系数/ [W/（m²·K）]	冻结速度增加的百分比（%）	风速/（m/s）	表面传热系数/ [W/（m²·K）]	冻结速度增加的百分比（%）
0	5.8	0	3	18.4	217
1	10	72	4	22.6	290
1.5	12.1	109	5	27.4	372
2	14.2	145	6	30.9	432

注：冻品为7.5cm厚的板状食品。

1. 隧道式冻结装置

隧道式冻结装置的特点是：冷空气在隧道中循环，食品通过隧道时被冻结。根据食品通过隧道的方式，可将其分为传送带式、吊篮式、推盘式等几种。

隧道式冻结装置用隔热材料做成一条隔热隧道，隧道内装有缓慢移动的货物输送装置，隧道入口装有进料和提升装置，出口装有卸货装置和驱动设备，货物在缓慢移动时遇强烈冷风而迅速冻结。隧道内的温度一般为 -30 ~ -40℃，冷风速度为 3~6m/s，冷风吹向与货物移动方向相反，所以冻结速度快，产量大，在我国肉类加工厂和水产冷库中被广泛应用。该装置多使用轴流风机，风速大、冻结速度快（但食品干耗大），蒸发器采用热氨和水同时进行融霜，故融霜时间短。隧道式冻结装置分下吹风和上吹风两种，一般冻鱼用下吹风，冻猪肉用上吹风。隧道式冻结装置可用于冻结鱼、猪肉和预制过的小包装食品等。图3-4所示为隧道式冻鱼装置示意图，在装置内有蒸发器和风机，利用低温冷风使产品快速冻结。

冷风直接对鱼车吹风，鱼盘周围的空气流速不低于 2.5m/s。由于翅片采用套片时，传热效果较绕片式好，表面霜层薄，每冻结4~5次冲霜一次。

在设计该装置和生产实践中应注意以下几点：

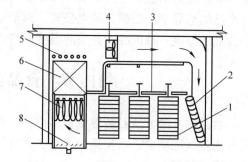

图 3-4　隧道式冻鱼装置示意图
1—鱼笼　2—导风板　3—吊栅　4—风机鱼盘
5—冲霜水管　6—蒸发器　7—大型鱼类　8—消导

（1）冻结的均匀性问题　一个冻结装置，根据冻结的设计能力得到所需要的制冷量是很容易的。但是，对于一个装有几乎达到上千个鱼盘的冻结装置，要求在同一时间内使每个鱼盘得到相等的冷量是比较困难的。因此，在设计和安装冻结装置中应特别注意冷量均匀分配问题（如组织气流的均匀分布等），保证冻品质量。

（2）气流流动形式对均匀冻结的影响问题　冻结装置的气流流型与冻品的形状有关，气流流动形式应由冻品的形状来定。冻结鱼盘装的扁平状食品时，因为冷空气流与冻品最大的接触面是鱼盘上、下两个平面，所以气流平行于鱼盘作水平流动比较好。冻结猪、牛胴体时，因胴体竖挂，冷空气流与冻品最大的接触面是胴体周围的立面，所以使空气流平行于胴体表面作垂直流动比较合适。

（3）风机的位置对食品均匀冻结的影响　对于空气横向循环的冻结装置，风机的安装位置对冻结效果影响很大。为了减少冷量消耗，最好是将风机的电动机部分安装在冻结室外。一般情况下，因构造上的困难，仍然将整台风机放在冻结室内，那么轴流式风机在室内的放置位置既要考虑有利于气流的均匀分布，又要方便于维修。经过实测证明，放在上部位置是比较合适的。因为风机放在上部，可以使风机出口的高速气流有一个扩展均匀阶段，造成空气进入冻结区以前形成紧密而均匀的气流，以利于下一步的均匀分配而转弯导向。空气经过均匀分导后，形成上下比较均匀的气流，以 1~1.5m/s 的速度进入冻结区。这个速度对空气通过冻结区造成水平层流比较有利。

（4）气流组织对水产品冻结的影响　冻结装置的气流方向是影响冻品均匀度的主要因素。冻结区始、末端的空气有温差存在，这是由于单向气流与空气循环量大小有关。如果能使气流方向定期转换，可将始、末端温差值减少一半。为解决气流换向问题，目前，国内外最先进的隧道式管架式冻结装置都采用可逆式轴流风机。

2. 螺旋带式冻结装置

螺旋带式冻结装置是 20 世纪 70 年代初发展起来的冻结设备，其结构示意图如图 3-5 所示。

螺旋带式冻结装置由转筒、蒸发器、风机、传送带及一些附属设备等组成。其主体部分为一转筒，传送带由不锈钢扣环组成，按宽度方向成对的接合，在横、竖方向上都具有挠性，能够缩短和伸长，以改变连接的间距。当运行时，拉伸带子的一端就压缩另一边，从而形成一个围绕着转筒的曲面。借助摩擦力及传动机构的动力，传送带随着转筒一起运动，由于传送带上的张力很小，故驱动功率不大，传送带的寿命也很长。传送带的螺旋升角约2°，由于转筒的直径较大，所以传送带近于水平，水产品不会下滑。传送带缠绕的圈数由冻结时间和产量确定。

被冻结的食品可直接放在传送带上，也可采用冻结盘。食品随传送带进入冻结装置后，由下盘旋而上，冷风则由上向下吹，与食品逆向对流换热，提高了冻结速度，与空气横向流动相比，冻结时间可缩短30%左右。食品在传送过程中逐渐冻结，冻好的食品从出料口排出。传送带是连续的，它由出料口又折回到进料口。

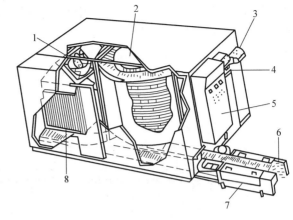

图3-5　螺旋带式冻结装置
1—轴流风机　2—转筒　3—出冻口　4—变频调速装置
5—电器控制箱　6—进冻口　7—传送带清洗器　8—蒸发器

螺旋带式冻结装置也有多种形式。近几年来，人们对传送带的结构、吹风方式等进行了许多改进。如1994年，美国约克公司改进吹风方式，并取得专利。其气流分布示意图如图3-6所示，冷气流分为两股，其中的一股从传送带下面向上吹，另一股则从转筒中心到达上部后，由上向下吹。最后，两股气流在转筒中间汇合，并回到风机。这样，最冷的气流分别在转筒上、下两端与最热、最冷的物料直接接触，使刚进冻

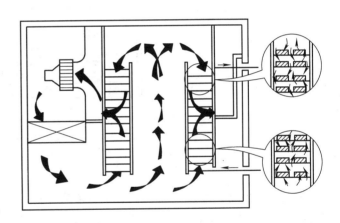

图3-6　气流分布示意图

的食品尽快达到表面冻结，减少干耗，也减少了装置的结霜量。两股冷气流同时吹到食品上，大大提高了冻结速度，比常规气流快15%～30%。

螺旋式冻结装置适用于冻结单体不大的食品（如饺子、烧麦、对虾）、经加工整理的果蔬，还可用于冻结各种熟制品，如鱼饼、鱼丸等。

螺旋式冻结装置有以下特点：

1）紧凑性好。由于采用螺旋式传送，整个冻结装置的占地面积较小，其占地面积仅为一般水平输送带面积的25%。

2）在整个冻结过程中，产品与传送带相对位置保持不变。冻结易碎食品所保持的完整程度较其他形式的冻结器好，这一特点也允许同时冻结不能混合的产品。

3）可以通过调整传送带的速度来改变食品的冻结时间，用以冷却不同种类或品质的食品。

4）进料、冻结等在一条生产线上连续作业、自动化程度高。

5）冻结速度快、干耗小、冻结质量高。

该装置的缺点是在小批量、间歇式生产时，耗电量大，成本较高。

3. 流态化冻结装置

随着我国速冻果蔬、虾类和速冻调理食品的迅速发展，用于单体快速冻结食品（如小形鱼、虾类、草莓、青豌豆、颗粒玉米等）的带式流态化冻结装置（如图 3-7 所示）得到了广泛的应用。

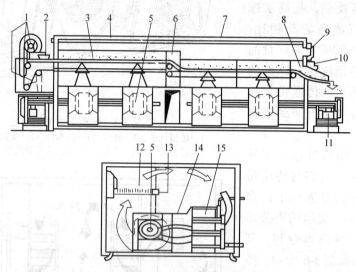

图 3-7　流态化冻结装置
1—自动装置　2—进料斗　3—被冻品　4—融霜管　5—风机
6—转换台　7—隔热层　8—出料口　9—窗口　10—齿轮
11—电机　12—传送带网孔　13—窗口　14—检查口　15—导风板

流态冻结是使小颗粒食品悬浮在不锈钢网孔传送带上进行单体冻结的。由于风从传送带底部经网孔进入时风速很高（为 7~8m/s），把颗粒食品吹起，形成悬浮状态进行冻结。冻结时食品间的风速为 3.5~4.5m/s，由于传送带上部的空间大，故冷风的速度降低，不致将冻结后的食品吹走。

生产能力每小时为 1t 的冻结装置（以冻结青刀豆为准），它的总长为 9m，宽 5m，高 3.2m，安装在一个有隔热层的隧道间内。制冷装置多采用氨泵系统，采用向蒸发器上进、下出供液的方式。隧道内温度为 -30~-35℃。

食品在带式流态冻结装置内的冻结过程分为两个阶段进行。第一阶段为外壳冻结阶段，要求在很短时间内，使食品的外壳先冻结，这样不会使颗粒间相互粘结。以小虾为例约为 5~8min。这个阶段的风速大、压力高，一般采用离心风机。第二阶段为最终冻结阶段，要求将食品的中心温度冻结到 -18℃以下。以小虾为例约需 20~25min。

近几年来，随着我国速冻水产品、调理食品和速冻蔬菜等食品的迅速发展的需要，我国在流态化食品速冻装置方面发展较快。如有关厂家生产的振动流态化食品速冻装置是专为速冻水产品、肉制品、果蔬和调理食品等而设计制造的。该装置为两区段冻结工艺。微冻区段传送网带设有三处"驼峰"，防止产品冻粘在网带上。两区段分别根据不同产品冻结工艺要求，随时调节冻结速度及冻结时间以保证冻品质量。装置内配以强制循环冷风，使食品在流态化悬浮状态下均匀地进行快速冻结，使小型的食品不会粘结成块。另外，隧道中配有搁架小车，能冻结较大规格的食品，达到一机多用。

流态化冻结装置具有冻结速度快、耗能低和易于实现机械化连续生产等优点。

二、间接接触式冻结法

间接接触式冻结法是指把食品放在由制冷剂（或载冷剂）冷却的板、盘、带或其他冷壁上，与冷壁直接接触，但与制冷剂（或载冷剂）间接接触。对于固态食品，可将食品加工为具有平坦表面的形状，使冷壁与食品的一个或二个平面接触；对于液态食品，则用泵送方法使食品通过冷壁热交换器，冻成半融状态。

1. 平板冻结装置

平板冻结装置的主体是一组作为蒸发器的内部具有管形隔栅的空心平板与制冷剂管道相连。它的工作原理是将被冻结的食品放在两相邻的平板间，并借助油压系统使平板与食品紧密接触。由于直接与平板紧密接触，且金属平板具有良好的导热性能，故其传热系数高，冻结速度快。当接触压力为 7～30kPa 时，表面传热系数可达 93～120W/（m² · K）。

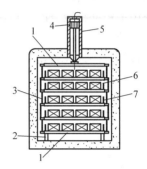

图 3-8　卧式平板冻结装置结构示意图
1—冻结平板　2—支架　3—连接铰链
4—液压元件　5—液压缸　6—食品
7—限位块

平板冻结装置分卧式和立式两种。

卧式平板冻结装置如图 3-8 所示。平板放在一个隔热层很厚的箱体内，箱体的一侧或相对的两侧有门。平板一般有 6～16 块，间距由液压升降装置来调节，冻结平板上升时，两板最大间距可达 130mm，下降时，两板间距视食品冻结盘间距而定。为了防止食品变形和压坏，可在平板之间放入与食品厚度相同的限位块。冻结时，先将冻结平板升至最大间距，把食品放入，再降下上面的冻结平板，压紧食品。依次操作，直至把冻盘放进各层冻结平板中为止。然后供液降温，进行冻结。该装置的液压系统中，液压缸位于箱体的上部，为双作用形式，下压时使食品压紧于两平板之间，食品冻好后又将平板拉开。

平板冻结装置主要用于冻结分割肉、肉副产品、鱼片、虾及其他小包装食品的快速冻结。

立式平板冻结装置的结构原理与卧式平板冻结装置的相似。只是冻结平板垂直排列，如图 3-9 所示，平板一般有 20 块左右，冻品不需装盘或包装，可直接倒入平板间进行冻结。冻结结束后，冻品脱离平板的方式有

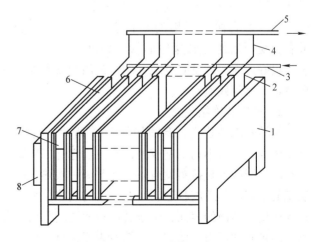

图 3-9　立式平板冻结装置结构示意图
1—机架　2、4—橡胶软管　3—供液管　5—吸入管　6—冻结平板
7—定距螺杆　8—液压装置

上进上出、上进下出和上进旁出等多种。平板的移动、冻品的升降和推出等动作，均由液压系统驱动和控制。平板间装有定距螺杆，用以限制两平板间的距离。

立式平板冻结装置最适用于散装冻结无包装的块状产品，如整鱼、剔骨肉和内脏，也可用于包装产品。

平板冻结装置的优点有：①对厚度小于50mm的食品，冻结速度快、干耗小，冻品质量高。②在相同的冻结温度下，它的蒸发温度可比吹风式冻结装置提高5~8℃，而且不用配置风机，电耗比吹风式减少30%~50%。③可在常温下工作，改善了劳动条件。④占地少，节约了土建费用，建设周期也短。但其不足是当厚度超过90mm以上的食品不能使用；未实现自动化装卸的装置仍需较大的劳动强度。

使用平板冻结装置时，应注意使被冻结的包装食品或货盘上、下两面必须与平板很好接触，并控制好二者之间的接触压力。压力过大，平板与食品的接触越好，传热系数越大。平板与食品之间若接触不良，会产生很大的接触热阻，冻结速度大幅降低。空气层厚度对冻结时间的影响如表3-4所示。

表3-4　空气层厚度对冻结时间的影响

空气层厚度/mm	冻结速度比	空气层厚度/mm	冻结速度比
0	1	5.0	0.405
1.0	0.6	7.5	0.385
2.5	0.485	10	0.360

图3-10所示图例表示的是卧式平板冻结装置使用不当的情况。当食品因与平板接触不良而只有单面冻结时，其冻结时间为上下两面接触良好时的3~4倍。

为了提高冻结效率，操作使用时需注意以下问题：①产品应具有规则的形状，如有两个平坦的平行表面，或者在受压后能变成这种形状。②包

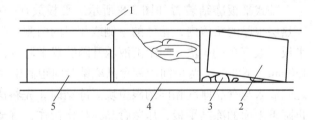

图3-10　冻结不良的图例
1—平板　2—纸箱与平板接触不良　3—冰
4—纸箱中水产品未装满　5—纸箱与上面平板未接触

装应很好地充实，没有空隙。③装载用的盘子表面平坦。④平板表面应干净，没有外界物质或霜、冰等残渣。

2. 回转式冻结装置

回转式冻结装置示意图如图3-11所示，它是一种新型的连续式的接触式冻结装置。其主体为一个由不锈钢制成的回转筒。它有二层壁，外壁为转筒的冷表面，它与内壁之间的空间供制冷剂直接蒸发或供制冷剂流过换热，制冷剂或载冷剂由空心轴一端输入，在两层壁的空间内作螺旋状运动，蒸发后的气体从另一端排出。需要冻结的食品呈散开状由入口被送到回转筒的表面，由于转筒表面温度很低，食品立即粘在转筒表面，进料传送带再给食品稍施加压力，使它与转筒冷表面接触得更好，并在转筒冷表面上快速冻结。转筒回转一次，完成食品的冻结过程。冻结食品转到刮刀处被刮下，刮下的食品由传送带输送到包装生产线。

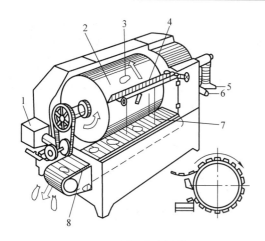

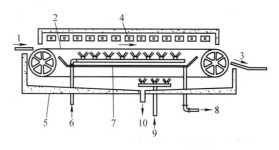

图 3-11　回转式冻结装置
1—电动机　2—冷却器　3—进料口　4—刮刀
5—盐水入口　6—盐水出口　7—刮刀
8—出料传送带

图 3-12　钢带连续冻结装置示意图
1—进料口　2—传送带　3—出料口　4—冷却器
5—隔热外壳　6—盐水入口　7—盐水收集器
8—盐水出口　9—洗涤水入口　10—洗涤水出口

转筒的转速根据冻结食品所需时间调节，每转约数分钟。

该装置适用于虾仁、鱼片、块肉、虾、菜泥以及流态食品。其特点是占地面积小，结构紧凑；冻结速度快，干耗小；连续冻结生产效率高。

3. 钢带连续冻结装置

钢带连续冻结装置最早由日本研制生产，其主体是钢带传输机，如图 3-12 所示。传送带由不锈钢制成，在带下喷盐水，或使钢带滑过固定的冷却面（蒸发器）使食品降温，同时，食品上部装有风机，用冷风补充冷量，风的方向可与食品平行、垂直、顺向或逆向。传送带移动速度可根据冻结时间进行调节。因为产品只有一边接触金属表面，食品层以较薄为宜。

传送带下部温度为 -40℃，上部冷风温度为 -35 ~ -40℃，因为食品层一般较薄，冻结速度快，冻结 20 ~ 25mm 厚的食品约需 30min，而冻结 15mm 厚的食品只需 12min。

该装置适用于冻结鱼片、调理食品及某些糖果类食品等。

钢带式冻结装置的主要优点为：①连续流动远行。②干耗较少。③能在几种不同的温度区域操作。④同平板式、回转式相比，带式冻结装置结构简单，操作方便。改变带长和带速，可大幅度地调节产量。缺点是占地面积大。

尽管接触式冻结装置的形式不同，但在设计和操作时，最重要的是保证食品与冷表面的良好接触。除接触情况的影响外，二者之间的接触压力对传热系数影响也很大，不同的食品，应选择最佳的接触压力。

三、直接冻结装置

1. 盐水浸渍冻结装置

盐水浸渍冻结装置是将被冻品直接浸在低温盐水中进行冻结。20 世纪 30 年代初日本等国就已在拖网渔船上使用盐水浸渍冻结食品。但是，由于盐水对设备的腐蚀、盐水会使食品变色及盐分渗入食品等原因，这种方法曾一度停止使用。后来人们发现某些罐头食品的原料用此法冻结后，质量变化甚微；另外，用不透水的塑料薄膜将食品包装起来后再浸渍冻结，即可防止盐水渗入，又不会引起食品的变色。鉴于以上原因，盐水浸渍冻结装置又重新得到了应用。如目前俄罗斯、英国等国家在冻结金枪鱼等大型鱼类时，仍然采用盐水浸渍冻结装置，因为金枪鱼体形大、鱼皮厚，冻结时吸收盐分少，如用作罐头制品的原料影响不大。

图3-13所示为法国于20世纪70年代初研制的盐水连续浸渍冻结装置示意图。装置中与盐水接触的容器用玻璃钢制成，有压力的盐水管道用不锈钢材料制成，其他盐水管道用塑料制成，从而解决了盐水的腐蚀问题。当盐水温度为 -19 ~ -20℃时，每公斤25 ~ 40条的沙丁鱼从初温4℃降至中心温度 -13℃仅需15min。

工艺流程：鱼在进料口与冷盐水混合后进入进料管，进料管内盐水涡流下旋，使鱼克服浮力而到达冻结器的底部。冻结后，鱼体密度

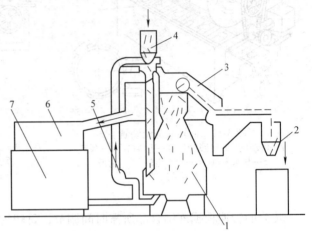

图3-13　盐水连续浸渍冻结装置示意图
1—冻结器　2—出料口　3—滑道　4—进料口　5—盐水泵
6—除鳞器　7—盐水冷却器

减小，慢慢浮至液面，然后由出料机构送到滑道，在此处鱼和盐水分离，鱼进入出料口，冻结完毕。

盐水流程：冷盐水被泵输送到进料口，经进料管进入冻结器，与鱼体换热后，盐水升温，密度减小，由此，冻结器中的盐水具有一定的温度梯度，上部温度较高的盐水溢出冻结室后，与鱼体分离进入除鳞器，除去鳞片等杂物的盐水返回盐水箱，与盐水冷却器直接换热后降温，完成一次循环。

该装置主要用于鱼类的冻结。其优点是冷盐水既起冻结作用，又起输送鱼的作用，省去了机械送鱼装置，冻结速度快，干耗小；缺点是装置的制造材料要求较特殊。

2. 液氮喷淋冻结装置

液氮喷淋冻结装置是低温液体冻结装置（液态氮、液态二氧化碳和液态氟利昂）的一种，它使食品直接与喷淋的液氮接触而冻结。液氮的特点是在标准大气压下于 -195.8℃沸腾蒸发。当其与食品接触时可吸收199kJ/kg的汽化热，如再升温至 -20℃，其比热容以1.034kJ/（kg·K）计，则还可以再吸收182kJ/kg的显热，二者合计可吸收381kJ/kg的热量。

图3-14所示为液氮喷淋冻结装置，它由隔热隧道式箱体、喷淋装置、不锈钢丝网格传送带、传动装置、风机等组成。冻品由传送带送入，经过预冷区、喷淋（冻结）区、均温区，从另一端送出。风机将冻结区内温度较低的氮气输送到预冷区，并吹到传送带送入的食品表面上，经充分换热，食品预冷。进入冻结区后，食品受到雾化管喷出的雾化液氮的冷却而被冻结。可根据食品的种类、形状调整储液罐压力以改变液氮喷射量和通过调

节传送带速度控制冻结温度和冻结时间，以满足不同食品的工艺要求。由于食品表面和中心的温度相差很大，所以完成冻结过程的食品需在均温区停留一段时间，使其内外温度趋于均匀。

对于5cm厚的食品，经过10～30min即可完成冻结，冻结后的食品表面温度为－30℃，中心温度达－20℃。冻结1kg食品的液氮耗用量约为0.7～1.1kg。

图3-15所示为旋转式液氮喷淋隧道。其主体为一个可旋转的绝热不锈钢圆筒，圆筒的中心线与水平面之间有一定的角度。食品进入圆筒后，表面迅速被喷淋的液氮冻结，由于圆筒有一定的倾斜度，再加上其不断地旋转作用，食品及汽化后的氮气一起翻滚着向圆筒的另一端行进，使食品得到进一步的冻结，食品与氮气在出口分离。

由于没有风扇，该装置的对流表面传热系数比带风机的系统的小一些，但因为食品的翻滚运动，食品与冷介质的接触面积增大，所以总的传热系数与带风机的系统差不多。不设风扇，也就没有外界空气带入的热量，液氮的冷量将全部用于食品的降温，液氮耗量相对也就比较低。

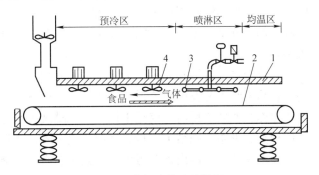

图3-14　液氮喷淋冻结装置
1—壳体　2—传送带　3—喷嘴　4—风扇

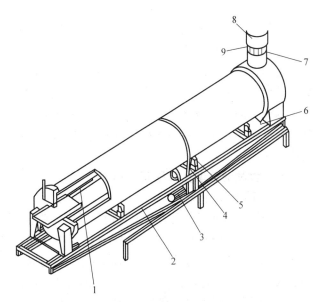

图3-15　旋转式液氮喷淋隧道
1—喷嘴　2—倾斜度　3—变速电动机　4—驱动带　5—支撑轮
6—出料口　7—氮气出口　8—排气管　9—空气

该装置主要用于块状肉和蔬菜的冻结。

用液氮喷淋冻结装置冻结食品有下述优点：①冻结速度快。将－195.8℃的液氮喷淋到水产食品上，冻结速度极快，比平板冻结装置冻结效率提高5～6倍，比空气冻结装置冻结效率提高20～30倍。②冻品质量好。因冻结速度快，结冰速度大于水分移动速度，细胞内外同时产生冰晶，细小且分布均匀，对细胞几乎无损伤，故解冻时液滴损失少；能恢复冻前新鲜状态。③干耗小。用一般冻结装置冻结，食品的干耗率为3%～6%，而用液氮冻结装置冻结，干耗率仅为0.6%～1%。④抗氧化。氮是惰性气体，一般不与任何物质发生反应。所以食品在冻结时不会被氧化和变色。⑤装置效率高，占地面积小，设备投资省。

由于上述优点，液氮冻结在工业发达的国家中被广泛应用。它存在的问题是由于冻结速度极快，食品表面与中心产生极大的瞬间温差，易导致食品表面开裂，所以要控制液氮的喷淋，工作温度限制在 $-60 \sim -120℃$，食品厚度应小于 10cm。另外，液氮冻结的成本较高，例如冻结每千克食品需液氮 $1.1 \sim 1.2$kg。因其价格较贵等原因，其应用受到一定的限制。

随着经济的发展和人民生活水平的不断提高，人们对冻结食品的质量要求也会越来越高，食品冻结工艺就应朝着低温、快速的方向发展，冻品的形式也要从大块盘装冻结向单体快速冻结发展。目前，究竟采用什么冻结装置来冻结食品，要考虑多方面的因素，如食品的种类、形态，冻结生产量、冻结质量等等，而设备投资、运转费用等经济性问题，也是必须考虑的。选用设备时考虑的因素主要有冻结能力、冻结质量和经济性等。

第五节　食品玻璃化转移保鲜

近年来，随着人们对食品冷冻保鲜的进一步研究，科学家发现食品在加工和储藏过程中是否处于玻璃化状态，是影响食品加工适宜性和稳定性的重要因素。20 世纪 80 年代初，美国科学家 Slade 和 Levine 首先提出了"食品聚合物科学"的理论。该理论认为，食品在玻璃态下造成食品品质变化的一切受扩散控制的反应速率均十分缓慢，甚至不发生反应，因此食品采用玻璃化保藏可以最大限度地保存其原有的色、香、味、形以及营养成分。在这之后，越来越多的科学家开始进行这方面的研究，积累了许多资料，力求使食品的质量保持得更好。

一、食品的玻璃化转移基本知识

1. 玻璃化及玻璃化转变温度

在较低的温度下，无定形聚合物分子热运动能量很低，只有较小的运动单元（如侧基、支链和链节）能够运动，而分子链和链段均处于被冻结状态，这时的聚合物所表现出来的力学性质和玻璃相似，这种状态称为玻璃态。它与橡胶态、粘流态被称为无定形聚合物的三种力学状态。其外观像固体一样具有一定的形状和体积，但结构又与液体相似，分子间的排列为近程有序而远程无序。有时也把玻璃态看作为"过冷液体"。物质在玻璃态情况下，其自由体积非常小，造成分子流动阻力较大，体系具有较大的粘度；同样食品体系中的分子扩散速率很小，分子间相互接触和反应速率亦很小，是处于玻璃态时各成分不易发生生理化反应、保质期得以延长的原因。随着温度的升高，聚合物发生由玻璃态向橡胶态的转变，即玻璃化转变，这个转化温度就是玻璃化温度（t_g）。图 3-16 所示为溶液补充相图示意图，图中，t_m 线为溶液的熔融曲线或冻结曲线，t_g 线为玻璃化转变曲线，可见玻璃化转变温度 t_g 随溶液浓度而变化。若直接将食品完全冷却为玻璃态并保存是最理想的方法，但食品中的水溶液浓度较小（特别是蔬菜），要完全实现玻璃化，冷却速度必须高达 10^6K/s 左右。由于食品材料体积较大，传热不充分，这么高的冷却速率几乎是不可能实现的，但在溶液浓度较大时，其玻璃化转变温度也高，容易实现玻璃化，如图 3-16 所示。当溶液慢速冻结时，随着水分不断结为冰晶，溶液浓度增大（如图 3-16 中所示的 $A \rightarrow B \rightarrow C$），到达 D 点后，溶液中的水分将不再结晶，此时的溶液达到最大冻结浓缩状态，浓缩的基质包围在冰晶周围，这时的溶液浓度已较高（质量分数大于 60%），如果进一步降低温度，基质即转变成为玻璃态的固体（图3-16中所示的 $D \to E$）。最大冻结浓缩基质的玻璃化温度称为 t_g'，相应的溶液浓度称为 c_g'。如果溶质不容易发生共晶，则 (t_g', c_g') 点即为 t_m 线与 t_g 线的交点。t_g'、c_g' 是冻结食品玻璃化保存的两个关键参数。

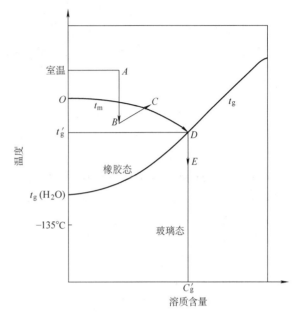

图3-16　溶液补充相图示意图

2. 玻璃态和橡胶态的区别

在图3-16中溶液慢速冻结的结果，是形成了包围在冰晶周围的、浓缩的非晶态基质，它们在 $t_m > t > t_g'$ 时为橡胶态，在 $t < t_g'$ 时固化为玻璃态。橡胶态和玻璃态虽然都是受动力学控制的亚稳态状态，却有着显著的区别，受扩散控制的反应速度在两种状态下相差很大。这样，根据 Slade 和 Levine 的观点，结晶、再结晶和酶活性等都是受扩散控制的。如果冻结食品处于橡胶态，则基质中结晶、再结晶和酶活性等变得十分活跃，这些反应过程减小了储藏稳定性，降低了食品的质量；相反，如果冻结食品处于玻璃态，一切受扩散控制的松弛过程将极大地被抑制，使得食品在较长的储藏时间内处于稳定状态，且质量很少或不发生变化。大量实践已证明了这个理论的正确性，该理论在生物材料的低温保存中也得到印证 。

由上面的分析可知，实现冻结食品玻璃化储藏的必要条件是储藏温度在 t_g' 以下。达到这一要求可通过两种途径，一是实现尽可能低的储藏温度；二是采取手段提高食品的 t_g'。从实用的角度分析，由于降低储藏温度受经济条件的制约，因而如何提高食品的 t_g'，成为人们感兴趣的研究问题。

二、影响食品 t_g' 的因素

1. 冷冻速率对食品 t_g' 的影响

提高冻结速度可以提高冻结食品的储藏质量，对于给定体系来说，冷冻时降温速率越高，所得到的产品冰晶含量越低，但由于 t_g' 的降低，使得要求的储藏温度也同步降低，这从实用角度来讲是不利的。从食品的低温断裂理论分析，不同食品存在不同的极限降温速度，一旦降温速度超过临界降温速度，则会对食品的微观结构产生破坏，影响储藏质量。

一般来说，理想的食品应具有较低的冰晶含量，同时应在通常所能提供的冷藏温度下保持玻璃态。而要做到这点，仅从改变冷冻速率的角度改善食品玻璃化储藏的质量是有限的，还必须考虑结合其他途径来进一步改善食品的保藏质量。

2. 添加剂对食品 t_g' 的影响

使用添加剂的目的是改变体系的热力学相图，从而调整 (t_g', c_g') 的位置，使得冷冻过程中的玻璃化转变在较高的温度下发生。

通常所使用的添加剂可分为两种：一种称为冷冻稳定剂，它们具有高 t'_g 和低持水性，如刺槐豆胶、瓜尔胶、明胶等，使用后可以改变体系的 t'_g 曲线，使食品的玻璃化温度升高，如图 3-17 中 t_{g2} 曲线所示；另一种称为冷冻保护剂，它们具有低 t'_g 和高持水性，如蔗糖和山梨醇，使用后会降低体系内水的冰点，形成新的冻结曲线，如图 3-17 中 t_{m2} 曲线所示，使得体系达到玻璃态时冰晶含量减少。

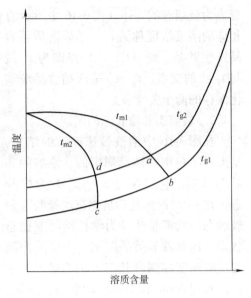

图 3-17 添加剂对体系相图的影响

无论是冷冻稳定剂还是冷冻保护剂，它们对玻璃化冷冻储藏食品的储藏质量的作用效果都是双重的：稳定剂可提高 t'_g，但持水能力差；保护剂可提高持水能力，但又会降低 t'_g。如果能找到一些既有较高的 t'_g 值、又有较好持水性的添加剂，对提高食品储藏质量无疑是最佳的，当然，这些添加剂应是安全易得的。

三、玻璃化转移在食品保鲜与加工过程中的应用前景

1. 食品的特点

食品具有丰富的营养成分，从氨基酸组成和蛋白质的生物价值来看，有些食品的营养价值是很高的（如鱼贝类），同时有些食品还存在某些特殊的营养成分或生理活性物质。食品中的某些组成具有不稳定性，即容易发生化学变化。

2. 食品的玻璃化转变

食品的玻璃化转变温度与组成食品的淀粉、蛋白质等高分子组分以及糖类等低分子化合物的含量有关，而食品组分的玻璃化转变温度与其相对分子质量有关。对于多组分组成的食品，由于组分间的相互作用，使得玻璃化情况变得十分复杂，尤其是食品的含水量对 t'_g 的影响较大。一般来说，水的质量分数增加 1%，t'_g 下降 5～10℃。

由于食品组织是一个极其复杂的体系，它的玻璃化转变行为与均质的糖溶液和单一的高分子有较大的差异。这可以通过鲣节和鳕鱼肉不同的玻璃化转变特性来加以说明。

鲣节是保存性极好的日本传统食品，不加热时很坚固，而一经加热就软化得像橡胶一样，具备玻璃化食品的特征。如图 3-18 所示，一般鲣节的含水量约为 15% 时，玻璃化转变温度为 120℃。鲣节吸水膨胀，水的质量分数最多能达到 20% 左右，水分再多则不被

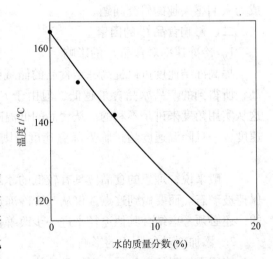

图 3-18 水的质量分数对鲣节玻璃化转变温度的影响

吸收，这意味着在图 3-16 的玻璃化转变曲线上存在着一个下限。

表 3-5 给出了鳕鱼肉的玻璃化转变温度与水分的关系，显示了鳕鱼肉与普通高分子不同的情况，即随着水分的增加，玻璃化转变温度是上升的，并且当水的质量分数为 19% 时，其转变温度达到最低，为 –89℃。这与鲣节变化的情况正好相反，这也说明了食品内部组织的复杂性，不同的食品，情况是不同的。食品的冷冻玻璃化储存的研究应针对不同食品的特点而展开。

表 3-5　鳕鱼肌肉玻璃化转变温度与水的质量分数的关系

水的质量分数（%）	81	65	58	49	44	40	19
t_g/℃	– 77	– 75	– 77	– 81	– 86	– 87	– 89

3．应用前景

一般食品冷冻保鲜时，普遍认为温度越低越好，但从经济的角度考虑，常将储藏温度定为 –20 ~ –30℃。若从玻璃化转变理论分析，对食品可以找出冷冻储藏的最佳温度 t_g'。由图 3-16 知，食品在被冷冻时也要在 t_g' 点与玻璃化转变曲线相交，则残留的浓缩物即向玻璃化转变。如果鱼肉处于玻璃化状态则比较稳定，在 t_g' 以下储藏期间，首先质量劣化不大，其次，包围着冰晶的玻璃状成分还可以阻止水分的流失并抑制冰晶的长大。所以 t_g' 应该作为冷冻储藏的最佳温度。但找到 t_g' 非常困难，同时不同食品的 t_g' 的差异也会很大。尤其是当 t_g' 低于 –20 ~ –30℃ 时，就要通过添加剂改变体系的热力学相图来提高 t_g'。对添加剂的选择不但要考虑它对于提高 t_g' 的作用，还要注意它对食品有无毒副作用。

食品的低温玻璃化保存是新发展起来的一门学科，它为解决冻结食品的质量问题提供了新的思路。由于食品结构与成分的复杂性，玻璃化转变受到诸多因素的影响，提高转变温度将有利于玻璃化保存技术的应用推广。

食品的低温保存会带来显著的社会经济效益。对于不同的食品，可以通过不同的冷冻条件和添加剂的合理使用来使其达到玻璃态，从而改善食品低温储藏的质量。随着技术的进步，食品的冷冻玻璃化保存的研究工作将会开展得更好。

第六节　食品的超高压冷冻技术

蔬菜、水果、豆腐、魔芋、琼脂凝胶等水分含量多的食品在冻结时，会产生很大的冷冻损伤（组织损伤），解冻后汁液流失严重，给产品的风味带来不良影响，这是因为一般的冻结是在常压下进行的，食品中的水分在冻结时产生体积膨胀，从而产生凝胶和组织破坏。

利用超高压技术可以得到 0℃ 以下的不结冰的低温水，即把水加压到 200MPa，冷却到 –18℃，水仍不结冰，把此种状态下不结冰的食品迅速解除压力，就可对食品实现速冻，所形成的冰晶体也很细微（如速冻豆腐的组织十分良好），这种冷冻方法称为高压冷冻。

一、超高压下水的特性

水是大多数食品的主要成分，也是超高压加工时的传压介质。超高压下水的特性直接影响到食品的超高压处理结果。

图 3-19 显示了压力对纯水的固—液状态的影响。图中 OABC 为水的冻结点曲线。可以看出,高压下水的冻结点均较常压下的低。但在不同的压力范围内,冻结点的变化规律不同。在 0~209.9MPa 范围内,水的冻结点随压力的升高而下降,最低可达 −21.99℃ (209.9MPa),在此范围内形成的冰为冰-Ⅰ。在 209.9~350.1MPa 范围内,水的冻结点随压力的升高而回升(−21.99~−16.99℃),此时的冰为冰-Ⅲ。在 350.1~632.4MPa 范围内,水的冻结点也随压力的升高而升高(−16.99~0.16℃),该范围形成的的冰为冰-Ⅴ。压力进一步增高,形成的冰为冰-Ⅵ。不同高压低温条件下形成的冰的结构和性质不同,在图 3-19 所示的几种冰中,除了冰-Ⅰ接近常压下所形成的冰外,其他状态的冰的密度均比冰-Ⅰ大如表 3-6 所示。

表 3-6　不同冰的密度

冰的种类	压力范围/MPa	冰点范围/℃	冰的密度/（g/cm³）
冰-Ⅰ	0~209.9	0~−21.99	0.92
冰-Ⅲ	209.9~350.1	−21.99~−16.99	1.14
冰-Ⅴ	350.1~632.4	−16.99~0.16	1.23
冰-Ⅵ	632.4~	0.16~	1.31

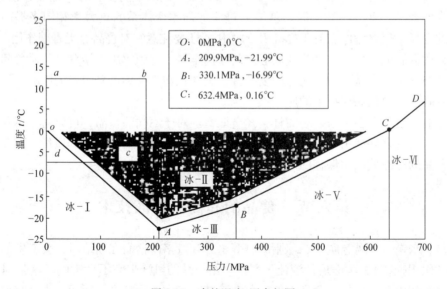

图 3-19　水的温度-压力相图

对于食品中的水分而言,由于溶质的存在,食品中水的冻结点较纯水低,相应的冻结点曲线也向下移。高压冻结和高压解冻正是基于压力所导致的食品中水分的固—液相变化,通过改变压力使水分冻结或冰解冻。在 0~−632.4MPa 范围内,由于高压使水的冻结点下降,在加压的条件下,可以形成一个低于 0℃温度下水的不冻结区域(图 3-19 所示的阴影部分冰−Ⅱ)。

高压下水不仅冻结点发生变化,体积会收缩,水温也发生变化,这些也会影响低温高压下食品中的水分和作为传压介质的水的特性变化。图3-20所示为超高压下水的压缩率与压力的关系。高压处理过程中，升压会使水的温度升高，而降压过程会使水的温度降低，如图3-21所示。此外，超高压下水的传热特性和比热容等也发生了变化，这些变化都会影响到超高压处理过程中食品特性的变化。

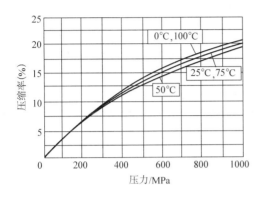

图3-20　超高压下水的压缩率与压力的关系

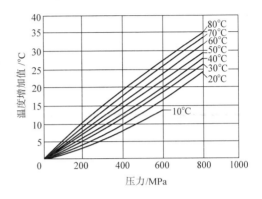

图3-21　超高压下不同温度水的温度增加值

二、食品的超高压冻结

食品的超高压冻结法依据的原理是，在冻结过程中引入压力参数，采用温度压力二维操作。超高压冻结法又可称为压力移动冻结法。由水的固液平衡相图（图3-19）可知，存在一个高压低温水不冻区，加压200MPa时，是水的最低冰点，在小于该压力时，随加压值增大冰点下降；大于该压力时，随加压值增大冰点上升。因此，若将水或食品加压至200MPa，其相应的冰点低于 -20℃，此时若将水冷却至 -20℃，因高于该压力下水的冰点而不会发生冻结，从而跨越了 -1 ~ -5℃的最大冰晶生成带。然后快速将压力恢复至常压，状态点移入冰-Ⅰ区，但因温度的平衡较慢，仍然维持在 -20℃，无须与外界进行热量交换，仅靠自身放出的凝固热瞬间产生大量极细微的冰晶核，同时潜热转化为显热使温度回升，又由于压力是同时传递到水或食品各部分的，所以晶核分布均匀。这种方法可以有效地提高冻结速度、改善冻品质量。如用此法冻结豆腐，通过偏光显微镜和扫描电静观察，冰晶体呈30~100μm粒状，解冻后无液汁流失，保持原来的形状、外观、风味和口感。

高压冻结时一般应是先将欲冻结的食品加压，达到一定的压力后再降温（即在图3-19中按 *abcd* 所示线路）。实际处理过程中也可先将传压介质降低到所需的低温，然后放入欲冻结的食品，迅速加压，这样可以缩短高压维持的时间，并适于设备的连续使用。由于加压使水的冻结点降低，此时食品的温度下降到常压下溶液（水）的冻结点而不会冻结，当温度达到预定的冻结温度时，迅速释放压力，食品内部的水分瞬间进入过冷状态而迅速产生大量的极细微的冰晶核，进而形成大量细小而均匀的冰结晶。避免了冻品组织的破坏和变性，真正实现了速冻。

第 四 章

食品的冻藏

4

食品经过冻结后，应放在冻结物冷藏间储藏，并尽可能使食品温度和储藏间的介质温度处于平衡状态，以达到抑制食品中的各种变化，确保食品的质量。冻结后的食品在冻结物冷藏间储藏时，因80%以上的水冻结成冰，故能达到长期储藏的目的。

第一节　食品冻藏时的变化

食品冻藏时的变化主要为物理变化和化学变化。

一、食品冻藏时的物理变化

（1）冰结晶的长大　冻结食品在 -18℃以下的低温冷藏室中储藏，食品中90%以上的水分已冻结成冰，但其冰结晶是不稳定的，大小也不全部均匀一致。在冻结储藏过程中，如果冻藏温度经常变动，冻结食品中微细的冰结晶量会逐渐减少、消失，大的冰结晶逐渐生长，变得更大，整个冰结晶数量大大减少，这种现象称为冰结晶的长大。食品在冻结过程中，冰结晶在生长；冻藏的过程中，由于冻藏期很长，再加上温度波动等因素，冰结晶就有充裕的时间长大。这种现象会对冻结食品的品质带来很大的影响。即使原来用快速冻结方式生产的、含有微细冰结晶的快冻食品的结构，也会在冻藏温度经常变动的冻藏室内遭到破坏。巨大的冰结晶使细胞受到机械损伤，蛋白质发生变性，解冻时汁液流失量增加，食品的口感、风味变差，营养价值下降。

冰晶长大的基本原理是，在一定浓度的溶液中，与冰晶体成平衡的温度称为平衡温度，此温度与冰晶的大小有关，只有当冰晶直径相当大时才等于溶液的冰点。水冰晶的平衡温度比大冰晶的低，所以与小冰晶成平衡的溶液其过冷度要大些。那么当物料主体温度低于小冰晶平衡温度时，小冰晶不溶解；当平衡温度高于大冰晶平衡温度时，大小冰晶都溶解；当温度处于大小冰晶平衡温度之间时，小冰晶溶解，大冰晶长大。最后小冰晶越来越小且越来越少直至最终消失，与此同时大冰晶越来越大。

更多的情况是冻结食品的表面与中心部位之间有温度差，从而产生蒸气压差。如果冻藏室的温度经常变动，当室内空气温度高于冻结食品温度时，冻结食品表面的温度也会高于中心部位的温度，表面冰结晶的蒸气压高于中心部位冰结晶的蒸气压，在蒸气压差的作用下，水蒸气从食品表面向中心部扩散，使食品原有的微细冰晶因缓慢冻结变化生成大块冰晶，从而给细胞组织造成破坏。

（2）干耗和冻结烧　食品在冷却、冻结、冻藏的过程中都会发生干耗，因冻藏期限最长，干耗问题也更为突出。冻结食品的干耗主要是由于食品表面的冰结晶直接升华而造成的。

在冻藏室内，由于冻结食品表面的温度、室内空气温度和空气冷却器蒸发管表面的温度三者之间存在着温度差，因而也形成了蒸气压差。冻结食品表面的温度如高于冻藏室内空气的温度，冻结食品进一步被冷却，同时由于存在蒸气压差，冻结食品表面的冰结晶升华，跑到了空气中去。这部分含水蒸气较多的空气，吸收了冻结食品放出的热量，密度减小向上运动，当流经空气冷却器时，在温度很低的蒸发管表面水蒸气达到露点，凝结成霜。冷却并减湿后的空气因密度增大而向下运动，当遇到冻结食品时，因水蒸气压差的存在，食品表面的冰结晶继续向空气中升华。这样周而复始，以空气为介质，冻结食品表面出现干燥现象，并造成质量损失，俗称干耗。冻结食品表面冰晶升华需要的升华热是由冻结食品本身供给的，此外还有外界通过围护结构传入的热量，冻藏室内电灯、操作人员发出的热量等也供给热量。

当冻藏室的围护结构隔热不好，外界传入的热量多、冻藏室内收容了品温较高的冻结食品、冻藏室内空气温度变动剧烈、冻藏室内蒸发管表面温度与空气温度之间温差太大、冻藏室内空气流动速度太快等时都会使冻结食品的干耗现象加剧。开始时仅仅在冻结食品的表面层发生冰晶升华，长时间后逐渐向里推进，达到深部冰晶升华。这样不仅使冻结食品脱水，造成质量损失，而且冰晶升华后留存的细微空穴大大增加了冻结食品与空气的接触面积。在氧的作用下，食品中的脂肪氧化酸败，表面发生黄褐变，使食品的外观损坏，食味、风味、质地、营养价值都变差，这种现象称为冻结烧。冻结烧部分的食品含水率非常低，接近 2% ~3%，断面呈海绵状，蛋白质脱水变性，食品质量严重下降。

二、食品冻藏时的化学变化

（1）蛋白质的冻结变性　食品中的蛋白质在冻结过程中会发生冻结变性，在冻藏过程中，因冻藏温度的变动和冰结晶的长大，会增加蛋白质的冻结变性程度。

通常认为，冻藏温度低，蛋白质的冻结变性程度小。鱼类因鱼种不同，其蛋白质的冻结变性程度有很大差异，这与鱼肉蛋白质本身的稳定性有关。例如，鳕鱼肉的蛋白质很容易冻结变性，而狭鳞庸鲽却不容易变性。此外，鱼肉蛋白质的冻结变性还受其共存物质的影响。例如，脂肪的存在，特别是磷脂质的分解产生的游离脂肪酸，是促进蛋白质变性的因素。又如，钙、镁等水溶性盐类会促进鱼肉蛋白质冻结变性，而磷酸盐、糖类、甘油等可减少鱼肉蛋白质的冻结变性。

（2）脂类的变化　冷冻鱼脂类的变化主要表现为水解、氧化以及由此产生的油烧。

鱼类按含脂量的多少可分为多脂鱼和少脂鱼。多脂鱼多为洄游性鱼类，少脂鱼大多为底栖性鱼类。鱼的脂类分为组织脂肪和储藏脂肪，它们主要是甘油三酸酯，还有一些其他酯类，如磷酸甘油酯、固醇类等。它们在脂酶和磷脂酶的作用下水解，产生游离脂肪酸。鱼类的脂肪酸大多为不饱和脂肪酸，特别是一些多脂鱼，如鲱鱼、鲭鱼，其高度不饱和脂肪酸的含量更多，主要分布在皮下靠近侧线的暗色肉中，即使在很低的温度下也保持液体状态。鱼类在冻藏过程中，脂肪酸往往因冰晶的压力由内部转移到表层中，因此很容易在空气中氧的作用下发生自动氧化，产生酸败臭。脂肪酸败并非是油烧，只有当与蛋白质的分解产物共存时，会产生各种反应，其结果使冷冻鱼发生油烧，产生褐变。

鱼类在冻藏过程中，脂类发生变化的产物中还存在有毒物质，例如丙二醛等，对人体健康有害。另外，脂类的氧化会促进鱼肉冻藏中的蛋白持变性和色素的变化，使鱼体的外观恶化，风味、口感及营养价值下降。由于冷冻鱼的油烧主要是由酯类氧化引起的，因此可采取适当的措施加以防止。

三、色泽的变化

冻结食品在冻藏过程中，除了因制冷剂泄漏造成变色（例如氨泄漏时，洋葱的白色会变成黄色），其他凡在常温下发生的变色现象，在长期的冻藏过程中都会发生，只是进行的速度十分缓慢。

（1）脂肪的变色　多脂肪鱼类如带鱼等，在冻藏过程中因脂肪氧化会发生氧化酸败，严重时还会发粘，产生异味，丧失食品的商品价值。

（2）蔬菜的变色　植物细胞的表面有一层以纤维素为主要成分的细胞壁，它没有弹性。当植物细胞冻结时，细胞壁就会胀破，在氧化酶的作用下，果蔬类食品容易发生褐变。所以蔬菜在速冻前一般要将原料进行烫漂处理，破坏过氧化酶，使速冻蔬菜在冻藏中不变色。如果烫漂的温度与时间不够，过氧化酶失活不完全，绿色蔬菜在冻藏过程中会变成黄褐色；如果烫漂时间过长，绿色蔬菜也会发生黄褐变。正确掌握蔬菜烫漂的温度和时间，是保证速冻蔬菜在冻藏中不变颜色的重要环节。

（3）红色鱼肉的褐变　红色鱼肉的褐变，最有代表性的是金枪鱼肉的褐变。金枪鱼是一种经济价值较高的鱼类，日本人有食金枪鱼肉生鱼片的习惯。金枪鱼肉在 -20℃下冻藏 2 个月以上，其肉色由红色向暗红色、红褐色、褐红色、褐色转变，作为生鱼片的商品价值下降。

（4）虾的黑变　虾类在冻结储藏中，其头、胸、足、关节及尾部常会发生黑变，出现黑的斑点或黑箍，使商品价值下降。产生黑的原因主要是氧化酶（酚酶或酚氧化酶）使 酪氨酸氧化，生成黑色素所致。芋类和水果因冻结造成细胞破坏而出现的褐变现象与此类似。

黑变的发生与虾的鲜度有很大关系。新鲜的虾冻结后，因酚酶无活性，冻藏中不会发生黑变；而不新鲜的虾其氧化酶活性化，在冻结储藏中就会发生黑变。

综上所述，食品在冻藏中发生变色的机理是各不相同的，我们要采用不同的方法来加以防止。但是在冻藏温度这一点上有共同之处，即降低温度可使引起食品变色的化学反应速度减慢，如果降至 -60℃左右，红色鱼肉的变色几乎完全停止。因此，为了更好地保持冻结食品的品质，特别是防止冻结食品的变色，国际上食品的冻藏温度更趋于低温化。

第二节　食品的冻藏温度

我国目前冷库冻结物冷藏间的温度，一般为 -18 ~ -20℃，而且要求在一昼夜间，室温的升降幅度不得超过1℃。如库温升高，不得高于 -12℃。在这样稳定的低温条件下，脂肪的氧化分解、肌肉蛋白质的分解变性、酶的破坏、微生物的作用及食品的颜色、干耗等化学、物理变化就变得缓慢了。而且，冻藏温度越低，变化就越小，储藏期限就越长。冻藏的循环速度越低，食品的干耗就越小，当冻藏温度在 -18℃时，要求空气相对湿度为96% ~100%，而且只允许有微弱的空气循环，才能保证食品的质量，并要求食品在冻结时，其温度必须降低到不高于冻结物冷藏间的温度3℃，然后再转库储藏较为合理。例如，冻结物冻藏间的温度为 -18℃，则食品的冻结温度应在 -15℃以下。但在生产旺季，对于就地近期销售的食品，冻结温度允许在 -10℃以下；长途运输中装车、装船的食品冻结温度不得高于 -15℃；外地调入的冻结食品，其温度如高于 -8℃时，应复冻到要求温度 -15℃后方可入低温库冻藏。

食品在出库过程中，低温库的温度升高不应超过4℃，以保证库内食品的质量。

表4-1列举了一些食品在不同温度下冻藏时的允许冻藏期限。从表中数据可以看出，在同一冻藏温度下，不同食品的冻藏期大体上存在如下的规律：植物性食品的冻藏期长于

动物性食品，在植物性食品中，蔬菜的冻藏期长于水果的，在水果中，加糖水果的冻藏期长于不加糖的水果，畜肉的冻藏期长于水产类，在畜肉中，牛肉的冻藏期最长，羊肉次之，猪肉最短，食品中，少脂鱼的冻藏期长于多脂鱼的，而虾、蟹的冻藏期则处于少脂鱼与多脂鱼之间。

表 4-1　冷冻食品的实用冻藏期

序号	冷冻食品的名称	冻藏期/月		
		−18℃	−25℃	−30℃
1	加糖的桃、杏或樱桃	12	18	24
2	不加糖的草莓	12	18	24
3	加糖的草莓	18	>24	>24
4	柑橘类或其他水果果汁	24	>24	>24
5	扁豆	18	>24	>24
6	胡萝卜	18	>24	>24
7	菜花	15	24	>24
8	甘蓝	15	24	>24
9	带穗蕊的玉米	12	18	24
10	豌豆	18	>24	>24
11	菠菜	18	>24	>24
12	牛白条肉	12	18	24
13	包装好的烤牛肉的牛排	12	18	24
14	包装好的剁碎肉（未加盐的）	10	>12	>12
15	小牛白条肉	9	12	24
16	小牛烤肉和排骨	10	10～12	12
17	羊白条肉	9	12	24
18	烤羊肉和排骨	10	12	24
19	猪白条肉	6	12	15
20	烤猪肉和排骨	6	12	15
21	小腊肠	6	10	
22	腌肉（新鲜而未经熏制的）	2～4	6	12
23	猪油	9	12	12
24	小鸡和火鸡（包装好、去内脏）	12	24	24
25	油炸小鸡	6	9	12
26	可食用内脏	4		
27	液态全蛋	12	24	24
28	多脂肪鱼	4	8	12
29	少脂肪鱼	8	18	24
30	比目鱼	10	24	>24
31	龙虾和蟹	6	12	15
32	虾	6	12	12
33	真空包装的虾	12	15	18
34	蛤蜊和牡蛎	4	10	12
35	黄油	8	12	15
36	奶油	6	12	18
37	冰淇淋	6	12	18
38	蛋糕（干酪蛋糕、巧克力蛋糕、水果蛋糕等）	12	24	>24

食品在冻结储藏中，应注意不要超过允许的冻藏期，以避免食品丧失商品价值。一些食品的储藏期见附录 B。

第三节 冻结食品的 T. T. T 原理

一、冻结食品的 T. T. T 概念

1. T. T. T 概念

新鲜食品在刚生产时，其质量通常是高的，以后在流通中经过一定的时间，质量逐渐降低。这种质量的下降，主要是受食品的温度、空气的湿度、成分及光照射等影响所造成的。冻结食品的的质量，主要是受食品的冻藏温度的影响，特别是无包装的直接与外界接触的食品的最终质量，是由食品的冷藏温度的变化来决定的。

冻结食品质量在某一时刻是否良好，与下列因素有关：①原料的性质。②以冻结为核心内容的冻结前、冻结方法及冻结后的处理与包装。③从生产到该时刻的冷藏、运输、分配以及出售等所经历的温度和时间。

以美国的 Arsdel 等人在 1948 ~ 1958 年所做的大量试验资料为依据，整理出冻结食品的质量与允许时间和温度之间存在的关系，并把这种关系称为冻结食品的 T. T. T 概念（T. T. T 是 Time-Temperature-Tolerance 的缩写）。这样，就得到了冻结食品在流通过程中所需要的冻藏温度条件。这个 T. T. T 理论说明：

1）对每一种冻结食品来说，在冻藏温度下，食品所发生的质量下降与所需的时间存在着一种确定的关系。

2）在整个储运阶段中，由冻藏和运输过程（在不同的温度条件下）所引起的质量下降是积累性的，并且是不可逆的。

3）冻结食品的冻藏温度越低越好，则其冻藏期限也越长。

由此可知，即使是相同的冻结食品，分别存放在 −30℃ 和 −20℃ 的冻藏间内，则 −20℃ 的食品质量就下降较快，冻藏期也较 −30℃ 以下的食品短。

2. 冻结食品的 T. T. T 曲线与质量保存期

由大量的实验资料可知，冻结食品的质量是随着冻藏温度的降低而处于稳定的。在同样条件下进行冷加工的冻结食品，当改变其冻藏温度时，食品的质量保存期就不同。图 4-1 是分析比较几种

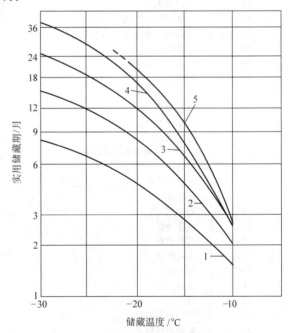

图 4-1　一些食品在各种冻结储藏
条件下的可能时间
1—多脂肪鱼(鲑)和炸仔鸡　2—少脂肪鱼
3—四季豆和汤菜　4—青豆和草莓　5—木梅

冻结食品质量保存期间与食品温度之间关系的，我们把这样的曲线称为 T. T. T 曲线。

3. 质量降低量

冻结食品的质量降低是逐渐的，而且这种降低是积累的，当达到一定程度，从感官检

验看，认为已失去了商品价值，称为质量降低量。根据质量降低的要领可以对食品的商品价值进行如下的分析：假如某一冻结食品的初期质量是一定的，我们将此时的质量定为1，丧失商品价值时的质量定为0，质量由初期的1减少到0，所需天数为食品的质量保存期。则每天质量最大降低量就是用食品初期的质量1被质量保存期（天数）除所得的商。即

$$每天食品质量最大降低量 = \frac{1}{质量保存期}$$

例如：对多脂肪鱼（鲑）和炸仔鸡，经查图4-1得：在 −20℃时，质量保存期为140天；对少脂肪鱼，在 −20℃时，质量保存期为240天。则

多脂肪鱼（鲑）和炸仔鸡每天质量最大降低量 = 1/140 = 0.00714

少脂肪鱼每天质量最大降低量 = 1/240 = 0.00416

分析上述食品的每天质量最大降低量可得知：食品的每天质量最大降低量数值越大，标志着这种食品在同样温度下是质量降低速度快的食品。对于同一食品在不同的温度下的每天质量最大降低量的数值，由表4-2中少脂肪鱼的质量保存期（天数）可知，随着食品的温度升高，其每天质量最大降低量的数值增大，这意味着食品的每天质量降低率加大，因而，其商品价值也就小了。所以，要想保持食品的商品价值，就要把食品的温度降得越低越好。当然要考虑食品的种类和根据实际情况以及节省电能等方面，不能一概而论。

表4-2　少脂肪鱼的商品价值与温度的关系

食品温度	质量保存期/天	每天质量最大降低量
−20℃	240	1/240 = 0.00416
−15℃	150	1/150 = 0.00666
−10℃	60	1/60 = 0.01666

二、T.T.T 的计算

1. T.T.T 的一般计算方法

冻结食品在消费过程中的冻藏、运输等各个阶段，食品的温度是变化的。根据 T.T.T 理论，只要事先准备好各种冻结食品在各种温度下冻藏的可能时间和每天质量最大降低量的资料，即以 T.T.T 曲线为基础再作出 T.T.T 线图。通过计算，就可以求出在到某一时刻前的食品的质量下降率，进而就能推测出食品的质量，并鉴定该食品是否还具有商品价值。我们把这样的计算叫做 T.T.T 计算。

为了进行这一计算，还必须知道食品从生产到消费中的某一时刻段的平均温度和这一段的日期。另外，还要知道各个阶段由于温度和日期的影响而引起的食品质量降低时的积累。这种总的食品质量降低量的积累与时间及温度的顺序无关。例如，将同样冻结食品进行7个月的冻藏；头1个月在 −20℃下冻藏，后6个月在 −30℃下冻藏；和6个月在 −30℃下冻藏，后1个月在 −20℃下冻藏，食品质量总的降低程度是一样的。

2. T.T.T 计算的例外

以 T.T.T 线图为基础的 T.T.T 计算，是基于波及食品的质量受时间、温度的影响而

累积变大这一原则的。有时也有例外的情况，即实际的质量降低率比用此计算所得的质量降低率更大。因此还不能说 T. T. T 计算是很完备的方法。现给出几个例子加以说明：

1）对于乳状或胶状的冻结食品，由于温度反复上下波动及温度的升高，食品温度一达到该冻结食品的解冻温度，即使再一次冻结，质量也会变劣。如冻藏食品的温度反复波动的次数增加，则食品质量的劣化就显著，这时质量降低量比用 T. T. T 计算所求的降低量要大得多。

2）对于冰淇淋，由于温度升高将变软融化，如再降温又要再变硬，这样反复进行，将造成冰结晶体变大，使人吃起来感觉粗糙，就失掉了商品价值。在这种情况下，仅仅用 T. T. T 计算值是不能判断出食品质量的。

3）冻结食品在冻藏时，即便有包装，但是在包装和食品之间有空隙时，如果冻藏温度波动幅度大，且频繁的话，那么冻结食品变干燥很严重。其结果是，不仅质量恶化，而且食品的质量将减少。因此，带来了比用 T. T. T 计算所求得的质量降低率更大的损失。

4）冻结食品在存放期间，由于光线照明（灯光、阳光）容易干燥和变色。这和食品温度相同存放暗处者相比，其质量劣化程度较严重。这比用 T. T. T 值判定的质量降低率大。

5）食品的温度上下波动的次数虽然少，但若温度回升在 −10℃ 以上，而且保存的期限较长时，则会使细菌复活而不断繁殖，造成食品的质量下降快。这比用 T. T. T 计算所求得的值大得多。

第四节   食品冷藏链

一、概述

降低温度可以抑制食品中微生物的生长繁殖，能减弱食品自身生理活动的强度，因此适宜的低温能有效地延长易腐食品的储藏期，保证储运质量。如何在食品的产、储、运、销各个环节如何均保持低温，这是近十几年来人们关注的问题。

在低温下产、储、运、销易腐食品的系统称为冷藏链。它是以制冷技术和设备为基本手段，以加工、储运、供销易腐食品及其全过程为对象，以最大限度地保持易腐食品的原有品质、提供优质食品为目的的冷藏储运设施与机构。易腐食品的性质要求从生产采摘起到销售消费的全过程中，要连续不断地保持在适宜的温度、湿度等条件下，并要求快速运输，具有良好的冷藏链物流系统。因此，易腐食品的生产采购、运输和销售各环节必须在作业上紧密衔接，在设备数量上互相协调，在质量管理上标准一致，形成一个完整的"冷藏链"。

组成冷藏链的各个环节和设施应符合以下原则：

1）食品原料应该是好的。首先是新鲜度要好，因为如果进入冷藏链的食品已经开始变质，则不可避免地会造成腐烂损失。根据 T. T. T 理论，冷藏不能使产品恢复到初始状态，也不能提高其质量，只能最大限度地保持现有质量。这一原则十分重要，不按照此原则，不但要承担不必要的费用，还要承担使完好食品受污染的风险。

2）食品生产、收获、收集后应尽快地予以冷加工处理，以尽可能保持最好的原有品质。

3）食品从最初的加工工序直到消费者手中的全过程，均应保持在适当的低温条件下。

组成冷藏链的各环节和设施可以分成两类：

1）固定装置或称地面设施 包括易腐食品的收集、加工、储藏、分配等各环节的机构与设备。

2）流动的装置或称运输工具 包括铁路车辆、公路汽车、船舶和集装箱。

冷藏链的基本组成如图4-2所示。

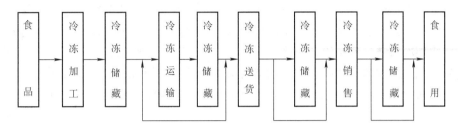

图4-2 食品冷藏链组合图

由各食品冷冻厂生产或加工出来的易腐食品，或由设在产区的预冷站加工出来的水果蔬菜，经由长途冷藏运输（铁路、水路或航空）运到储藏冷库长期储藏，再（或）运到大中城市的分配性冷库或港冷库暂时储存。当需要时，由短途运输（公路）从分配性冷库运到各销售点的小型冷库或冷柜，再销售给消费者。

二、实现"冷藏链"的条件

虽然不间断的低温是冷藏链的基础和基本特征，也是保证易腐食品质量的重要条件，但并不是唯一条件。因为影响易腐食品食品储运质量的因素还有很多，必须综合考虑、协调配合，才能形成真正有效的冷藏链。归纳起来，实现冷藏链的条件有以下几个：

（1）"3P"条件 即易腐食品原料的品质（Produce）、处理工艺（Processing）、货物包装（Package），要求原料品质好，处理工艺质量高，包装符合货物的特性。这是食品在进入冷链时的"早期质量"要求。

（2）"3C"条件 即在整个加工与流通过程中，对易腐食品的爱护（Care）、清洁卫生（Clean）、低温（Cool）的环境。这是保证易腐食品"流通质量"的基本要求。

（3）"3T"条件 即著名的"T.T.T"理论［时间（Time）—温度（Temperature）—容许变质量（耐藏性）（Tolerance）］。

（4）"3Q"条件 即冷藏链中的设备的数量（Quantity）协调、设备的质量（Quality）标准一致、快速（Quick）的作业组织。

冷藏设备数量（能力）的协调能保证易腐食品总是处在低温的环境之中。因此产销部门的预冷站、各种冷库，铁路的冷藏车和制冰加冰设备、冷藏车辆段，公路的冷藏汽车，水路的冷藏船，都应按照易腐货物货源货流的客观需要，互相协调地发展。

设备的质量标准上的一致性是指各环节的标准应当统一，包括温度条件、湿度条件、卫生条件以及包装材料。例如包装与托盘、车厢之间的模数配合，就能充分发挥各项设备的综合利用效率。

快速的作业组织是指生产部门的货源组织、运输车辆的准备与途中服务、换装作业的衔接，销售部门的库容准备等都应快速组织并协调配合。

"3Q"条件十分重要，并且有实际指导意义。例如冷藏链各环节的温度标准若不统一，则会导致食品品质的极大降低，这是因为在常温中，1h 暴露的质量损失量可能相当于在 −20℃下储存半年的质量损失量。因此应避免冻品在高温下的暴露，或者尽量缩短暴露时间。

在对运输工具难以保持与地面冷库完全一致的温、湿度条件时，应尽量加快作业过程与运输速度。例如铁路运输中可通过缩短装卸、加冰时间，加速车辆取送挂运，缩短在始发站、中途技术站、加冰站、到达站的停留时间，提高冷藏车的装运率来减少损失。

三、实现冷藏链的基本设备

食品冷藏链使用的相关设备按其功能可分为食品冷冻加工设备、食品冷冻储藏设备、食品冷冻流通设备、食品冷冻销售设备及有关特殊功能设备等，如图 4-3、图 4-4 所示。

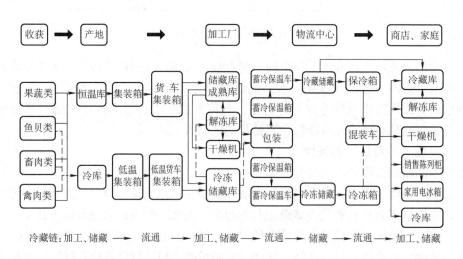

图 4-3　冷藏链使用的相关设备

1. 食品冷藏链的生产阶段

食品冷藏链指易腐食品收获后的现场冷冻保鲜至低温储藏的过程。主要冷链设施为食品冷冻加工设备和食品冷冻储藏设备，分布在肉联厂、水产冷冻厂、外贸冷冻厂等的冷藏库中。

冷冻食品加工结束后，立即进行快速冻结，当速冻结束时，食品的中心温度至少达到 −18℃，然后送入冻藏间。在这期间食品内部仍在不断地进行热交换，使食品温度慢慢均衡地降至 −24 ~ −28℃。在冷藏链中，食品在冻藏间的保藏时间最长，因此避免冷藏库的温度波动、防止结晶冰的再生，对于保证冷冻食品品质至为重要。

2. 食品冷藏链的流通阶段

食品冷藏链的流通阶段的硬件设施主要是食品冷冻流通设备，指流通过程的冷藏运输设备，包括冷藏火车、冷藏汽车、冷藏船和冷藏集装箱等。冷藏运输是冷藏链中的重要环节，因在冷库与冷藏运输衔接的作业中，最容易使货物暴露在高温环境中。目前，我国冷

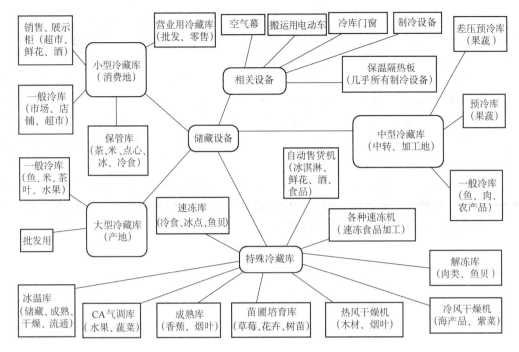

图 4-4 食品储藏设备的分类和用途

藏链中最薄弱的环节也是冷藏运输，冷藏运输的设备无论在数量上还是质量上都比地面冷藏设施差，作为果蔬冷藏运输的专用预冷站尚不够完善。

现在发达国家已形成了海、陆、空运输网，将冷冻食品从冷藏中心运往分配性冷库。冷藏车、船、飞机上配有组装式制冷机组，使食品温度保持在 -22 ～ -23℃之间。

3. 食品冷藏链的消费阶段

食品冷藏链的消费阶段的硬件设施是一些食品冷冻销售设备，指商业零售环节冷藏用的各种形式的商用冷柜或一些小冷库以及家庭用的冰箱与冷柜等。冰箱一般分一星级（最低温度为 -6℃，食品储藏最长时间为一周）、二星级（最低温度为 -12℃，储藏最长时间为一个月）、三星级（最低温度为 -18℃，储藏最长时间为三个月）。现在有些国家正在生产、发展四星级冰箱。在这个环节中，消费者从商店冷藏柜取出冷冻食品后，在常温下送入家庭冰箱。其间的温度变化主要取决于食品的焓值，焓值最低的冷冻食品在常温下放置 1h，其中心温度可回升到 -6 ～ -8℃，放置 4h 则可回升到 0℃左右。

改革开放以来，消费阶段冷藏链的硬件建设发展迅速，已基本能满足流通、储存的需要。人们对食品质量意识的提高，增大了对高质量食品的需求，这对食品冷藏链的建设和发展以及市场前景具有非常重要的意义。

四、速冻食品的低温冷藏链

由于冷冻食品的品质特点以快速、低温冻结为基础，因此，冷藏链的关键是保持食品在恒定温度控制下进行加工、运输、储存，直到销售。冷藏链的各个环节必须紧密配合才能保证速冻食品的质量，这是当前世界各个国家发展食品工业、满足人民生活需要的必要手段。

速冻食品的冷藏链各主要环节是：食品冻结（-30～-40℃）→冻藏间（生产性冷库，-24～-30℃）→运输→冷藏间（分配性冷库，-21～-26℃）→运输（-21～-23℃）→冷藏销售柜（-18～-20℃）→家用冰箱。

综上所述，为了保持冷冻食品的品质，冷冻食品从冻结开始经过各个环节，直到消费者手中的流通过程都必须保持在-18℃以下，最高不得超过-15℃。目前发达国家冷藏链发展的一个趋向是大吨位冷藏集装箱得到了发展和普及，实行从"门"到"门"的运输原则，并在不断提高装车效率、降低包装成本、改善运输食品的保存条件、提高运输设备利用率及运输速度等方面进行研究。

我国的冷冻食品基本是内需型，近年行业外向型流通发展迅速，特别是加入 WTO，冷冻产品进一步推向世界各国，参与国际食品市场竞争。整个行业的生产管理、工艺技术、产品质量、流通方式都已向国际水平靠拢。

第 **五** 章

冻结食品的解冻

5

冻结食品在消费或加工之前一定要经过解冻过程。解冻是使冻结品融化恢复到冻前的新鲜状态的工艺过程;另外冷冻食品食用前的煮熟也属于解冻。由于冻结食品自然放置下亦会融化,所以解冻易被人们忽视。随着冻结食品市场量的增加,特别是冻结已经作为食品工业原料的主要储藏手段,因此必须重视解冻工序,使解冻原料在数量和质量方面都得到保证,满足食品加工业生产的需要,生产出高品质的后续加工产品。要使质量好的冻结品在解冻时质量不会下降,保证食品工业得到高质量的原料,就必须重视解冻方法及了解解冻对食品质量的影响。

第一节 解 冻 过 程

解冻是冻结时食品中形成的冰结晶融化成水,所以可视为冻结的逆过程。解冻时冻结品处在温度比它高的介质中,冻品表层的冰首先融化,随着解冻的进行融化部分逐渐向内部延伸。由于水的热导率 $[0.58W/(m \cdot ℃)]$ 仅是冰的热导率 $[2.33W/(m \cdot ℃)]$ 的 1/4 左右,因此,在解冻过程中热量不能充分地通过已解冻部分传入食品内部;此外,为避免表面首先解冻的食品被微生物污染和变质,解冻所用的温度梯度也远小于冻结所用的温度梯度。因此,解冻所用的时间远大于冻结所用的时间。如厚 10cm 的牛肉块,在 15.6℃ 的流水中解冻与在 -35℃ 的平板冻结器中冻结比较,冻结只需 3h,而解冻需 5.5h。与冻结过程相类似,解冻时在 0 ~ -5℃ 时曲线最为平缓。对于冻结来讲,0 ~ -5℃ 是最大冰晶生成带,对于解冻来讲,0 ~ -5℃ 是最大冰晶融化带,解冻时也需要尽快通过这一温度带,以避免食品出现不良变化。

冻结食品在消费或加工前必须解冻,解冻状态可分为半解冻和完全解冻,根据解冻后的用途而定。如作加工原料的冻品,半解冻即中心升至 -5℃ 左右就可以了,一般以能用刀切断为准,此时体液流失亦少。但无论是半解冻还是完全解冻,都应尽量使食品在解冻过程中品质下降最小,使解冻后的食品质量尽量接近于冻结前的食品质量。

除了玻璃化低温保存和融化外,汁液流失一般是不可避免的。很多人认为在解冻时为了使组织有足够的时间能够吸收融化水,需要适当延长时间,故采用慢速解冻。但经过大量深入的研究,特别是冷冻显微镜的观察,知道解冻时水向细胞内的渗透速度非常迅速,在极短的时间内细胞就吸水复原了。而传统的慢速解冻却存在着微生物生长、浓缩水危害等不利因素。因此,目前倾向快速解冻,并已对不少食品成功采用了许多新技术。

解冻过程中不能为了提高解冻的速度而一味提高解冻介质的温度,解冻介质的温度以不超过 10 ~ 15℃ 为宜,但对植物性食品如青豆等为防止淀粉 β 化宜采用蒸汽、热水、热油等高温解冻。冻结前经加热烹调等处理的方便食品进行快速解冻比普通缓慢解冻好。但无论是半解冻还是完全解冻,都应尽量使食品在解冻过程中品质下降最小,使解冻后的食品质量尽量接近于冻结前的食品质量。

第二节 解冻方法和装置

解冻后食品的品质主要受两方面的影响:一是食品冻结前的质量;二是冷藏和解冻过

程对食品质量的影响。即使冷藏过程相同，也会因解冻方法不同而有较大的差异。好的解冻方法，不仅解冻时间短，而且应解冻均匀，以使食品液汁流失少、TBA 值（脂肪氧化率）、K 值（鲜度）、质地特性、细菌总数等指标均较好。不同食品应考虑选用适合其本身特性的解冻方法，至今还没有一种适用于所有食品的解冻方法。一般冻结食品的解冻方法有空气解冻、水解冰、水蒸气减压解冻、电解冻、组合加热法等。

一、空气解冻

空气解冻又称自然解冻，是以空气为传热介质的解冻方法，它又分为以下几种类型。

1. 静止空气解冻

它是将冷冻食品（如冻肉）放置在冷藏库（通常库温控制在4℃左右）内，利用低温空气的自然对流来解冻。此法解冻的食品的质量和卫生都很好，食品的温度比较均匀，汁液流失也较少；同时也可进行半解冻。其缺点是解冻时间长，食品由于水分蒸发而重量损失较大。

在食品解冻过程中，为了减少微生物的污染，在解冻时可用紫外光灯杀菌。

2. 流动空气解冻

流动空气解冻是通过加快低温空气的流速来缩短解冻时间的方法。解冻一般在冷藏库内进行，用 0 ~ 5℃、相对湿度90%左右的湿空气（可另加加湿器），利用冷风机使气体以 1m/s 左右的速度流过冻品，解冻时间一般为 14 ~24h。可以全解冻也可半解冻。图 5-1 所示为低温加湿流动空气解冻装置。

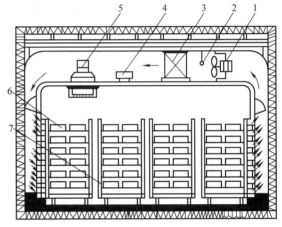

图 5-1 低温加湿流动空气解冻装置
1—风机 2—杀菌灯 3—冷风机 4—加热器
5—加湿器 6—鱼块 7—鱼车

3. 高湿度空气解冻

高湿度空气解冻是利用高速、高湿的空气进行解冻的方法。这种方式采用高效率的空气与水接触装置，让循环空气通过多层水膜（水温与室内空气温度相近）充分加湿，空气湿度可达98%以上，空气温度可在 − 3 ~20℃范围调节，并以 2.5 ~ 3.0m/s 的风速在室内循环。这种解冻方法使解冻过程中的干耗大大减少，而且可以防止解冻后冻品色泽变差。图 5-2 所示是高湿度空气解冻装置，图 5-3 所示是这种装置的原理

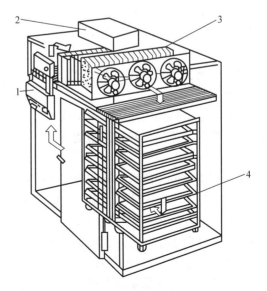

图 5-2 高湿度空气解冻装置
1—控制箱 2—给水装置
3—室内换热器 4—手推车

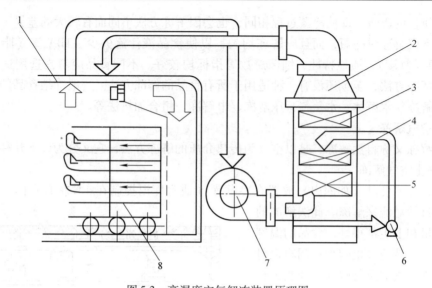

图5-3　高湿度空气解冻装置原理图

1—解冻室　2—加湿塔　3—空气净化器　4—气液接触装置　5—换热器　6—泵　7—风机　8—手推车

图。在这种装置中，设有能逆转的气流调节器，可以定时改变冷风方向，以使解冻均匀，而且加湿装置还起清洁、净化室内循环空气的作用，减少了细菌繁殖，卫生质量好。解冻过程中只要事先设定解冻过程中温度变化程序（由冻品数量、种类、大小确定）即可自动完成。当被解冻品的中心温度达到所要求的温度后，可自动调节到冰温储藏状态。

4. 加压空气解冻

加压空气解冻时在铁制的容器内通入压缩空气，其压力为 0.2～0.3MPa，容器内温度为 15～20℃。这种解冻方法的原理是由于压力升高，使冻品的冰点降低，冰的溶解热和比热容减小，而热导率增加。这样，在同样解冻介质温度条件下，它就易于融化，同时又在容器内使空气以 1～1.5m/s 流动，就将加压和流动空气组合起来，因压力和风速，使热交换表面的传热状态大大改善，使解冻速度得以提高。如对冷冻鱼糜进行加压空气解冻时，其解冻速度为室温25℃时的5倍。

二、水解冻

由于水比空气传热性能好，故解冻速度快，而且无干耗。但食品的某些可溶性物质在解冻过程中将部分流失，同时容易受到微生物的污染。一般常用的水解冻方法有：

1. 水浸渍解冻

水浸渍解冻可分为流水解冻和静水解冻两种方式。

流水解冻是将解冻品浸没于流动的低温水中进行解冻。解冻时间由水温、水的流速决定。空载时，槽内水流速为 0.25m/s，每隔5min水流流向改变一次，水温由换热器保持在 5～12℃。图5-4所示是低温流水解冻装置，它是将多个水槽连在一起，每个槽的两端设有除鳞网，槽底一端装有螺旋桨用以改变水流流向。根据解冻品的数量，确定槽的长短。

静水解冻是将解冻品浸没于静止水中进行解冻。其解冻速度与水温、解冻品量和水量有关。如将重20kg、15cm厚的冻肉（中心温度 -14.5℃）投入 0.5m×0.5m×1.10m 的水箱中，解冻时间约15h。

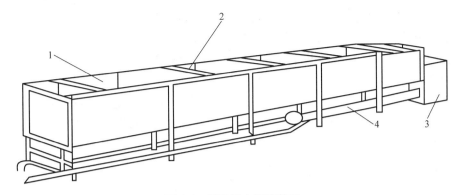

图 5-4　低温流水解冻装置
1—水槽　2—除鳞网　3—控制箱　4—换热器

2. 喷淋解冻

此方法是将冻结食品放在传送带上，用蒸汽将水加热 18～20℃，然后用水泵将水输送到喷淋装置上向冻结食品喷淋解冻。水可以循环使用，但需有过滤器、净水器以保持卫生。图 5-5 所示为喷淋解冻装置的示意图。

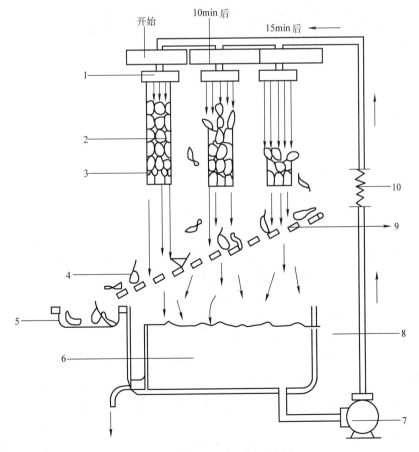

图 5-5　喷淋解冻装置的示意图
1—喷淋器　2—冻虾块　3—冰　4—虾　5—移动盘　6—水槽　7—水泵　8—进水口　9—滑道　10—加热

喷淋解冻具有解冻快（块状鱼解冻 30~60min）、解冻后品质较好、节省用水等优点，但这种方法只适合于盘冻的小型鱼类冻块，不适用于大型鱼类的解冻。

影响解冻速度的因素有喷淋冲击力、喷淋水量、水温等。

3. 水浸渍和喷淋结合解冻

将水喷淋和浸渍两种解冻方式结合在一起，以提高解冻速度，提高解冻品的质量。图5-6 所示为浸渍和喷淋组合解冻装置。鱼块由进料口进入传送带上的网篮，经喷淋再浸渍解冻，到出料口时，解冻已完成。

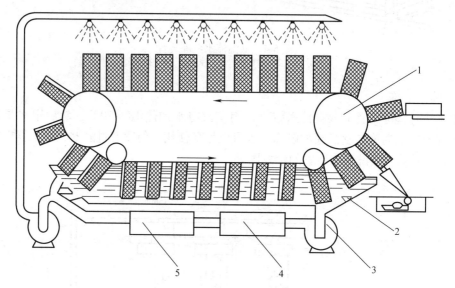

图 5-6　浸渍和喷淋组合解冻装置
1—传送带　2—水槽　3—水泵　4—过滤器　5—加热器

三、水蒸气减压解冻

水蒸气减压解冻又称为真空解冻。在低压下，水在低温即会沸腾，产生的水蒸气遇到更低温度的冻品时，就会在其表面凝结成水珠，这个过程会放出凝结热。该热量被解冻品吸收，使其温度升高而解冻。

图 5-7 所示是水蒸气减压解冻装置。该装置是圆筒状容器，一端是冻品进出的门，冻品放在小车上推入，容器顶上用水封式真空泵抽真空，底部盛水。当容器内压力为 2.3kPa 时，水在 20℃ 低温下即沸腾，产生的水蒸气在冻品表面凝结时，放出 2450kJ/kg 热量。当水温较低时产生的水蒸气的量就会减少，这时可以用水中浸没的蒸气管慢慢地将水加热到 15~20℃。这种真空解冻可全自动进行。

真空解冻比空气解冻提高效率 2~3 倍。而且因在抽真空、脱气状态下解冻，大多数细菌被抑制，有效地控制了食品营养成分的氧化和变色。由于脱离了与水直接接触，食品的汁液流失量比在水中解冻有显著减少。同时，由于是低温的饱和水蒸气，食品不会出现过热现象和干耗损失，而且色泽鲜艳、味道良好，从而保证了食品的质量。

此方法适用于肉类、禽兔类、鱼类（包括鱼片）、蛋类、果蔬类以及浓缩状的食品，而且能经常保持卫生，可半自动化也可全自动，是今后冻结食品解冻的一种较好方法。

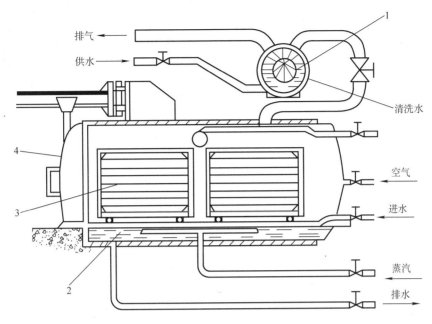

图 5-7 水蒸气减压解冻装置
1—水封式真空泵 2—水槽 3—食品车 4—食品出入门

但真空解冻也存在一定缺点，即在冻结食品（如肉类等）的内层深处升温比较缓慢，如对它们（指肉类）立即剔骨就较费劲。为此，可先真空解冻 2h 左右，然后在空气中解冻；另外该装置成本高，运行费用高，解冻成本高。

四、电解冻

以空气或水为传热介质进行解冻是将热量通过传导、对流或辐射的方法使食品升温，热量是从冷冻食品表面导入的，属于外部加热解冻，而电解冻属于内部加热。

电解冻种类很多，具有解冻速度快，解冻后品质下降少等优点。其方法有：

1. 远红外解冻

这种解冻方法目前在肉制品解冻中已有一定的应用。构成物质的分子总以自己的固有频率在运动，当投射的红外辐射频率与分子固有频率相等时，物质就具有最大的吸收红外辐射的能力。要增大红外辐射穿透力，辐射能谱必须偏离冻品主吸收带，以非共振方式吸收辐射能。对冻品深层的加热主要靠热传导方式。根据肉类食品红外吸收光谱的特点，投射到冻品表面波长 $2 \sim 25\mu m$ 的红外辐射，除少量在表面被反射外，其余全部被食品吸收，并使其中水分子振动产生内部能量，促使冻品解冻。目前多用于家用远红外烤箱进行食品解冻。

2. 高频解冻

这种解冻方法是向冷冻品发射高频率的电磁波使其解冻。它和远红外辐射一样，也是将电能转变为热能。食品中极性分子（如水）在通常情况下呈杂乱无规律的运动状态如图 5-8a 所示；当处于电场中时，极性分子将重新排列，带正电的一端朝向负极，带负电的一端朝向正极如图 5-8b 所示；若改变电场方向，则极性分子的取向也随之改变如图 5-8c所示。若电场迅速交替地改变方向，则极性分子亦随着作迅速的摆动。食品中极性分

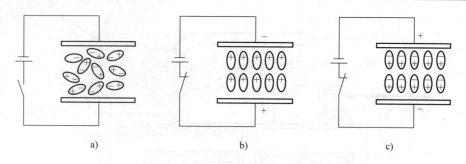

a)　　　　　　　　b)　　　　　　　　c)

图 5-8　极性分子在电场中的运动

子在高频电场中高速反复振荡，分子间不断摩擦，使食品内各部位同时产生热量，在极短的时间内完成加热和解冻。电磁波加热使用的频率，一般高频波（1～50MHz）是 10MHz 左右，微波（300MHz～30GHz）是 2450MHz 或 915MHz。这种解冻装置的示意如图 5-9 所示。电磁波穿过食品表面内部照射时，随穿透深度加大，能量迅速衰减。穿透深度与电磁波频率成反比，所以高频波的穿透深度是微波的 5～14 倍，比微波解冻的速度还要快，同时，因为高频解冻时，随冻品温度的上

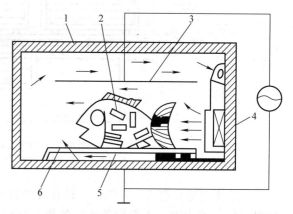

图 5-9　高频解冻装置原理
1、4—箱体　2—冷冻品　3、5—冷却器　6—载物台

升，介电常数增加很快。高频电压渐渐难以作用于冻品，不会发生如微波解冻那样使冻品局部过热的现象。-2～-3℃以上时，高频感应失去解冻作用，所以装置中设一冷却器以控制环境温度。目前，国内、外已有 30kW 左右的高频解冻设备投放市场，可以迅速、大量地对冻肉或其他冻制品进行解冻，所用频率为 13MHz。

这种解冻方法的优点是解冻均匀、解冻后液汁流失少、冻品可在包装情况下解冻、操作卫生、细菌繁殖和污染较小。

3. 微波解冻

与高频解冻一样，微波解冻是靠物质本身的电性质来发热，利用电磁波对冻品中的高分子和低分子极性基团起作用，使其发生高速振荡，同时分子间发生剧烈摩擦，由此产生热量。国际上规定，工业用的微波只有 2450MHz 和 915MHz 两个波带。微波加热频率越高，产生的热量就越大，解冻也就越迅速。但是，微波对食品的穿透深度较小。微波发生器在 2450MHz 时，最大的输出功率只有 6kW，并且其热能转化率较低，约为 50%～55%。在 915MHz 时，转化率可提高到 85%，可实现 30～60kW 的输出功率。微波加热解冻装置示意图如图 5-10 所示。

微波解冻的优点是：解冻快、不易受微生物的污染、营养成分损失少。对于带有纸箱包装的食品也能解冻，既方便又卫生。其不足之处是易加热不均匀，不适合进行完全解冻。

4. 低频解冻

低频解冻又称欧姆加热解冻、电阻型解冻。这种方法将冻品作为电阻，利用电流通过电阻产生的焦耳热，使冰融化，所用电源为 50 ~ 60Hz 的交流电。低频解冻示意图如图 5-11 所示。这种解冻方法在冻品内外不会形成较大的温度梯度，而且没有加热表面，这样食品与设备接触部位不会产生结垢而影响传热。但由于冻结食品是电路的一部分，因此要求食品表面平整、内部成分均匀，且冻品表面必须与上、下电极紧密接触，否则会出现接触不良或局部过热的现象。

5. 高压静电解冻

高压静电解冻是一种有开发应用前景的解冻新技术。目前，日本已将高压静电技术应用于肉类解冻。这种解冻方法是将冻品放置于高压静电场中，

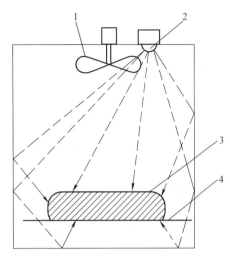

图 5-10　微波加热解冻装置示意图
1—风机　2—微波发生器　3—冻品　4—载物台

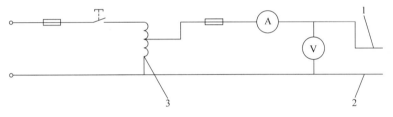

图 5-11　低频解冻装置示意图
1—活动电极　2—固定电极　3—自耦变压器

电场设置于 –3 ~ 0℃ 左右的低温环境中，以食品为负极，利用高压电场微能源产生的效果，使食品解冻。据报道，在环境温度 –1 ~ –3℃ 下，7kg 金枪鱼解冻，从中心温度 –20℃ 升至中心温度 –4℃ 约需 4h。

这种解冻方法解冻速度快、解冻后食品温度分布均匀、液汁流失少，能有效地防止食品的油脂酸化，而且一定强度的高压静电场对微生物具有抑制和杀灭作用，有利于食品品质维护，所以这是一种很有前途的解冻方法。

五、组合加热法

利用空气、水和电解冻食品的方法，都各自存在一些缺点，如把它们进行组合来解冻食品，就能采用其优点而避免各自的缺点。组合解冻基本上都是以电解冻为核心，再加以空气或水解冻。其方法有：

1. 电和空气组合加热解冻

先用微波加热解冻，当解冻的食品达到能用刀切入的程度时，即停止电加热，然后以冷风解冻。这样不致引起食品部分过热，避免了食品温度不均匀的缺点。

2. 电和水组合加热解冻

先用水把冻结食品表面稍融化，然后进行电解冻。这样，电流通过冻结食品内部，可

缩短解冻时间，又节约用电。如解冻 38cm×25.5cm×3.8cm、重 3kg 的冻鲱鱼，单独用电解冻法解冻需 70min，耗电 0.074kW·h/kg；若先用流水浸渍 15min，再用电阻解冻，仅需 16min，全部解冻时间为 31min，耗电为 0.031kW·h/kg，其时间和耗电量均比单独用电解冻法节省一半。

3. 高频和水组合加热解冻

高频和水组合加热解冻法在英国被普遍使用。这种解冻方法需要六台高频解冻装置，每台之间是水解冻设备，每台高频解冻装置的功率为 20kW，总解冻鱼的时间为 30min。

4. 微波和液氮组合解冻

微波解冻中产生的过热，可由喷淋液氮来避免。喷淋液氮时最好加有静电场，这样液氮的喷淋面可集中。冻结食品放在转盘上，也可使其受热均匀，进而保证了解冻食品的质量。

六、其他解冻方法

1. 接触解冻

接触解冻是将冷冻食品与传热性能优良的铝板紧密接触，铝制中空水平板中流动着 20~40℃ 的温水，冻品夹在上、下水平铝板间解冻。接触加热解冻装置的结构，与接触冻结装置相似，中空铝板与冻品接触的另一侧带有肋片，以增大传热面积，装置中还设有风机。

2. 高压解冻

由图 3-19 可知，存在一个高压低温水不冻区（冰-Ⅱ），加压 200MPa 时水的冰点最低，小于该压力时，随着压力增大，冰点下降；反之则升高。对于高压冰，随温度降低（即对应平衡压力增高），高压冰的融解热、比热容减小，热扩散率增大。与常压解冻不同的是，当对冻品加以高压时，原有的部分冰温度急剧下降，放出显热，转化为另一部分冰的融解热，使其融化。该过程无须外界加入热量，所以降温迅速，同时使解冻温差增大。另外，由于高压冰融解热的减少、热扩散率的增大，使传热速度加快，而且压力能可以瞬时均一传递到冻品内部，内外可同时快速解冻。高压解冻具有解冻速度快的优点，而且不会有加热解冻造成的食品热变性；解冻后液汁流失少，色泽、硬度等指标均较好。有试验表明，直径 100mm、长 200mm 的冰块在 10℃ 的水中静置解冻，常压解冻需 180min；加压 120MPa 和 200MPa 解冻，分别只需 20min 和 11.5min，可见高压解冻具有解冻快的特点。

第三节　食品在解冻过程中的质量变化

食品在解冻过程中常常出现的主要问题是汁液流失，其次是微生物繁殖和酶促或非酶促等不良反应。

一、汁液流失

冻结食品解冻时，内部冰结晶融化成水，如果不能回复到原细胞中去、不能被肉质吸收，这些水分就变成液滴流出来。液滴产生的原因主要是由于肉质组织在冻结过程中产生冰结晶及冻藏过程中冰结晶成长所受到的机械损伤。当损伤比较严重时，肉质间的缝隙大。内部冰晶融化的水就能通过这些缝隙自然地向外流出，这称为流出液滴。当机械损伤轻微时，内部冰晶融化的水由于毛细管作用还能保持在肉质中，当加压的时候才往外流出。通常是把加 $0.1 \sim 0.2$ MPa 的压力向外流出的液汁称为压出液滴。不论是流出液滴还是压出液滴，都是食品中的蛋白质、淀粉等成分的持水能力，由于冻结和冻藏中的不可逆变化而丧失，当解冻时不能与冰晶融化的水重新结合，造成液汁损失，一般是不可避免的。液汁流出使食品的风味、营养价值变差，并造成质量损失。因此，冻结食品解冻过程中流出液滴量的多少，也是鉴定冻结食品质量的一个重要指标。

二、解冻时汁液流失的影响因素

冻结食品解冻时汁液流失是由于冰晶体融化后，水分未能被组织细胞充分重新吸收造成的。影响汁液流失的因素可归纳为以下 4 点。

1. 冻结的速度

缓慢冻结的食品，由于冻结时造成细胞严重脱水，经长期冻藏后，细胞间隙存在的大型冰晶对组织细胞造成严重的机械损伤，蛋白质变性严重，以致解冻时细胞对水分重新吸收的能力差，汁液流失较为严重。表 5-1 所示为不同冻结温度的冻结肉在 20℃空气中解冻时的肉汁损失。

表 5-1　不同冻结温度的冻结肉在 20℃空气中解冻时的肉汁损失

冻结温度/℃	肉汁损耗率（%）
−8	11
−20	6
−43	3

2. 冻藏的温度

在冻结温度和解冻温度相同的条件下，如果冻藏温度不同，也会导致解冻时汁液流失不一样。这是因为若在较高的温度下冻藏，细胞间隙中冰晶体生长的速度较大，形成的大型冰晶对细胞的破坏作用较为严重，解冻时汁液流失较多；若在较低温度下冻藏，冰晶体生长的速度较慢，解冻时汁液流失就较少。例如，在 −20℃下冻结的肉块分别在 $-1 \sim -1.5$℃、$-3 \sim -9$℃和 −19℃的不同温度下冻藏 3 天，然后在空气中缓慢解冻，肉汁的损耗量如表 5-2 所示。

表 5-2　−20℃时冻结的肉块在不同温度中冻藏 3 天后在空气中缓慢解冻时肉汁损耗量

冻结温度/℃	肉汁损耗率（%）
$-1 \sim -1.5$	$12 \sim 17$
$-3 \sim -9$	8
−19	3

3. 生鲜食品的 pH

蛋白质对水的亲和力与 pH 有密切关系。在等电点时，蛋白质胶体的稳定性最差，对水的亲和力最弱，如果解冻时生鲜食品的 pH 值正处于蛋白质等电点的附近，则汁液的流失就较大。因此，畜、禽、鱼、贝类等生鲜食品解冻时的汁液流失与它们的成熟度（pH 值随着成熟度不同而变化）有直接的关系，pH 值远离等电点时，汁液的流失就较少，否则就增大。

4. 解冻的速度

解冻速度有缓慢解冻和快速解冻之分。以何种速度解冻可减少汁液的流失、保持食品的质量要视食品的种类、大小、用途而定。

一般认为缓慢解冻可减少汁液的流失，其理由是细胞间隙的水分向细胞内转移和蛋白质胶体对水分的吸附是一个缓慢的过程，需要在一定的时间内才能完成。缓慢解冻可使冰晶体融化速度与水分移转及被吸附的速度相协调，从而减少汁液的损失；如果快速解冻，大量冰晶体同时融化，来不及转移和被吸收，必然造成大量汁液外流。有试验证明，在其他条件相同的情况下，用低温（0℃）水经 510min 缓慢解冻的鳄鱼，解冻后肌肉的组织状态可完全复原；而在高温（30℃）经 30min 快速解冻后，冰结晶孔的直径达 105μm，几乎均在细胞外面，并且细胞分离，完全不能恢复正常的组织结构。

缓慢解冻虽然具有汁液流失较少的优点，但是由于解冻速度缓慢，通过最大解冻温度区的时间长，容易引起蛋白质变性和淀粉老化，不利于组织细胞对水分的重新吸收，而且长时间的缓慢升温还带来一系列不利的影响。如食品氧化作用、酶促反应和微生物活动的时间延长，这些对保持食品原来的品质都是不利的。

快速解冻对保持食品的质量也有有利的一面，其理由为：

1）食品可迅速通过蛋白质变性和淀粉老化的温度带，从而减少蛋白质变性和淀粉老化。

2）高温解冻从外围加热，如解冻与烹调同时进行，由于外部的蛋白质受热凝固，淀粉也变为 α–型，形成的外罩使内部冰晶体融化形成的汁液难以外流。

3）利用微波等快速解冻，食品内外同时受热，细胞内冰晶体由于冻结点较低首先融化，在食品内部解冻时外部尚有外罩，则汁液流失也比较少。

4）快速解冻的解冻时间短、微生物的增量显著减少，同时由酶、氧气所引起的对品质不利的影响及水分蒸发量均较小，解冻后食品的营养价值、色泽、风味等品质较佳。

在家庭中采用下列解冻方法较为适宜：将欲烹调的冻结食品提前数小时至 1d 左右（依冻结食品大小而定）从冰箱的冷冻室移至冷藏室（温度一般为 1~10℃）进行缓慢解冻，这样既可节约能源，又能保证解冻的质量；若急需使用冻结食品时，可利用微波炉进行快速解冻，无微波炉者，可在室温下或冷水中（但时间不宜过长）解冻，切勿在热水中解冻，否则会破坏食品的组织结构和引起大量汁液流失。

微生物繁殖和食品本身的生化反应速度随着解冻升温速度的增大而加速。关于解冻速度对食品品质的影响有两种观点，一种认为快速解冻使汁液没有充足的时间重新进入细胞内；另一种观点认为快速解冻可以减轻浓溶液对食品质量的影响，同时也缩短微生物繁殖与生化反应的时间。

造成汁液流失的原因还与食品的切分程度、冻结方式、冻藏条件以及解冻方式等有关。切分得越细小，解冻后流失的汁液就越多。如果在冻结与冻藏中冰晶对细胞组织和蛋白质的破坏很小，那么，在合理解冻后，部分融化的冰晶水也会缓慢地重新渗入到细胞内，在蛋白质颗粒周围重新形成水化层，使汁液流失减少，保持了食品的营养成分和原有风味。

第六章

肉、禽类的冷加工

6

我国是肉类生产大国，随着人们对营养要求的不断提高，肉、禽类冷加工生产得以进一步大力发展。本章着重讲述畜、禽肉的组成结构与特性及其冷却与冷藏、冻结与冻藏的加工技术。

第一节　肉的组成结构与特性

一、肉的营养价值及其组成结构

肉一般指屠宰后的牲畜剥皮（或不剥皮）、去头尾、蹄爪和内脏所得的胴体，包括肌肉、脂肪、骨、软骨、筋膜、神经、脉管等各种组织。头尾、蹄爪、内脏统称为副产品或杂碎。

肉是一种营养价值极高的食品。它含有丰富的蛋白质、脂肪、无机盐及维生素等多种营养成分。这些营养成分不仅质量优良，而且容易被人体消化吸收，特别是肌肉内的蛋白质，含有构成人体组织所必需的一切氨基酸（尤其是在人体内不能合成的必需氨基酸），在生物学上具有极高的价值。

任何畜禽的肉类都含有蛋白质、脂肪、水分、维生素、矿物质等，其含量因动物的种类、性别、年龄、营养与健康状态、部位等的不同而不同。几种畜禽肉的营养成分如表6-1所示。

表 6-1　几种畜禽肉的营养成分

名　称	成分（质量分数）（%）					热量 /(J/kg)
	水分	蛋白质	脂肪	碳水化合物	灰分	
牛肉	72.91	20.07	6.48	0.25	0.92	6186
羊肉	75.17	16.35	7.98	0.31	1.19	5894
肥猪肉	47.40	14.54	37.34	—	0.72	13 731
瘦猪肉	72.55	20.08	6.63	—	1.10	4870
兔肉	73.47	24.25	1.91	0.16	1.52	4891
鸡肉	71.80	19.50	7.80	0.42	0.96	6354
鸭肉	71.24	23.73	2.65	2.33	1.19	5100

（1）蛋白质　肌肉中蛋白质的质量分数约20%。通常依其构成位置和在盐溶液中的溶解度分为3种蛋白质。肌原纤维蛋白质，由丝状的蛋白质凝胶构成，占肌肉蛋白质的40% ~ 60%，与肉的嫩度密切相关；存在于肌原纤维之内、溶解在肌浆中的蛋白质，占20% ~ 30%，常称为肌肉的可溶性蛋白；构成肌鞘、毛细血管等结缔组织的基质蛋白质。肉类蛋白质含有比较多的人体内不能合成的8种必需氨基酸。因此，肉的营养价值很高。在加工和储藏过程中，若蛋白质受到了破坏，则肉的品质及营养就会大大降低。

（2）脂肪　动物脂肪主要成分是脂肪酸甘油三酸酯，约占96% ~ 98%，还有少量的磷脂和醇酯。肉类脂肪有20多种脂肪酸，以硬脂酸和软脂酸为主的饱和脂肪酸居多；不饱和脂肪酸以油酸居多，其次为亚油酸。脂类不仅是构成细胞的特殊成分，对肉制品质量、颜色、气味也有重要作用。

（3）其他营养物质

肉的浸出成分指能溶于水的浸出性物质，包括含氮和无氮浸出物，主要有核苷酸、嘌呤碱、胍化合物、肽、氨基酸、糖原、有机酸等。它们是肉风味及滋味的主要成分。浸出物中的还原糖与氨基酸之间的非酶反应对肉风味的形成有重要作用。浸出物成分与肉的品质也有很大的关系。

肉类中的矿物质的质量分数一般为 0.8% ~ 1.2%。这些无机盐在肉中有的以游离状态存在，如镁、钾、钠等；有的以螯合状态存在，如肌红蛋白中的铁、核蛋白中的磷。肉是磷的良好来源。肉中的钙含量较低，而钾和钠几乎全部存在于软组织及体液之中。钾、钠与细胞的通透性有关，可提高肉的保水性。肉中尚含有微量的锰、铜、锌、镍等，其中锌对肉的保水性有影响。

肉中的主要维生素有维生素 A、维生素 B_1、维生素 B_2、维生素 PP、叶酸、维生素 C、维生素 D 等。其中 B 族维生素含量较丰富。某些器官（如肝脏）中各种维生素含量都较高。

肉类食品的营养成分随动物的种类、年龄、肥度及畜体部位的不同而有明显的差别，因而其食用价值也有所不同。如肉中含水的多少和肉中脂肪的含量很有关系，肉越肥，脂肪越多，则水分的含量就相对减少；随着水分的减少，含氮物及无机盐的含量也相应减少。

总之，肉是营养价值很高的食品，它除了可供给人类大量的全价蛋白、脂肪、无机盐及维生素外，还具有吸收率高、耐饥、适口性好和适合制作多种佳肴等优点。

肉在形态学上是由肌肉组织、脂肪组织、结缔组织和骨骼组织组成的。这些组织的构造、性质直接影响肉品的质量、加工用途及其商品价值，它依动物的种类、品种、年龄、性别、营养状况的不同而异。其组成的比例大致为：肌肉组织占 50% ~ 60%，脂肪组织占 15% ~ 45%，骨骼组织占 5% ~ 20%，结缔组织占 9% ~ 13%。

肌肉组织是构成肉的主要部分，是决定肉质优劣的主要组成。其在肉中所占比例与畜禽种类、品种、性别、年龄、肥育方法、使用性质、屠宰管理等有关。肌肉有横纹肌肉、平滑肌和心肌。用于食用和加工的主要是横纹肌，约占动物机体的 30% ~ 40%。横纹肌除由大量的肌纤维组成之外，还有少量的结缔组织、脂肪组织、血管、神经、淋巴等按一定的比例构成。肌纤维的粗细随动物的种类、年龄、营养状况、部位等而有所差异，如猪肉的肌纤维比牛肉的细，老龄动物的比幼龄动物的粗等。通过肌纤维的粗细可评定肉的嫩度。

结缔组织在动物体内分布极广，腱、韧带、肌束膜、血管、淋巴、神经、毛皮等均属于结缔组织。结缔组织的主要成分为基质和纤维。基质包括黏性多糖、黏蛋白、水分等；纤维包括胶原纤维、弹性纤维和网状纤维。结缔组织的化学成分主要取决于胶原纤维和弹性纤维的比例。结缔组织的食用和工业价值在于胶原具有转变成明胶的能力，从而能生产食品或工业用明胶，但弹性纤维含量高的结缔组织则难以利用。

脂肪组织存在于动物体各个器官中，较多地分布在皮下、肾脏周围和腹腔内，是畜禽胴体中仅次于肌肉组织的第二个重要组成部分，具有较高的食用价值，对于改善肉质、提高风味均有影响。脂肪在肉中的含量变动较大，取决于动物种类、品种、年龄、性别及肥育程度。

骨骼组织是肉的次要成分，食用价值和商品价值较低，在运输和储藏时要消耗一定能量。成年动物骨骼的含量比较恒定，变动幅度较小。

二、肉的成熟与腐败

刚刚屠宰后的动物的肉是柔软的，并具有很高的持水性，经过一段时间的放置，肉质变得粗糙，持水性也大为降低。继续延长放置的时间，则粗糙的肉又变成柔软的肉，持水性也有所恢复，而且风味也有极大的改善。肉的这种变化过程，称之为肉的成熟。在肉的成熟过程中因糖原分解生成乳酸，使肉 pH 降低，故肉的成熟亦称为排酸。

肉的成熟实际上是在动物体死亡后，体内继续进行着的生命活动作用的结果，它包括一系列的生物化学变化和物理化学变化。由于这种变化，肉类变得柔软，并具有特殊的鲜香风味。

1. 肉的僵直

屠宰后的牲畜肉尸，由于血液和氧气的供应停止，糖原不能像有氧时那样被氧化成二氧化碳和水，而是通过糖酵解生成乳酸，致使肉的 pH 下降，由刚屠宰的弱碱性 pH 为 7～7.2很快变为酸性；但当乳酸生成到一定界限时，分解糖原的酶类即逐渐失去活力，而无机磷酸化酶的活性大大增强，开始促使三磷酸腺苷迅速分解，形成磷酸，因而 pH 可以继续下降直至5.4。当 pH 值下降达到肌原纤维主要蛋白质肌球蛋白的等电点时，因酸变性而凝固，导致肌肉硬度增加。此外，由于肌动球蛋白的收缩而导致肌纤维缩短和变粗，肌肉失去伸展性变得僵硬。

肌肉僵硬出现的迟早和持续时间的长短与动物种类、年龄、环境温度、牲畜生前生活状态和屠宰方法有关。从肉的冷加工质量来看，必须使僵硬过程迅速完成而进入成熟过程，因为处于僵硬期的肉弹性差，无芳香味，不易煮熟，消化率低。所以刚宰杀的牲畜的肉味道并不鲜美，而且不易被人体吸收。

2. 肉的成熟

肌肉僵硬达到顶点之后继续保持一定时间，则粗糙的肉又变得比较柔软嫩化，具有弹性，切面富含水分，有令人愉快的香气和滋味，易于煮烂和咀嚼，而且风味也有极大的改善。肉的这种变化过程称为肉的成熟。

肉的成熟过程中，随着肉中的酸类不断增加，凝胶状态的蛋白质长期处于酸性条件下，因而引起肌纤凝蛋白和肌纤溶蛋白的酸性溶解，蛋白质又重新变为溶胶状的肌凝蛋白和肌溶蛋白，部分蛋白质分解为氨基酸等具有芳香、鲜味的肉浸出物，肌肉间的结缔组织也因酸的作用而膨胀、软化，从而导致肌肉组织重新回软。此外，在三磷酸腺苷分解过程中，会产生游离的次黄嘌呤，使肉的香味增加。

肉中糖原含量与成熟过程有密切关系。宰前休息不足或过度疲劳的牲畜的肉，由于肌肉糖原消耗多，成熟过程将延缓甚至不出现，从而影响肉的品质。此外，肉的成熟速度和程度也受环境因素的影响。

肉在供食用之前，原则上都需要经过成熟过程来改善其品质，特别是牛肉和羊肉，成熟对提高风味是完全必要的。

3. 肉的自溶

　　肉的成熟过程中，主要是糖酵解酶类以及无机磷酸化酶的催化反应在起作用，而蛋白分解酶的作用几乎完全没有表现出来或者是极其微弱的。但随后由于肉的保藏不适当，使肉长时间保持较高温度，此时既使组织深部没有细菌存在，也会引起组织自体分解，这种现象的出现，主要是组织蛋白酶类催化作用的结果。众所周知，内脏中组织酶较丰富，其组织结构也适合酶类活动，故内脏在存放时比肌肉类更易发生自溶。

　　肉在自溶过程中虽有种种变化，但主要是蛋白质的分解，除产生多种氨基酸外，还会放出硫化氢与疏醇等有不良气味的挥发性物质，但一般没有氨或氨含量极微。当放出的硫化氢与血红蛋白结合，形成含硫血红蛋白时，能使肌肉和肥膘出现不同程度的暗绿色斑，故肉的自溶亦称变黑。此时肌肉松弛、缺乏弹性、无光泽、带有酸味，并呈强烈的酸性。

　　自溶不同于腐败，自溶过程只分解蛋白质至可溶性氮与氨基酸为止，即分解至某种程度达到平衡状态时就不再分解了。自溶是承接或伴随着成熟过程进行的，两者之间很难划出界限，同样自溶和腐败之间也无绝对界限。自溶过程的产物低分子氨基酸是腐败微生物的良好营养物质，在环境适宜时，微生物就大量繁殖导致更严重的后果，可使蛋白质进一步分解到最低的产物。因此在成熟时微生物的繁殖是非常有害的，保持肉的清洁十分必要。

　　4. 肉的腐败

　　肉类因受外界因素作用而产生大量的人体所不需要的物质时，称为肉类的腐败。它包括蛋白质的腐败、脂肪的酸败和糖的发酵等作用。

　　肉类的腐败是肉类成熟过程的继续。动物被宰杀后，由于血液循环的停止，吞噬细胞的作用也停止，这就使得细菌有可能繁殖和传播到整个组织中。

　　健康动物的血液和肌肉通常是无菌的，肉类的腐败，实际上是由外界感染的微生物在其表面繁殖所致。表面微生物沿血管进入肉的内层，进而深入到肌肉组织，产生许多对人体有害甚至使人中毒的代谢产物。

　　许多微生物优先利用糖类作为其生长的能源。好气性微生物在肉表面生长，通常把糖完全氧化成二氧化碳和水。如果氧的供应受阻或因其他原因氧化不完全时，则会有一定程度的有机酸积累。

　　微生物对脂肪的作用，一类是由其所分泌的脂肪酶分解脂肪，产生游离的脂肪酸和甘油；另一类则是由氧化酶通过 β - 氧化作用，氧化脂肪酸。这些反应的某些产物常被认为是酸败气味和滋味的来源。但是，肉和肉制品中严重的酸败问题不是由微生物所引起，而是空气中的氧在光线、温度以及金属离子作用下氧化的结果。

　　有许多微生物不能作用于蛋白质，但能对游离氨基酸及低肽起作用，它们可将氨基酸氧化脱氨、脱羧、分解作用使之分解成更低的产物，如吲哚、甲基吲哚、甲胺和硫化氢等。在蛋白质、氨基酸的分解代谢产物中，酪胺、尸胺、腐胺、组胺和吲哚等对人体有毒，而吲哚、甲基吲哚、甲胺、硫化氢等则具恶臭，是肉类腐败产生臭味的原因。

　　由于腐败，肉的外观也会有明显的改变，色泽由鲜红变成暗褐甚至黑绿，失去光泽显得污浊，表面粘腻，从轻微的正常肉的气味发展到腐败臭气甚至令人作呕的臭气，失去弹性，有的放出气体、有的长霉。

　　综上所述，肉从死后僵直开始到成熟结束的时间越长，肉保持新鲜的时间就越长。所以，延长死后僵直阶段的持续时间，是肉类保鲜的关键，对保持肉的质量具有重要的意义，因此家畜宰杀后，应尽快采取降温措施，迅速冷却、冻结，以延长其僵直阶段。

第二节　肉的冷却与冷藏

肉的储藏保鲜方法很多，有物理储藏方法（低温、高温、辐射等）和化学储藏方法（盐腌、烟熏、气调、添加化学制剂等）。其中低温储藏方法是应用最广、效果最好的一种方法，因为低温能够抑制酶和微生物生命活动，而且不会引起肉组织结构和性质发生根本的变化，能保持肉固有的特性和品质。

一、冷却的目的

牲畜在刚屠宰完毕时，其体内的热量还没有散去。同时，在宰后一段时间内，肌肉的无氧代谢活动还在进行，并产生一部分热量，使肉体温度上升 $1.5 \sim 2℃$，肉体温度将升至 $38 \sim 39℃$。另外刚屠宰完的肉体表面湿润，最适宜微生物的生长和繁殖，能使肉体迅速腐败变质，对肉的保藏极为不利。因此，肉体内的热量必须迅速排出，快速使肉体温度从 $38 \sim 39℃$ 降到 $0 \sim 4℃$，并在肉的表面形成一层干燥膜，以抑制微生物的生长繁殖，肉体内的物理变化、化学变化，延长肉的保藏时间，并减缓肉体内部水分的蒸发。

肉的冷却也是冻结的准备阶段。对于整胴体或半胴体的冻结，由于肉层较厚，若不经冷却直接冻结，容易发生表面迅速冻结，而肉体内部热量不易散发，肉的深层产生"变黑"等不良变化，会降低肉的质量。肉体不经冷却处理而直接冻结时，在冻结间因肉温和冷空气温差过大，肉体表面水蒸气压和冷空气水蒸气分压的差值相应增大，引起水分的大量蒸发，造成较大的失重和质量变化。除小块肉及副产品外，一般肉体均先冷却再进行冻结。

另一方面，肉在冷却的同时，也在进行着成熟过程。肉体从原来的弱碱性变为弱酸性，完成成熟过程的肉肉质嫩而多汁，煮熟后容易咀嚼，肉的风味突出。成熟良好的肉体经冻结，冻藏后，解冻时汁液流失少。

二、肉的冷却

国内肉类的冷却主要采用冷风机送风降温冷却。

1. 冷却条件的选择

（1）冷却温度的确定　冷却作用将使环境温度降到微生物生长繁殖的最适温度范围以下，影响微生物的酶活性，减缓生长速度，防止肉的腐败。肉品上存在的微生物除一般细菌外，还有病原菌和腐败菌两类。当环境温度降至 $3℃$ 时，主要病原菌如肉毒梭菌 E 型、沙门氏菌和金黄色葡萄球菌均已停止生长。将冷却肉温度保持在 $0 \sim 4℃$ 范围内时，可以抑制病原菌的生长，保证肉品的质量与安全，若超过 $7℃$，病原菌和腐败菌的增殖会机会大大增加。

为缩短冷却时间，冷却间在未装入鲜肉之前的空气温度应预先降至 $-4℃$ 左右，这样在进料结束后，可使冷却间内温度维持 $0℃$ 左右，不至于过高。随后的整个冷却过程中，冷却间温度应维持在 $-1 \sim 0℃$ 之间。如果温度过低有引起缓慢冻结的可能，温度过高则延缓冷却速度。

（2）空气湿度的选择　湿度不仅影响微生物的生长繁殖，而且是决定冷却肉干耗大小的主要因素。在整个冷却过程中，冷却初期冷却介质和肉之间的温差较大，冷却速度快，表面水分蒸发量在开始初期的 1/4 时间内，占总干耗量的 50% 以上。因此，空气的相对湿度大致可分为两个阶段，第一冷却阶段（6~8h，约占总冷却时间的 1/4），空气湿度维持在 95%~98% 之间，以尽量减少水分蒸发，由于时间较短，微生物不会大量繁殖；第二冷却阶段（约占总冷却时间的 3/4），空气湿度维持在 90%~95% 之间，在冷却将要结束时，维持空气相对湿度 90% 左右。这样既能使肉体表面尽快形成干燥膜，表面又不会过分干缩。

（3）空气流速的选择　空气的热容量小，对热量的接受能力弱，而其热导率也较小。为提高冷却速度只有增加空气流速，但过高的空气流速会增加肉体表面水分蒸发和电能消耗。在冷却过程中空气流速以不超过 2m/s 为宜，一般采用 0.5m/s。

2. 冷却方法与设备　经过屠宰加工修整分级后的胴体由轨道分别送入冷却间。肉在冷却间冷却时，要求符合以下条件：

（1）在吊车轨道上的胴体之间要有 3~5cm 的间距。

（2）不同等级肥度的肉类均应分室冷却，使全库胴体能在相近时间内冷却完毕。同一等级而体重有显著差别者，则应将体重大的挂在靠近排风口处，使其易于形成干燥膜。

（3）半胴体的肉表面应迎向排风门，使其易于形成干燥膜。

（4）在平行轨道上的胴体应按"品"字形排列，以保证空气的均匀流通。

（5）装载应一次进行，越快越好，进货前保持清洁，并无其他正在冷却的货物，以免彼此影响。

（6）在整个冷却过程中，尽量少开门，减少人员进出，以维持稳定的冷却温度和减少微生物的污染。

（7）冷却间应装紫外灯，每昼夜连续或间隔照射 5h，这样可使空气达到 99% 的灭菌效率。

（8）副产品冷却过程中，尽量减少水滴、污血等物，并尽量缩短进入冷却库前的停留时间，整个冷却过程不要超过 24h。

（9）肉类的冷却终点以胴体后腿最厚部中心的肉温达 0~4℃ 为标准。

在国际上，随着冷却肉的消费量的不断增大，各国对肉类的冷却工艺方法加强了研究，其重点围绕着加快冷却速度、提高冷却肉质量等方面来进行。其中较为广泛采用的是丹麦和欧洲其他一些国家提出的二阶段快速冷却工艺方法，其特点是采用较低的温度和较高的风速进行冷却。第一阶段是在快速冷却隧道或在冷却间内进行，空气温度降得较低（一般为 -10~-15℃），空气速度一般为 1.5~2.5m/s，经过 2~4h 后使胴体表面在较短的时间内降到接近冰点，迅速形成干膜，而后腿中心温度还在 16~25℃ 左右。然后再用一般的冷却方法进行第二次冷却。在冷却的第二阶段，冷却间温度逐步升高至 0~2℃，以防止肉体表面冻结，直到肉体表面温度与中心温度达到平衡（一般为 2~4℃）。同时冷却间内空气循环随着温度的升高而慢下来。

采用二阶段冷却工艺方法的设备有两种形式，一种是全部冷却过程在同一冷却间内完成，如图 6-1 所示。

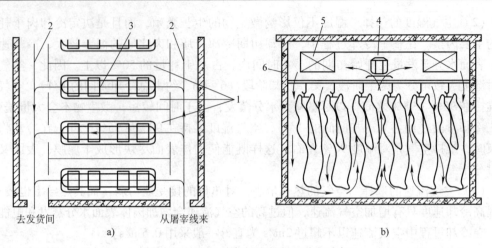

图 6-1　在同一冷却间内进行两阶段冷却
a）平面图　b）剖面图
1—快速冷却、均温和冷藏间　2—传送带　3、5—吊顶式冷风机　4—变速风机　6—隔热墙

在同一冷却间内进行两阶段冷却：首先将冷却间内温度降至 −10 ～ −15℃，然后进货，进货过程中，变速风机停开或降低转速，使温度上升到 −5℃。进货结束后，立即用强烈的空气冷却，经 2 ～ 3h 库温降至 −10℃，这时肉胴体表面温度为 0℃ 左右，肉中心温度约为 20℃，关闭风机后胴体仍挂在冷却间内，经过 12 ～ 13h 肉体温度均衡到 4℃，即在进货后 16h，肉胴体中心温度降到 4℃，这样可以在次日早晨出库，也可以继续存放在冷却间内。

这种冷却系统的主要缺点是每一个冷却间需要安装相当大的蒸发器（冷风机）。一般每吨进货量需要 $60m^2$ 的蒸发器面积，且热负荷的不平均系数高达 2。为克服这一缺点，可采用中央强烈通风系统，如图 6-2 所示。

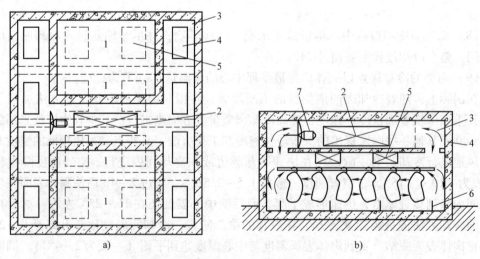

图 6-2　中央强烈通风两阶段冷却系统
a）平面图　b）剖面图
1—快速冷却、均温和冷藏间　2—中央强力通风冷风机
3—风道　4—阀站　5—吊顶式冷风机　6—挡风板　7—风机

如图 6-2 所示，中央强烈通风的冷风机安装在冷却间的上部，作为第一阶段冷却用，而安装在冷却间天花板顶部的若干个小型冷风机的作用则是预冷空的冷间，用于第二阶段冷却和在进一步储藏中维持冷却间所需的制冷量。

在分开的冷却间内进行二阶段冷却，这种系统的特点是第一阶段的冷却是连续过程，而温度平衡阶段是不连续过程，如图 6-3 所示。

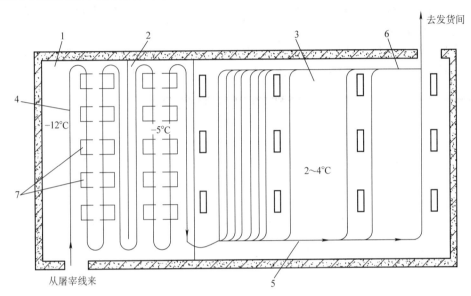

图 6-3　分开的冷却间内进行二阶段冷却示意图
1—第一阶段隧道　2—第二阶段隧道　3—均温和冷藏间
4—蛇形传送带　5—进料传送带　6—出料传送带　7—吊顶式冷风机

从图 6-3 可以看出，猪胴体直接由屠宰车间运来，通过两次强力通风的冷却隧道。通过每一隧道的时间为 1.5h，然后送到温度为 2~4℃的少量空气循环的冷藏间内。

当牛胴体在这种系统中冷却时，第一阶段采用较高的库温，风速较低，冷却时间也较长。

在有的新建工厂中，猪胴体肉冷却采用自动输送装置时，第一阶段冷却隧道采用较低的空气温度（-20~-25℃）和较高的风速（5~8m/s），目的是尽量缩短冷却时间，减少输送装置的长度和冷却间面积。

二阶段快速冷却工艺方法的主要优点是：①冷却肉的质量得到了提高，优于一般冷却法，且肉表面干燥，外观好，味道佳；②微生物数量较低，且由于胴体表面温度下降得较快，干耗较小，一般比传统的冷却方法干耗可减少 40%~50%（对新鲜的猪肉和牛肉，欧洲一些国家的平均质量损失为 1%，其中西德 0.9%，丹麦为 0.7%）；③提高了冷却间的生产能力，一般比传统的冷却方法提高 1.5~2 倍。

从经济观点上看，采用二阶段冷却工艺方法并不节省投资和操作费用，只是降低了肉类在冷却过程中的干耗和减少了细菌污染，而且二阶段冷却工艺方法能引起牛、羊肉冷收缩的问题，使肉在进一步成熟时也不能充分软化，致使肉硬化，汁液流失大。

3. 肉类在冷却过程中的变化

（1）**成熟作用**　在冷却过程中，由于肉类在僵直后的变化过程中，其本身的分解作用是在低温下缓慢进行的，因此，肉体开始进行着成熟作用，再经过冷藏过程，肉体的成熟作用就完成了。肉经过成熟过程的变化，将使肉质软化，味道变佳。

（2）**水分蒸发引发的干耗**　肉在冷却过程中，最初由于肉体内较高的热量和水分，致使水分蒸发得较多、干耗较大。随着温度的降低，肉体表面产生一层干膜后，水分蒸发也就相应减少。肉体的水分蒸发量取决于肉体表面积、肥度、冷却间的空气温度、风速、相对湿度、冷却时间等。

当冷却间内空气流动速度为 0.6m/s，温度为 0℃，相对湿度为 95% 时，肉的干耗是随着冷却时间的延长而逐渐增大的。表 6-2 所示为肉冷却时的干耗。

表 6-2　肉冷却时的干耗（质量分数）（%）

名　　称		在冷却间中从36℃冷却至3℃时的干缩指标		在一般房间内从36℃冷却到周围空气温度时的干缩指标		
		有冷却设备	无冷却设备	最初 6h	最后 18h	一昼夜
牛肉	肥的和中上肥度的	0.9	1.1	0.6	0.6	1.2
	中等肥度的	1.0	1.3	0.7	0.7	1.4
	中下肥度的	1.1	1.4	0.8	0.8	1.6
羊肉	肥的和中上肥度的	1.0	1.4	0.7	0.7	1.4
	中等和中下肥度的	1.1	1.5	0.8	0.8	1.6
猪肉	肥体	0.6	0.7	0.4	0.4	0.8
	半肥体	0.7	0.9	0.5	0.5	1.0
	瘦体	0.8	1.1	0.6	0.6	1.2
	非标准的	1.0	1.3	0.7	0.7	1.4
	瘦肉（切下的）	1.1	1.5	0.8	0.8	1.6

为减少冷却干耗，可用植物油、动物油和鱼油制成乙酰化单甘油，用它和水稀释后喷溅到肉类上形成一层保护膜。这样，冷却肉的冷却干耗可减少 60%，且商品外观不变，能减缓脂肪氧化过程，延长储藏时间。

（3）**寒冷收缩现象**　采用二阶段快速冷却工艺易造成肉体产生寒冷收缩现象。当屠宰的肉进行二阶段快速冷却、肌肉的温度下降太快时，即肉的 pH 值降为 6.2 以前，冷却间温度在 -10℃ 以下时，肌肉会发生强烈的冷收缩现象，致使肌肉变得老硬。这样的肉在进一步成熟时也不能充分地软化，即使加热处理后也是硬的。这主要是由于肌肉组织细胞中的酶的活性在一定范围内是随着温度的下降而逐渐加强的，当温度在 -10℃ 以下快速冷却时，由于酶的作用，将加速 ATP 的水解，从而加大肌肉的收缩。这对于牛肉和羊肉尤为重要，肉的柔性被破坏很大，是一个不好的现象。为此，可采用电激方法来防止牛、羊肉的寒冷收缩。而对于猪肉来说，由于脂肪层较厚、导热性差，其 pH 值比牛、羊肉下降快，不会发生寒冷收缩现象。

（4）**肉的色泽变化**　肉的色泽变化对商品价值评定具有非常重要的意义。肉在冷却过程中，其表面切开的颜色由原来的紫红色变为亮红色，尔后呈褐色。这主要是由于肉体表面水分蒸发，使肉汁浓度加大，由肌红蛋白所形成的紫红色经轻微地冻结后生成亮红色的氧合肌红蛋白所致。但是，当肌红蛋白或氧合肌红蛋白发生强烈的氧化时，生成氧化肌红蛋白，当这种氧化肌红蛋白的数量超过50%时，肉就变成了不良的褐色。总之，当肌红蛋白的保存数量多的时候，肉的色泽呈紫红色；当氧合肌红蛋白数量多的时候，则呈现艳丽的亮红色；当肌红蛋白或氧合肌红蛋白氧化成的氧化肌红蛋白数量多的时候，则呈现不良的褐色，其商品价值也就降低了。为此，要减缓氧化的进行，但要完全阻止是不可能的。这些色泽的变化是经常发生的。

三、冷却肉的冷藏

经过冷却的肉胴体可以在安装有轨道的冷藏间中进行短期的储藏。冷却肉在冷藏时，库内温度以选择 $-1 \sim 1℃$ 为宜，相对湿度应保持在85%~90%。相对湿度过高，对微生物（特别是霉菌）繁殖有利，而不利于保证冷却肉储存时的质量。如果采用较低冷藏库温时其湿度可大些。

为了保证冷却肉在冷藏期间的质量，冷藏间的温度应保持稳定，尽量减少开门次数，不允许在储存有已经冷却好的肉胴体的冷藏间内再进热货。冷藏间的空气循环应当均匀，速度应采用微风速。一般冷藏间内空气流速为 $0.05 \sim 0.1m/s$，接近自然循环状态，以维持冷藏间内温度均匀即可，减少冷藏期间的干耗损失。

冷却肉的冷藏时间按肉体温度和冷藏条件来定。试验表明，在0℃左右库温、相对湿度90%左右的条件下，猪胴体肉冷藏时间为10天左右。表6-3所示为国际制冷学会推荐的冷却肉冷藏期限，但在实际应用时应将此表列时间缩短25%左右为好。

表6-3　国际制冷学会推荐的冷却肉冷藏期限

肉　　　别	温度/℃	储藏期/周
猪肉	$-1.5 \sim 0$	1~2
羊肉	$-1 \sim 1$	1~2
牛肉	$-1.5 \sim 0$	4~5
仔牛肉	$-1 \sim 0$	1~3
兔肉	$-1 \sim 0$	5d

延长冷却肉储藏期的方法有二氧化碳、减压冷藏法、抗菌素、紫外线、放射线、臭氧的应用及用气态氮代替空气介质等。

第三节　肉的冻结与冻藏

一、肉的冻结

1. 冻结的目的

将肉品进行快速、深度冷冻，使肉中大部分水冻结成冰，这种肉称为冷冻肉。冷冻肉比冷却肉更耐储藏。肉的冷冻，一般采用 $-23℃$ 以下的温度，并在 $-18℃$ 左右储藏。为提高冷冻肉的质量，使其在解冻后恢复原有的滋味和营养价值，目前多数冷库均采用速冻法，即将肉放入 $-40℃$ 的速冻间，使肉温很快降低到 $-18℃$ 以下，然后移入冷藏库。

冷冻肉营养会流失。从细菌学观点看，当肉被冷冻到 −18℃ 后，大量细菌被冻死，或生长繁殖受到抑制，比较卫生、安全。但肉内水分在冻结过程中体积会增加 9%，这样细胞壁就会被冻裂，在解冻时细胞中的汁液渗漏出来，造成营养随汁液渗出而流失，风味和营养明显下降。

2．肉类的冻结速度、冻结方法和冻结要求

肉的冻结速度分为缓慢冻结、中速冻结和快速冻结三种。①缓慢冻结：冻结速度为 0.1 ~ 1cm/h。②中速冻结：冻结速度为 1 ~ 5cm/h。③快速冻结：冻结速度为 5 ~ 20cm/h。

对大多数食品来讲，冻结速度为 2 ~ 5cm/h 即可保证冻结后品质的优良。实践证明，对于中等厚度的半片猪肉胴体在 20h 以内由 0 ~ 4℃ 冻结至 −18℃，冻结质量是好的。从提高肉的冻结质量上看，冻结速度越快，肉体内冰结晶越小，分布越均匀，冰结晶对肉品质带来的不良影响越小。同时肉的干耗损失也较小。

国内肉类的冻结大多用冷空气作介质，采用冷风机吹风，在冻结间内完成冻结。肉体在冻结间轨道上的吊挂方式、要求与冷却间相同。

影响肉类冻结速度的因素主要是冻结间内的空气温度、气流速度、肉体在冻结过程中的初温和终温、肉片的厚薄及含脂肪多少等。

3．肉类冻结工艺

肉类冻结工艺通常分两阶段冻结工艺和直接冻结工艺。

（1）两阶段冻结工艺　解放初期，我国的肉类冻结普遍采用在两个蒸发温度系统下进行，即将经加工整理后的肉胴体先送入冷却间进行冷却，待肉体温度冷却至 0 ~ 4℃ 时再送入冻结间进行冻结。经过冷却的肉在室温 −23℃、空气流速为 0.5 ~ 2.0m/s、包括进出货时间的 24h 时间内，肌肉深度温度降到 −15℃。

目前在国外，如美、英、德国、日本等国仍然对肉类的冻结采用两阶段冻结工艺方法。

供冻结用的肉类，以肥度良好的牲畜为最适宜，因皮下脂肪能很好地预防干缩；而瘦畜的肉类，不宜冻结，因在冻结和冻藏期间的质量损失较多，其商品外形的变化也较大。

（2）直接冻结工艺　由于两阶段冻结时间长，效率低，可把两阶段冻结工艺改为一个蒸发温度下进行冻结，即在牲畜屠宰加工整理后，经凉肉间滴干体表水后，直接送入冻结间冻结。在肉类加工中，直接冻结是一项较新的工艺。过去由于受国外提出的出口冻肉技术条件的影响，要求肉体必须先经过 24h 的冷却后才能冻结。根据此规定，必须建冷却间，生产周期长，束缚了生产力的发展。而新的直接冻结工艺不仅效率高，冻结质量更好。我国自 20 世纪 70 年代以来设计建造的冷库较广泛地采用了这一工艺。

直接冻结工艺有以下几点要求：

1）经屠宰加工整理后的猪胴体必须先放入凉肉间进行分级暂存，待累积到相当于一间冻结间容量时，集中迅速推进冻结间。凉肉间的容量至少应有两间冻结间的容量。凉肉间内应装有排风装置，对地处气温较高的南方地区的凉肉间应装设冷风机，以便滴干肉体表面水分，同时可适当降低肉体温度。

2）冻结间进货前应对冷风机进行冲霜并降温，待库温降至 −15℃ 以下时才开始进货。

3）在高温季节里，且进货时间又要超过半小时的，应采取边进货边降温的方法，以避免库内墙面滴水产生冻融循环而损坏冷库，进完货后，要求冻结间的温度在 0℃ 以下。

4）为保证肉品冻结质量，必须配备与冻结间生产能力相适应的冷风机和机器设备。这样，在低温和强大空气流速的作用下，由于肉体深处与肉体表面的温度差很大，肉体深处的散热会进行得很快；同时，由于肉体表面迅速冻结成冰，使导热系数增加，因而就更加速了肉体深处的散热速度，所以缩短了冻结时间，能在 16～20h 内使肉体温度达到 −15℃ 而完成冻结过程，保证了产品质量。否则，肉体深处的热量没有经过冷却过程，散热时间短，热量会长时间排不出来，引起酶对蛋白质的变性与分解，加上微生物的作用，使肉体深层腐败变质。

5）在制冷系统操作调节时，要求在肉温降至 0℃ 时再对冷风机冲一次霜，使其工作效率得到充分发挥，以保证在 20h 内完成冻结过程。

直接冻结工艺的优点主要为：

1）缩短了加工时间。一般直接冻结的时间在 20h 以内，肉体温度即可达到 −15℃，冷加工工艺周期为 24h。而采用经冷却后再进行冻结的两阶段冻结工艺方法的时间为 36h 左右，冷加工工艺周期为 48h。显然，采用直接冻结工艺可节约冷加工时间 50%。

2）减少水分蒸发、降低了干耗。试验证明采用直接冻结的工艺生产的冻肉其干耗损失约比采用两阶段冻结工艺生产的冻肉降低 0.88%，虽然经过五个月到一年半时间的储藏，其冷藏过程中干耗量偏大，但两种冻结工艺的冻结和冷藏的干耗量基本相等。实际上冻肉储藏时间大都在半年以内，因此采用直接冻结工艺的冻肉干耗损失要小于两阶段冻结工艺。

3）节省了电量。采用直接冻结工艺每冻结 1t 肉耗电 63kW·h，而采用两阶段冻结工艺每冻结 1t 肉耗电为 23.6kW·h（冷却）+57kW·h（冻结）=80.6kW·h。直接冻结比两阶段冻结每吨肉省电 17.6kW·h。

4）减少了建筑面积，降低投资。以每日冻结间生产能力为 100t 冻肉的冷库为例，仅需两间 40t 肉的凉肉间，不需再建冷却间，约可减少建筑两积 30%，从而节省了基本建设投资。

5）节省了劳动力。由于直接冻结不经过冷却过程，因此可减少搬运量，节省约 50% 的劳动力。

直接冻结工艺的缺点主要为：

1）经直接冻结的肉在冷藏间储藏时，其冷藏干耗大于两阶段冻结的肉。肉虽然在直接冻结过程中干耗比采用两阶段冻结工艺的小，但在冷藏期间的干耗却大于采用两阶段冻结工艺的冻肉的。这是因为直接冻结的冻肉虽然细胞冰晶较小，但却增大了冰晶体的升华面积。

2）直接冻结工艺会使肉体产生寒冷收缩现象，尤其对羊、牛肉影响较大，使其质量有所降低，但对猪肉影响不大。未经预冷而直接冻结的肉是在死后僵直后而被冻结的，所以在解冻时就发生解冻僵直，使肌肉发生收缩变形，流出大量的汁液，因此对肉质产生不良影响。因此，直接冻结工艺只适用于肌肉被腱所固定着不会产生收缩的肉如猪肉，而不适用于有可能发生收缩的肉类，如牛、羊肉。

3）直接冻结工艺要求冻结间配置有较大的冻结设备和较严格的工艺。

4. 肉类在冻结过程中的变化

肉类在冻结过程中，肉体中的水分冻结成冰，也因而引发了各种物理、化学和生物化学的变化。

（1）物理变化　主要包括肉体变硬、色泽变为深红色、质量减轻及冰晶在体内形成情况等。

肉体在冻结过程中，随着水分转变成冰，肉体的硬度随着冻结水量的增加而变化。如当肉体温度降到 -2.5℃ 时，肉体中的水分有 63.5% 冻结成了冰，这时肉体处于半软状态；当肉体温度降至 -10℃ 时，肉体的水分中有 83.7% 冻结成冰，肉体随之变硬。

由于在冻结过程中，肉体中的肌红蛋白氧化成红褐色的氧化肌红蛋白，表面水分蒸发使表层的有色物质浓度增加，表面冰结晶形成，光线的折射作用等，使经冻结的肉体色泽变得鲜艳。

肉体在冻结过程中由于表层与空气介质存在着温度差和湿度差，故其水分从肉体表面蒸发，使肉体的质量减小。试验表明，肉体在冻结过程中的质量减小程度与肉的肥度、冻结间空气温度和冻结速度等有关。肥度较大的肉体因其体表有脂肪裹盖，可以减少水分蒸发；冻结间温度低、冻结速度快，其冻结过程中质量损失也小。

冰晶大小是影响肉的质量的重要因素之一。如果采用直接冻结工艺，生成的冰晶较小、数量多，对肌肉组织破坏小；而采用两阶段冻结工艺，则生成的冰晶较大、数量少，且分布不均匀，故由冰晶所产生的单位面积上的压力很大，易引起肌肉细胞的机械损失和破裂，且是不可逆的，造成解冻时大量肉汁损失，使肉品质量下降。

（2）生物化学变化　主要表现在冻结过程中肉体中的蛋白质变性和胶体性质的破坏。

由于肉的汁液中的水分部分冻结成冰晶，使细胞脱水和水溶液浓缩，剩下的汁液中盐的浓度增大，胶质状态成为不稳定状态，因而使蛋白质发生盐析作用而自溶液中析出。这种蛋白质的冻结变性在初期是可逆的，但如果时间过长，则变为不可逆的。此外，由于盐析作用而引起蛋白质冻结变性，使溶液中可溶性蛋白质逐渐减少，同时水分冻结也引起蛋白质的机械性破坏，再加上组成分子的正常空间结构歪斜，受到破坏，因此，溶液中蛋白质的缓冲作用减弱。溶液中氢离子浓度的增加，进一步促进了蛋白质的冻结变性。为抑制住这些变化，应尽可能加快冻结速度，尽量降低冻结的终止温度和冷藏温度。近年来，国际上不少国家提出低温冻结及采用 -30℃ 以下冷藏温度的方案，其理由也就在于此。

胶体结合水的冻结主要表现在肉体肌肉组织液是蛋白质的胶体溶液，即蛋白质分子和结合水组成胶体质点分散在游离水中。肉体冻结时，游离水和胶体结合水相继发生冻结，并与蛋白质质点相离析。胶体结合水的冻结破坏了组织蛋白质的胶体性质，削弱了蛋白质对水的亲和力，解冻时，这部分水不能再与蛋白质结合，丧失了可逆性。胶体结合水的开始冻结温度为 -25℃，因此肉类的冻结中心温度在 -25℃ 以下是不适宜的。为了有利于肉类长期储藏而又不过多地破坏冻结后的可逆性，肉类的冻结温度一般在 -25～-18℃ 之间较为合适。然而，要想使肉类经冻结后达到百分之百的可逆性是不可能的，也是不现实的。

（3）微生物的抑制作用和寄生虫的致命作用　在 -23℃ 冻结温度条件下，冻结肉虽不能达到完全杀菌，但除个别微生物仍能生存外，对大多数微生物特别是肉中的寄生虫有致命作用。如寄生在猪肉中的旋毛虫在温度低于－17℃时两天就会死亡；钩绦虫类在－18℃时三天内死亡；肉体中的弓型属类、毒素在－15℃时，两天以上即可死亡；囊尾虫在－12℃时即可完全死亡。因此，肉经过冻结不仅微生物被抑制而延长了保藏期限，而且还能杀灭寄生虫等。

二、冻结肉的冷藏（或冻藏）

冻结肉的冷藏是将冻结后的肉送入低温条件下的冷藏库中进行长期储存。在冻藏过程中，由于冷藏条件和方法不同，冻肉的质量仍会发生变化。因此研究和制订冻结肉的冷藏条件对保证肉的质量具有重要意义。

冷藏间的温度是以冻结后的肉体最终温度决定的，需要长期储藏的肉类进入冷藏间前肉温必须在－15℃以下。冷藏库内空气温度不得高于－18℃，因为在这样的温度条件下，微生物的发育几乎完全停止，肉体内部的生物化学变化受到了抑制，表面水分蒸发量也较小，能够保持较好的质量，此外，从制冷设备的运转费用上分析也是较经济的。我国肉类低温冷藏库大都采用－18℃库温。也有一些大型储备性冷库采用－20℃库温，以保证长时期储存的肉类产品的质量。表6-4所示为冻结肉类冻藏温度和时间。

表6-4　冻结肉类冻藏温度和时间

食肉种类	温度/℃	冷藏时间/月	食肉种类	温度/℃	冷藏时间/月
牛肉	－12	5～8	羊肉	－12	3～6
牛肉	－15	6～9	羊肉	－18	8～10
牛肉	－18	8～12	羊肉	－23	6～10
小牛肉	－18	6～8	猪肉	－12	2～3
肉酱	－12	5～8	猪肉	－18	4～6
肉酱	－18	8～12	猪肉	－23	8～2

对生产性冷库来说，冻肉进入冷藏间时，其中心温度在－15℃以下；而对于分配性冷库来说，由于冻肉经长途运输，因此肉温有所上升，但它们也应在－8℃以下进库，如果高于－8℃，即说明冻肉已经开始软化，必须进行复冻后才能进入冷藏库储存。

冷藏间的温度应保持稳定，其波动范围要求不超过±1℃。如果温差过大，会造成肉体组织内冰晶体融化和再结晶，增加干耗损失和加速脂肪酸败。

冷藏间的空气相对湿度要求越高越好，并且要求稳定，以尽量减少水分蒸发。一般要求空气相对湿度保持在95%～98%，其变动范围不能超过±5%。

冷藏间的空气只允许有微弱的自然循环。如采用微风速冷风机，其风速亦应控制在0.25m/s以下，不能采用强烈吹风循环，以免增大冻结肉的干耗。

为延长冻结肉的储藏期限并保持食品的原有风味，可采用低的冷藏温度，即冷藏间的温度由原来的－18～－20℃下降为－28～－30℃。冷藏温度是影响食品质量的最重要因素，温度越低，储藏期限越长，质量也越好

三、冻结肉在冻藏过程中的变化

1. 物理变化

（1）结实度 冻结的肉在长期的冻藏时，由于干燥的作用使肌肉组织变薄，肌肉纤维垂直切断时彼此容易分开，脂肪呈颗粒状且易碎裂。

（2）颜色 冻结的肉在冻藏过程中，随着时间的延长表面颜色逐渐变暗褐色，这主要是由于肌肉组织中的肌红蛋白被氧化和表面水分蒸发而使色素物质浓度增加所致。在干燥条件下，氧化越强烈，越易变成氧化肌红蛋白，肌红蛋白量较多时，就呈现了不良的褐色。同时，由于氧化作用，冻结肉中的脂肪由原来的白色逐渐变成黄色。冻结冷藏的温度越低，则颜色的变化越小，在-80~-50℃时变色几乎不再发生。

（3）质量 在冻藏过程中，如库外的热量传入库内，库内温度发生波动，会引起肉体表面水分蒸发，使肉的质量减少。冻结肉表面水分蒸发类似冰的升华过程。水分蒸发引起的质量损失多少取决于肉的肥度、冻藏条件和冻藏期限的长短。肉的肥度越高，干耗越小；冻藏温度低，相对湿度高，则干耗少；冻藏期限长，干耗越大。降低肉的干缩损耗，不仅对质量有利，还有极大的经济意义。如以每年供应5000t冻肉计算，如冷藏时干缩损耗降低0.5%，即可使25t肉免于损失。冻结肉在不同冻藏温度下的干耗如表6-5所示。

表6-5 冻结肉在不同冻藏温度下的干耗（质量分数）（%）

冷藏温度/℃	冷藏期限			
	1 个月	2 个月	3 个月	4 个月
-8	0.73	1.24	1.17	2.47
-12	0.45	0.70	0.90	1.22
-18	0.34	0.62	0.86	1.00

2. 化学变化

（1）脂肪酸败 肉品的脂肪在氧的作用下，发生氧化水解，称为脂肪酸败。冻结肉在冻藏过程中最不稳定的成分是脂肪。脂肪易受空气中的氧及微生物酶的作用而变酸；加上紫外光的作用，使肉变为有苦涩味的酸性肉，肉的可逆性减小。这种变化程度与冻藏温度有关。如猪肉在-8℃的冷库中储藏6个月脂肪表面变成黄色并产生油腥气味，储藏12个月后这种变化深度达2.5~4mm，但将同样的肉体放在-18℃的冷库中储藏，经12个月后，在脂肪上未发现变质现象。

（2）蛋白质变性分解 冻结肉在冻藏时，蛋白质变性仍在继续。由于蛋白质胶体中水分外析，蛋白质的质点逐渐地相互集结而凝固，致使肉的质量降低。冷藏温度越高，冷藏期限越长，肉的蛋白质变性程度就会越强。这时不仅微生物有了活动，而且酶的活性也会加强。但在低温冻藏时，蛋白质的分解作用是极其微小的。

（3）乳酸增多 冻结肉在冻藏期间随着糖原的分解，乳酸量继续增多，使肉的酸碱值向酸性方面变动。冷藏6个月后，肉的pH值达到5.6~5.7。

3. 组织变化

冻结肉在冻藏时的组织变化与冻藏温度和肉在冻结时的条件有关。组织变化主要表现为冰结晶的变化——再结晶。冷藏库内的空气温度的波动是引起再结晶的主要原因。当温度升高时，处于肌肉纤维中间的冰晶融化成水，随即透过纤维膜而扩散至纤维的间隙部位。如果冷藏间温度又降低，这部分水即在纤维间隙内重新结成冰晶，从而使原冰晶体积增大。同时由于温度升高，纤维内外的小冰晶先融化，融化的水由于蒸汽压力不同而积聚于大冰晶周围，当温度降低时，这些水分即凝结于大冰晶体上，使晶体体积增大。由于大型冰晶体具有挤压作用，从而使分子的空间结构歪斜造成肌肉纤维被破坏。当解冻时，冰结晶所融化成的水又不能被肉体组织吸收，造成肉的汁液流失，既降低了肉的营养成分，又降低了肉体质量。为此应尽可能加快冻结速度，尽量降低冻结终温和冷藏温度，并保持冷库温度的稳定，避免波动。

另外，冻结肉内的冰晶在冷藏间内随着冷藏温度和相对湿度的变化不断地升华，而且时间一长，连肌肉纤维内的结晶水都会升华而跑掉，从而使肌肉纤维分离，出现干脆现象成为纤维状。因此长久保存的肉没有成熟肉的香味和鲜度，肉质粗糙，其肉汤混浊。所以，冻结很好的肉在冷藏间内不宜长久存放，要有一定期限。

4. 微生物和酶的变化

冻结的肉在低温条件下储藏时，微生物不易生长繁殖。但是，如果冻结肉在冷藏前已被细菌或霉菌污染或者在条件不好的情况下冷藏，冻结肉的表面就会出现细菌和霉菌的菌落。尤其在空气不流通的地方，更容易引起霉菌的生长和繁殖。对有霉菌较大面积繁殖的冻肉，必须经过化学和细菌的检验，确保无问题时，方能食用。关于组织蛋白酶经冻结后的活性，有报告认为经冻结后增大，若反复进行冻结和解冻时，其活性更大。

第四节　禽类的冷加工

禽类包括鸡、鸭、鹅及野禽，是人类在长期生活实践中不断寻找和选择天然食物中最优良的食品之一。禽肉不但营养丰富，而且肉质细嫩、柔软、易于消化和吸收、味道鲜美。禽肉属易腐食品，宰杀后也将发生成熟变化，最后直至腐败。因此，禽类宰杀后应立即进行快速冷却和冻结冻藏，以保持禽肉的新鲜状态。

一、禽肉的组成和特性

1. 禽肉的营养价值

禽肉的蛋白质含量较高，优良品种的家禽每100g肌肉中含蛋白质可高达24.4g，远超过其他肉类，而脂肪含量是最低的，仅1.2g。且禽肉蛋白质的质量好，含有人体所必需的氨基酸，同时，脂肪中所含不饱和脂肪酸的比例高于畜肉类脂肪，胆固醇含量则少于其他畜肉脂肪。其次，由于禽肉含有较丰富的肌酸和肌酐，所以具有特殊的香味和鲜味。此外，禽肉所含的维生素和矿物质量相对来说也较高，主要含有钙、磷、铁、硫胺素、核黄素、尼克酸和维生素 A、D、E 等种营养物质。

2. 禽肉的组织结构和特性

禽肉的结构与畜肉一样，由肌肉组织、脂肪组织、骨骼组织和结缔组织组成。

禽肌肉组织所占的比例比其他畜肉多，食用价值和商品价值相对较高。禽类肌肉组织最发达的部位是胸部和腿部，躯干背部的肌肉则不发达。躯体上的主要肌肉呈白色，胴体内腔、颈及腿部肌肉中则因为分布较多的微细血管而呈暗色。禽肉中的结缔组织多少决定着肉的品质，一般说结缔组织越少，其肉就越嫩而软；相反，则干而硬。雌禽的肌肉纤维较厚，结缔组织较少；雄禽的肌肉组织较雌禽的粗糙；鸭、鹅等水禽的肌肉组织较鸡的粗糙些。

禽肉的脂肪为白色、淡黄色、黄色，一般以单独状态集中存在。肥育较好的禽，其脂肪能均匀分布到肌肉组织间，能增加禽肉的柔嫩性和风味。肉用禽比卵用禽的脂肪要多。鸭、鹅等水禽的肌肉纤维束之间有少量的脂肪沉积，而鸡肉中的脂肪沉积却较少。

3. 禽肉的成熟和腐败

禽肉的成熟和腐败过程基本上与畜肉相同。它们的成熟过程所需的时间根据其温度、种类和年龄不同而异。老禽肉因为结缔组织比幼禽肉的多，成熟时间较长。如在室温下，宰后 3h 左右即达到肉的成熟；而在 2~4℃时，鸡死之后 3~4h 就可达到最大僵直，解僵后变软，经过 48h 完成熟化。熟化的肉 pH 在 5.9~6 左右，肉质松软，富有汁液，具有芳香味，易煮烂，也易消化和吸收。而宰后不久未经过成熟变化的肉，即使幼禽肉，肉质也较硬，发干，无芳香气味，甚至用最好的方法烹调也没有鲜美味道，并难于咀嚼，不易消化。

禽肉的变质主要是微生物和酶的作用所致。腐败的禽肉，表面湿润发粘，呈淡黄或淡绿色，有酸臭气味，不能再食用。

二、禽类的冷加工工艺

家禽和猪、牛一样，也要先进行初加工，然后进行冷加工。家禽肉冷加工工艺流程是：

宰杀→浸烫→拔毛→拉肠和去嗉囊→宰后检验→分品种（全禽、分割、熟制等品种）→复检、塞嘴包头→称重分级→冷却→包装→冻结→冻藏。

1. 禽肉的冷却储藏

禽类屠宰死后失去了自然免疫能力，对外界的微生物侵害失去抵御能力，又由于肉体平均温度在 37~40℃，水的质量分数在 70%~80% 之间，十分适于酶反应和微生物的生长繁殖，同时自身也进行着一系列的降解等生化反应。如不立即销售或做加工原料使用，应及时进行冷却，使肉体温度降至 3~5℃，以减弱酶和微生物的活性，延缓自身的生化降解过程。

家禽的冷却方法主要有水冷却、吹风冷却、混合冷却。

在冷却结束之前，应进行一次全面的质量检查，以防止不同等级的胴体混入，特别应注意检查防止有破胆的胴体混入。轻微的破胆，由于输胆管破裂的口很小，其胆汁一时不易流出，因而在初步加工后的检查中很难发现。但经过冷却后，由于胆囊受肌肉收缩压力的影响，其胆汁便易从肛门流出。采用吊挂式冷却，若有此现象时很容易发现；但采用装箱冷却则很难发现，因而应特别注意。在质量检查时，若发现有不合要求的胴体混入时，应一律剔除。

目前在国内，冷却禽胴体一般是在冷却间内使光禽吊在挂钩上进行空气冷却。国外一般采用冰水冷却，加入适量漂白粉消毒液，以减少细菌污染。

2. 禽的冻结

冷却后的禽肉，若要进行长期保藏，必须在较低的温度下进行冻结。我国禽的冻结方式有两种：吹风冻结、不冻液喷淋与吹风式相结合冻结。其中大部分采用吹风冻结。

3. 冻禽的冷藏

（1）冻禽在冷藏间内的堆放形式和冷藏时间　按包装情况，禽的冻结储藏可分为有包装冻藏和无包装冻藏两种。不论有包装或无包装的冻禽，堆成的垛都必须是坚固稳定和整齐的，不得有倾斜现象，同时，不同种类和不同等级的胴体，不能混堆在一起，以防错乱。

冻藏间的温度应保持在 −15 ~ −18℃，相对湿度在95% ~ 100%之间，空气流动速度应以自然循环为宜。在冻藏过程中，冻藏间的温度湿度均不得有较大幅度的波动。在正常情况下，一昼夜内温度升降的幅度不要超过1℃，否则将引起重结晶等现象。冻藏的时间与禽的种类及冻藏间温度有关。一般是鸡比鸭、鹅耐藏些，冻藏间的温度越低，越有利于禽的长期冻藏。表6-6所示为不同种类的禽在不同温度下的冻藏时间。

表6-6　不同种类的禽在不同温度下的冻藏时间

禽 的 种 类	冻藏时间/月		
	−9 ~ −12℃	−12 ~ −15℃	−15 ~ −18℃
鸡	8	10	12
鸭、鹅	5	7	10

（2）禽在冻藏期间的变化　各种禽的胴体在冻藏过程中，随着冻藏温度的变化和时间的延长，将发生不同程度的生化和物理的变化。

1）脂肪酸败。脂肪酸败使肉品产生脂臭味，颜色变污灰色、油黄色、污绿色，有时肉品表面发粘、发霉。

2）肉质腐败。禽肉在加工过程中一旦被腐败菌污染，在温度、水分介质适当的条件下，会迅速繁殖而使蛋白质分解生成腐胺、组胺、尸胺、色胺及粪臭素等。这些胺类有毒，致使肉产生腐臭味不能食用。

3）干耗。由于水分的蒸发和冰晶的升华，加上冷藏间湿度小，包装不严密，风速过大，储存时间长，都会引起肉品脱水，使肉体表面出现点状，丝纹状，甚至周身性的肉色变淡，出现脱水区，肌肉失去韧性，手触有松软感，这种现象也称发干或风干。当发生严重脱水时，肉品在解冻后不能恢复原状，无肉味，失去食用价值。因此，在冻藏过程中，应采取一切措施防止或降低干缩损耗，这对保证禽肉的品质有着极为重要的意义。

第 **七** 章

水产品的冷加工

7

　　水产品具有丰富的营养成分，从氨基酸组成和蛋白质的生物价来看，鱼贝类蛋白质的营养价值是很高的，同时还存在某些特殊的营养成分或生理活性物质。水产品的某些组成具有不稳定性，即容易发生化学变化。在众多的水产品中，鱼贝类特别容易腐败变质，这主要是因为鱼贝类携带的细菌种类繁多且易渗透；鱼体内含有活力很强的酶，这些酶在鱼贝类被捕获后由于环境温度的升高而活性增强，从而导致快速腐败。另外，鱼贝类个体小，组织疏松，表皮保护能力弱，水分含量高，也会造成腐败速度的加快。所以，采用冷加工进行储藏，可以使大量的鱼类等水产品长时间保持原有的营养和味道，并便于保存和运输。

第一节　水产品的组成及性质

一、鱼体的质量组成

　　鱼、贝类是人类的重要食物来源之一。作为食物原料，习惯上将鱼、贝类分为可食部分与不可食部分。肌肉属于可食部分，鱼的内脏、骨等均为不可食部分。一般来说，鱼类的肌肉占其体重的 40% ~ 50%；无脊椎动物如头足类的肌肉则占其体重的 70% ~ 80%；双壳类动物的肌肉只占其体重的 20% ~ 30%。鱼体的质量组成，可分为肌肉、皮、骨头、头、鳍、鳞和鳔、肝等内脏部位。鱼体的质量组成依鱼的种类、大小、年龄、产地和产期不同而异。我国主要鱼类的质量组成如表 7-1 所示。

表 7-1　我国主要鱼类的质量组成（质量分数）（%）

种　类	肌　肉	卵 或 精	头	鳔　　肝	内　脏	骨	鳍	鳞
大黄鱼	60.1	7.3	19.7	2.0（鳔）		6.7	3.0	1.4
小黄鱼	66.7		16.2	2.0（鳔）	4.9	6.3	6.3	
带鱼	73.2		12.1		4.9	7.4	1.2	
海鳗	74.2	5.7	9.1	2.3（肝）	6.7		1.8	
鲳鱼	73.8		6.1		8.2	7.2	3.2	
鲤鱼	67.7	8.0	15.1	2.4		6.5	1.7	
青鱼	60.8		18.9	2.0		5.9	2.1	2.6
草鱼	62.1		17.8	2.9		5.5		2.8
鲢鱼	55.3		23.2	1.2		6.7		
鳙鱼	55.2		23.4	1.9		5.9	1.7	1.6
鳊鱼	55.8		13.0	0.6				2.4
鲥鱼	75.6	2.6	10.8		7.3	2.6	1.2	

二、鱼肉的物理性质

　　鱼肉的物理性质包括相对密度、冰点、比热容、焓、热导率等。

　　1. 相对密度

　　因为水分在鱼肉中占很大的比例，所以鱼肉的相对密度接近 1，并且鱼肉的相对密度随温度降低而减小。这主要是在冻结时，鱼体中的水分冻结成冰，使容积增大所致。相对密度变化的大小与鱼体水分含量及水分的冻结数量有关。

　　2. 比热容

　　比热容是把 1kg 物体的温度升高或降低 1℃ 时应加进或除去的热量。一般无机物和有机物的水溶液的比热容都小于水的比热容，其浓度越大，比热容越小，反之则大。鱼的比热容主要与鱼体中含有的水分及温度有关。水产品的含水量越高，冰点上、下比热容的变化越大；其水分含量越少，比热容越小；温度低于冻结点，比热容显著下降，因为冰点以下时水变成冰，冰的比热容约为水的一半。鲜鱼的比热容为 $2.85 \sim 3.35 kJ/kg \cdot ℃$。冻鱼的比热容为 $1.33 \sim 1.85 kJ/kg \cdot ℃$。

3. 焓

每千克物品在某温度下所含热量称为该物品在该温度下的焓，单位为 kJ/kg。当物品不发生相变时，焓值的下降或上升伴随着温度的下降或上升。当发生相变时，焓值虽有明显的变化，但温度基本不变。附录 A 列出了部分食品的焓值。前苏联学者柳托夫 1950 年制作了食品焓值表，他把 -20℃时的焓值作为零来进行计算。此表适用于冷库的冷藏间设计温度为 -18℃、-20℃，冻结肉温在 -15℃左右。原西德学者里德尔于 1957 年把 -40℃时的食品焓值定为零，取 -40℃为参照温度也制作了食品的焓值表，见表 7-2。此表适用于冷库冷藏间的设计温度为 -30 ~ -35℃，冻结肉温在 -20℃以下，已为日本、美国和西欧各国采用。

表 7-2 鱼、肉、蔬菜等的焓值

品 种	水的质量分数（%）	比热容 (0~30℃) /[kJ/(kg·℃)]	焓值/(kJ/kg)（以 -40℃的焓作为 0 值）									
			-30	-20	-15	-10	-5	0	5	10	20	30
鳕	80.3	3.7	20.1	41.9	56.1	74.2	105.2	323.1	341.5	360.3	381.3	434.5
鲱	63.8	3.4	20.1	42.3	56.1	73.3	101.4	278.6	296.7	314.7	349.0	383.9
牛肉	74.0	3.5	19.3	40.2	54.5	72.5	104.3	298.7	315.3	333.1	368.7	402.2
猪肉	70.0	3.4	19.3	40.6	53.6	70.8	101.1	281.6	298.7	316.3	351.5	385.5
豌豆	75.8	3.6	17.6	43.6	60.8	86.7	144.9	312.6	330.6	349.4	384.6	390.5
菠菜	90.2	3.9	16.8	33.1	48.6	62.9	88.8	362.9	387.2	402.7	444.6	486.0
草莓	89.3	3.9	16.8	38.9	53.6	72.9	109.4	364.9	384.6	401.4	440.4	483.1

4. 热导率

在冰点以上，鱼的热导率变化不大，可当作常数。冷却鱼的热导率为 $0.457 \sim 0.48 W/(m \cdot ℃)$。随着温度降低，水分逐渐冻结成冰，由于冰的热导率比水的热导率差不多大 4 倍，所以冻鱼的热导率随温度降低而不断增大。鱼在整个冻结过程中平均热导率为 $1.144 \sim 1.371 W/(m \cdot ℃)$。

5. 表面传热系数

鱼的表面传热系数与热导率有关，随热导率的增大而增大。另外，表面传热系数与比热容和密度有关，随它们的减小而增加。当温度在 0℃ 以下时，表面传热系数随温度的下降而增大。

6. 比表面积

鱼的表面积与体积之比，称为比表面积（F/V）。鱼的比表面积 F/V，一般在 0.75 ~ 0.85 之间。圆筒形的鱼，其断面越扁平，则 F/V 越大，对鱼冻结越有利，因为此时的传热加强；但对冻藏来说，F/V 越小越好，这样可以减少干耗。

三、鱼肉的化学组成

鱼肉的化学组成是水产品加工中必须考虑的重要工艺性质之一，它不仅关系到其食用价值和利用价值，而且还涉及加工储藏的工艺条件和成品的产量和质量等问题。鱼体肌肉组织中所含有的化学成分可分为有机类和无机类两大类，其中包括水分、蛋白质、脂肪、无机盐及少量的维生素、酶类等。主要水产品的一般化学组成如表 7-3 和表 7-4 所示。从表 7-3 中可知一般鱼肌肉中水的质量分数为 70%～80% 左右，粗蛋白质的质量分数约为 15%～21%。脂质含量较水分、蛋白质、灰分三种成分的变动幅度大，因种类而异。鱼肉的化学组成常随着其种类、个体大小、部位、雌雄、成长度、季节、栖息水域、饵料和鲜度等多种因素而发生变化。陆上动物肉的一般组成也会因种种因素产生变动，但鱼贝肉的变动幅度更大。

从表 7-4 可看出虾、贝类中水分的质量分数为 71%～88% 左右；蛋白质的质量分数为 10%～20%，蚶、蛏中蛋白质的质量分数较低，分别为 8.1%、7.2%；脂肪为 0.7%～1.7%，海蟹的脂肪较高为 5.9%。

表 7-3　主要水产品可食部分的化学成分

名　称	产　地	产期 /月	水的质量分数（%）	粗脂肪的质量分数（%）	粗蛋白质的质量分数（%）	矿物质中灰分的质量分数（%）	钙含量（mg/100g）	磷含量（mg/100g）	铁含量（mg/100g）
草　鱼	上海郊区	11	74.4	2.1	19.5	1.9	460	50.4	0.5
青　鱼	上海郊区	11	78.9	1.1	21.7	1.2	96.9	64	0.6
鲢　鱼	上海郊区	4	80.9	6.1	17.0	1.0	21.6	816	1.5
鳙　鱼	上海郊区	5	81.5	0.5	15.4	1.0	36.4	56	0.2
鲤　鱼	上海郊区	7	76.2	1.3	20.0	0.9	65.3	407	0.6
鲫　鱼	上海郊区	4	78.8	3.4	19.5	0.9	84.0	200	31.7
鳊　鱼	上海郊区	7	77.2	0.9	21.0	0.9	120	165	1.1
鳜　鱼	上海郊区	7	79.2	0.4	15.5	1.7	206		5.6
凤尾鱼	上海郊区	6	81.7	2.2	16.2	1.0	126	226	1.4
鲈　鱼	上海郊区	11	77.5	0.8	18.6	1.8	261	307	0.6
红眼鳊	上海郊区	11	75.0	4.5	18.9	1.3	18.8	32.8	0.8
小黄鱼	东　海	11	76.4	3.5	21.5	1.3	192	489	0.5
大黄鱼	东　海	5	83.3	0.9	16.2	1.4	53.7	253	0.9
真　鲷	东　海	9	76.3	2.7	19.6	1.6	212	382	1.0
带　鱼	东　海	11	74.3	6.2	19.6	1.2	96.8	140	2.1
鲥　鱼	东　海	6	77.2	1.7	21.5	1.0	57.3	216	0.7
鲳　鱼	东　海	11	74.5	6.2	16.6	1.3	68.2	97	0.4
灰黑鳗	东　海	5	79.2	5.0	19.7	1.1	46.2	69.6	0.4
鳕　鱼	黄　海	2	81.1	0.5	16.3	1.3	71	175	5.4
白姑鱼	黄　海	8	79.6	0.8	18.4	1.2			
黄姑鱼	黄　海	8	81.0	0.5	16.8	0.9	53	198	4.2
鲅　鱼	黄　海	5	74.4	3.9	17.0	1.4	138.5	2270	6.5
鲐　鱼	渤　海	5	70.8	6.7	21.8	1.2	9.4	173.8	5.6

表7-4　虾、贝类等的化学成分（每100g中）

名　称	水/g	蛋白质/g	脂肪含量/g	碳水化合物含量/g	灰分/g	钙含量/mg	铁含量/mg	维生素含量/IU	硫胺素含量/mg	核黄素含量/mg	尼克酸含量/mg	磷含量/mg
对虾	77	20.6	0.7	0.2	1.5	35	0.1	360	0.01	0.11	1.7	150
蛤蜊	80	10.8	1.6	4.8	3.0	37	14.2	400	0.03	0.15	1.7	82
坩	88.9	8.1	0.4	0.6	2.0							
蛏	88	7.2	1.1	3	1.3	133	22.7					114
乌贼	80	17.0	1.7	0.3	1.1	48	1.1	100	0.02	0.10	1.8	198
鱿鱼	80	15.1	0.8	2.3	1.7			230	0.08	0.09	2.4	
海蟹	71	14.4	5.9	7.4	1.8	129	13.0	5960	0.03	0.71	2.1	45

四、鱼贝类肌肉的主要营养成分

鱼体的可食部分约占其质量组成的 45% ~ 65%。鱼类的营养成分主要包括：水分、蛋白质、脂肪、浸出物、无机物、糖类、维生素和酶类。一些常见鱼类和水产品的主要营养成分见表7-5。

表7-5　常见鱼类和水产品的主要营养成分（质量分数）（%）

名　称	水　分	蛋白质	脂　肪	糖　类	无机盐
大黄鱼	79.15	18.8	0.76	0.25	—
小黄鱼	81	17.2	0.7	—	0.9
带鱼	78	15.9	3.4	—	1.1
鲭鱼	77	17.9	3.8	0.2	1.2
鲳鱼	78.9	14.5	4.1	—	1.1
鳗鱼	85.6	14.4	0.44	—	0.48
银鱼	91.63	6.33	0.18	1.1	—
鲈鱼	79.24	17.82	1.62	0.29	—
乌鱼	79.98	18.29	0.67	—	—
鳜鱼	78.7	19.3	0.8	—	1.2
鲥鱼	72.47	14.44	11.14	0.18	—
鳙鱼	83.7	14.51	0.58	—	1.21
青鱼	79.7	16.8	2.1	0.12	1.3
鲤鱼	79	18.1	1.6	—	1.1
鲫鱼	82.67	15.55	0.73	0.09	0.96
乌贼	80	17.0	1.7	—	1.1
对虾	77	20.6	0.7	1.05	1.5
河虾	80.5	17.5	0.61	—	1.37
海蟹	79.1	16	3.4	0.3	1.2
河蟹	71	14	5.9	5.91	1.8
蛤蜊	80.85	12.86	0.82	4.72	—
牡蛎	82.74	8.7	1.97	5.19	—

1. 水分

水是水产品原料中最重要的成分之一，水产品的种类不同，含水量也有差别。多数鱼贝类肉中水分的质量分数约为 60%～85%，比禽、畜肉水分含量的平均值高。鱼贝类肉的水分含量偶尔也有超出这一范围的。海蜇（95%以上）和海参（91.6%）是众所周知的水分含量较多的水产动物。

生物体内的水按其存在状态可以分为自由水和结合水，两者的比例约为 4:1。自由水具有水的全部性质，自由水作为溶剂可运输营养和代谢产物，可在体内自由流动，参与维持电解质平衡和调节渗透压。自由水在干燥时易蒸发，冷冻时易冻结。微生物可以利用自由水生长繁殖，各种化学反应也可以在其中进行，因此自由水的含量直接关系着水产品的储藏期和腐败进程。结合水仅占总水量的 15%～25%。结合水通过与蛋白质、淀粉、纤维素、果胶物质中的氨基、羧基、羟基、亚氨基、巯基等形成氢键。结合水的水蒸气压力比纯水低得多，一般在 -40℃ 以上不能结冰，这个性质具有重要的实际意义，鱼贝类在较低的温度下储藏，能较好的保持质量。结合水不能作溶剂，也不能被微生物所利用。因此鱼贝类的含水量和水在其中的存在形式，直接影响到鱼贝类的加工工艺和储藏性能。

2. 蛋白质

蛋白质含量通常以包括非蛋白氮（也称浸出物氮）的总氮量乘以蛋白质换算系数（水产品常使用 6.25）算出。这样的得出的蛋白质含量应该称为粗蛋白质含量。大部分鱼贝类中蛋白质的质量分数在 16%～22% 范围内，与脂质相比，种类间的变动较小。鱼贝类蛋白质的氨基酸组成和猪、牛等畜肉的相似，但鱼类肌肉蛋白比畜肉容易被人消化和吸收，平均消化率达 97%。

鱼贝类肌肉的蛋白质按形态、溶解度、存在位置分类，鱼贝类蛋白质的组成如表 7-6 所示。鱼肉的蛋白组成与哺乳动物的横纹肌接近，只是各部分的比例有所不同，如畜肉中肌基质蛋白的质量分数约为 15%，而鱼肉的质量分数只有 10%，这是鱼肉口感比畜肉鲜嫩的原因之一。

表 7-6 鱼贝类肌肉蛋白质的分类

分　类	溶　解　度	存　在　位　置	代　表　物
肌浆蛋白 （质量分数） （20%～50%）	水溶性	肌细胞间或肌原纤维间	糖酵解酶 肌酸激酶 小清蛋白 肌红蛋白
肌原蛋白 （质量分数） （50%～70%）	盐溶性	肌原纤维	肌球蛋白 肌动蛋白 原肌球蛋白 肌钙蛋白
肌基质蛋白	不溶性	肌隔膜 肌细胞膜 血管等结缔组织	胶原蛋白

按蛋白质对溶剂的溶解性不同，可将其分为水溶性蛋白质（肌浆）、盐溶性蛋白质（肌原纤维）、碱溶性蛋白质、水不溶性蛋白质（基质），如表 7-7 所示。表 7-7 中列出了

表7-7　几种海、淡水鱼类的蛋白质组成（质量分数）（%）

鱼　　种	粗　蛋　白	非蛋白氮	水溶性蛋白	盐溶性蛋白	碱溶性蛋白	基质蛋白
鲢	18.29	6.6	15.4	60.8	9.6	2.9
鳙	18.55	10.2	15	60.1	4.5	3.8
鳊	18.25	11.9	17.6	60.5	5.3	3.5
鲫	18.08	8.1	25.5	61.4	4.1	4.2
鲤	14.40		32.4	74.2	4.4	4.0
沙丁鱼（血合肉）			46	44	7	7
鲐（普通肉）			38	60	1	1
（血合肉）			50	42	4	3
鲽	14.39		19.5	74.2	5.4	7.0
狭鳕			21	70	6	3

几种海、淡水鱼类各种蛋白质组成比例，从盐溶性蛋白质的量来看，底栖性海水鱼类最高，淡水鱼类次之，海水中上层鱼类的沙丁鱼、鲐含量最低。几种淡水鱼的盐溶性蛋白质含量相近，为60%左右（鳗鳙例外）。中上层鱼类的盐溶性蛋白质含量，普通肉中占60%左右，血合肉中的含量较低，仅占40%左右。

3. 脂质

脂质是指用乙醚等有机溶剂从动植物组织中抽出的物质。脂质主要有甘油三酯、蜡、固醇酯、烃类、磷脂、糖酯等。脂质在体内是一种储能物质，在营养过剩时积蓄在皮下或内脏器官中；营养缺乏时，被当作能源消耗。鱼贝类的脂质是一般成分中变动最大的，种类之间的变动在0.2%~64%，而且即使是同一种类，也因年龄大小、生理状态、营养条件、季节变动等而有很大变动。海产动物的脂质在低温下具有流动性，并富含多不饱和脂肪酸和非甘油三酯，同陆上动物的脂质有较大的差异。

鱼类可根据肌肉中脂质含量的多少而大致分为多脂鱼和低脂鱼。一般来讲，红肉鱼含有很多肌肉色素——肌红蛋白，多为洄游性鱼，肌肉的脂质含量高。白肉鱼多为底栖鱼，与红肉鱼相比肌红蛋白含量低，肌肉脂质的质量分数在1%以下。鱼体脂肪含量随品种、饵料和捕获季节不同而异，质量分数为1%~85%。如黄鱼、鳗等含脂肪少，称为少脂鱼，而鲥、带鱼等则为多脂鱼。某些鱼类（如鲨类、鳐类）的肌肉中含脂量很少，但其肝脏中含脂量很高，有的可达60%。鱼类脂肪中含有较多的不饱和脂肪酸，因此熔点低，容易氧化酸败，这是导致冻鱼在储藏过程中质量下降的一个不利因素。

4. 糖类

鱼贝类中最常见的糖类是糖原。和高等动物一样，鱼贝类的糖原储存于肌肉或肝脏中，是能量的重要来源。糖原含量和脂肪一样因鱼种生长阶段、营养状态、饵料组成等不同而异。鱼类肌肉糖原的含量与鱼的致死方式密切相关。鱼被活杀时，其肌肉中糖原的质量分数为0.3%~1.0%，这与哺乳动物肌肉中的含量几乎相同。金枪鱼等洄游性的红肉鱼比比目鱼等底栖性白肉鱼糖原含量高。贝类特别是双壳贝的主要能源储存形式是糖原，因此其含量往往比鱼类高10倍，而且贝类糖原的代谢产物也和鱼类不同，其代谢产物为琥珀酸。贝类的糖原含量有显著的季节性变化，一般贝类的糖原含量在产卵期最少，产卵后急剧增加。

除了糖原之外，鱼贝类中含量较多的多糖类还有粘多糖。粘多糖在生物体内一般与蛋白质结合，以蛋白多糖的形式存在，作为动物的细胞外间质成分广泛分布于软骨、皮、结缔组织等处，同组织的支撑和柔软性有关。

5. 维生素

鱼贝类的可食部分含有多种人体营养所需的维生素，包括脂溶性维生素 A、D、E 和水溶性维生素 B 族和 C 族等。鱼贝类的维生素含量不仅随种类而异，而且还随其年龄、渔场、营养状况、季节和部位而变化。无论是脂溶性维生素，还是水溶性维生素，其在水产动物中的分布都有一定的规律。按部位来分，肝脏中最多，皮肤中次之，肌肉中最少；按种类来分，红身鱼类中多于白身鱼类，多脂鱼类中多于少脂鱼类。维生素在鱼贝类肌肉中的含量与陆生动物的相比较，并无特别之处。但在鱼贝类的肝脏中，维生素 A 的含量极高，如每克鳕鱼肝油中维生素 A 的含量为 3240～12930μg，每克鲨鱼肝中维生素 A 的含量为 2190～9330μg，是同类鱼肌肉中的几十倍，甚至几百倍。

6. 无机盐

将食品在 550℃加热，除去有机物后，剩下的就是灰分，即通常所说的无机物。鱼体中的无机盐以化合物和盐溶液的形式存在，其种类很多，主要有钾、钠、钙、镁、硫、氯、碘、铜、铁、锰、溴等元素。除少数种类外，鱼贝类的灰分占其体重的 1%～2%，大体上呈一定值，变动较小。在鱼类的褐色肉中含铁量多，它可以生成肌肉色素肌红蛋白。无机盐主要聚集在鱼体骨骼中，约占其重量的 5%～11%。由于无机盐的存在，使其溶液的冻结温度降低。

第二节　鱼体死后的变化与鉴定

鱼类被捕获死亡后，鱼体就开始产生一系列生理和生物化学变化，这种变化与活着时不同。在其生存时，正常呼吸，鱼体处于有氧状态，新陈代谢过程中有分解也有合成。鱼体死亡后，氧的供应停止，鱼体处于无氧状态。鱼贝类死后，体内的各种酶仍具有活力，一些新陈代谢还在进行，但代谢途径与存活时有所不同。与陆产动物相比，水产动物在死后易腐败变质。为了延缓其死后变化速度，生产出优质的水产品，就必须了解鱼贝类死后变化的规律。鱼体死后变化大体可分为死后僵硬、自溶、腐败三个阶段。

一、死后僵硬阶段

鱼类等经捕致死后，正常生理机能遭到破坏，吞噬细胞失去作用，血液循环、氧气输送、体温调节也随之消失。刚死的鱼体，肌肉柔软而富有弹性。放置一段时间后（历时长短视品种与季节温度不同而异），肌肉收缩变硬，失去伸展性或弹性。如用手指压，指印不易凹下；手握鱼头，鱼尾不会下弯；口紧闭，鳃盖紧合，整个躯体挺直，鱼体进入僵硬阶段，这种现象称为僵硬。鱼贝类肌肉死后僵硬一般发生在死后数分钟至数小时，其持续时间为数小时至数十小时。死后僵硬是鱼类死后的早期变化，僵硬的发生与一系列复杂的生理、生化反应相关联，主要变化有糖原酵解，磷酸肌酸、二磷酸腺苷等的分解。这些分解作用，一方面放出热量（能量）使鱼体温度回升，加速酶与微生物作用；另一方面鱼体内积累了乳酸、磷酸，鱼体 pH 值可下降到 5.6 左右，当磷酸肌酸丧失 60% 之后，ATP 开始分解，不能再合成。ATP 减少到某种程度时则鱼发生僵硬，至 ATP 消耗完了时僵硬结束。当僵硬进入最盛期时，不仅肌肉收缩剧烈，而且鱼肉持水性下降。

鱼类死亡后僵硬的原因与家畜肉相同，只是僵硬的时间更快、过程更短。鱼体僵硬期开始的早迟与持续时间的长短，同鱼的种类，死前的生理状态，捕捞的方法和运输保藏条件、温度有关，其中温度的影响是主要的，温度越低，僵硬期开始得越迟，僵硬持续时间越长。一般在夏天气温中，僵硬期不超过数小时，在冬天或尽快的冷藏条件下，则可维持数天。

鱼在僵硬期内鲜度几乎不变化，鲜度是良好的。持续僵硬时间就是从开始僵硬持续到最硬的时候之间的时间。一般鱼死后僵硬期结束时，才开始腐败的一系列变化。因此，鱼被捕获后如能推迟僵硬的发生、延长僵硬的时间并使僵硬强度大，对于产品的保鲜是十分重要的。

二、自溶阶段

鱼体的自溶阶段主要有两个变化，一是蛋白质分解，另一是核苷酸一类物质继续分解。

鱼体死后进入僵硬期，达到最大程度僵硬后，其僵硬又缓慢地解除，肌肉重新变得柔软（称为解僵）。肌肉重新变软，但失去原有弹性，这种软化不是死僵的逆过程，而是由于组织中的各种蛋白质水解酶将蛋白质逐渐分解为氨基酸以及较多的简单碱性物质，鱼肉的 pH 值又回升（转为中性）。这种变化称为自溶或自行消化。应该指出，自溶本身不是腐败分解，因为自溶作用并非无限制地进行，使部分蛋白质分解成氨基酸和可溶性含氮物后即达到平衡，不易分解到最终产物。但由于鱼肉中的蛋白质越来越多地变成氨基酸一类物质，为腐败微生物的繁殖提供了有利条件，从而会加速腐败进程。

自溶作用的快慢同鱼种、温度和肌肉组织中的 pH 值有关，其中温度仍然是主要因素。温度越高，酶的活性越强、自溶作用越快；低温保藏中酶的活性减弱甚至受到抑制，从而减缓或停止自溶作用。自溶阶段的鱼货，其鲜度已下降。

三、腐败阶段

鱼类腐败主要是腐败微生物（细菌）作用的结果。严格地说，腐败实际上与死后僵硬同时进行，只不过其量不同而异。死僵阶段细菌数量和分解产物增加不多。因为蛋白质中的氮源不能被细菌直接利用，仅仅只能利用浸出物成分中非蛋白氮；另外，僵硬期鱼肉的 pH 值呈酸性，不宜于细菌生长繁殖。进入自溶期后，只要有少量氨基酸和低分子含氮物质生成，细菌就可以利用它并迅速繁殖起来，当繁殖到某种程度，细菌还可以分泌成孢外酶直接分解蛋白质。因此自溶作用助长了腐败的进程。

腐败细菌主要从鱼体表面、鳃耙及消化道等部位浸入到鱼体内。当温度适宜时，细菌在粘液中繁殖起来，使鱼体表面变得混浊，产生难闻气味，并进一步侵入鱼皮，固着鱼鳞的结缔组织处发生蛋白质分解，鱼鳞很容易脱落。当细菌从体表粘液进入眼部组织时，使眼角膜变得混浊，并使固定眼球的结缔组织分解，因而眼球陷入眼窝。由于大多数情况下鱼是窒息而死，鱼鳃充血，给细菌繁殖创造了有利条件，在它的作用下，使原来红色的鳃耙变为褐色，并产生臭气。当细菌在肠内繁殖，它穿通肠壁进入腹腔各脏器组织进行分解并产生气体，使腹腔压力升高，腹腔膨胀甚至破裂，部分鱼肠可以从肛门脱出。细菌进一步繁殖，逐渐侵入沿着脊柱生长的大血管，并引起溶血现象，进而使骨肉分离。当腐败过程向组织深部推进时，可以波及到一块又一块新组织，结果将鱼肉蛋白质、氨基酸及其他含氮物通过其水解、脱氨、脱羟、氧化还原等作用分解为氨、三甲胺、组氨、腐氨、吲哚、硫化氢以及甲醛等一类有毒的腐败产物。

由于鱼种不同，其腐败产物与数量也有明显差异。例如：二甲胺是海产鱼类腐败臭的代表物质，因为海产鱼类大多数含有氧化三甲胺，还含有大量尿素，在腐败过程中被细菌分解成氨，因而有明显的氨臭味；鲐鱼、鲤鱼等在腐败过程中，组氨是其主要产物；鳕及助宗鱼肌肉和各组织中含有天然甲醛，在骨肉中其质量分数最高达15%。另外，多脂鱼类含有大量不饱和脂肪酸，即使在冷藏中也不稳定，容易被空气氧化，生成的过氧化物进一步分解，生成醛、酮、酸等，具有刺激酸败味。

当上述腐败产物积累到一定数量后，如误食就会中毒。如 H_2S 是有毒的挥发性气体；腐胺等有降血压作用；酪胺、色胺有升血压作用；组胺有刺激胃酸分泌、扩张微血管、引起风疹（荨麻疹）过敏作用；腐败的海产鱼、虾、蟹食后容易引起溶血性弧菌食物中毒等。

总之，鱼体僵硬前后鲜度是好的，自溶阶段鲜度已下降，腐败严重时误食则会引起中毒。使鱼类死后僵硬、自溶、腐败的直接原因是酶、细菌及氧化作用，而这三个作用与环境温度、湿度、空气以及水分活度等有着密切的关系。这就是说，要做好鱼保鲜，一定要在鱼一起捕就采取低温措施，如待到鲜度下降后再去进行保鲜，就达不到应有效果。

四、水产品的鲜度等级与鉴定

1. 水产品鲜度等级

由于水产品的种类繁多，质量特征不一，我们谈论水产品的鲜度等级时就无法统而论之。对于鱼类来讲，鲜度一般分为新鲜、次新鲜及变质三个等级，结合具体品种及质量特征，可以分得更细些。这里要注意的是，鲜度等级只是水产品质量等级的一部分，水产品的质量正常受个体大小、品种等的影响。一般在同一鲜度等级下，水产品按个体大小分级，例如带鱼按习惯分成1指宽、2指宽、3~4指宽、5指宽及5指以上五个级别，鲳鱼分为细鲳、中鲳及粗鲳3个等级，舌鳎则分 K_1（大于41cm）、K（36~40cm）、M（26~35cm）、P（20~25cm）及体长在20cm以下的5个等级。

2. 水产品的鉴定

在水产品的保藏、运输、销售或加工等环节中，对其鲜度的评定是一项极其重要的工作。鱼贝类的鲜度评定是按一定的质量标准对鱼贝类的鲜度质量做出判断。评定方法有感官、微生物学、物理和化学的方法。总的要求是正确、简便、迅速。由于鱼贝类的种类繁多、组织成分复杂，即使同一条鱼体内不同的部位也有明显的差异，仅用一个指标或特性来评定鱼贝类的鲜度是不够的，往往需要采用2~3个指标结合起来进行综合评定。

（1）感官鉴定　感官鉴定是通过人的五官对事物的感觉（视觉、味觉、嗅觉、听觉、触觉）来鉴别食品质量的一种评定方法。感官评定可以在实验室也可以在现场进行，是一种快速、正确的评定方法，现在已被世界各国广泛认可和采用。

用感官鉴定的方法来检查鱼肉的新鲜度较为实用、简便和及时可靠。感官鉴定对于某些项目的敏感度，有时会远远超出仪器检测，对异味、异臭还能获得综合评价，因此常被确定作为各种微生物学、化学、物理评定指标标准的依据。但是感官鉴定因人而异，检查结果难以用数量表达，缺乏客观性。鱼贝类鲜度的感官鉴定如表7-8、表7-9所示。

表7-8 鱼类鲜度的感官鉴定

鉴定项目	新 鲜 鱼	不 新 鲜 鱼
体表状态	鱼体有鲜亮光泽，粘液较少，鳞片完好，气味正常	色泽发暗，粘液增多和混浊，鳞片松脱，微臭
腹部	不膨胀，有正常硬度	膨胀，发软，下陷或破腹，肛门突出，呈红色
肌肉	坚实有弹性	软化无弹性
鳃	鲜红色或淡红色，粘液少，气味正常	暗紫色或灰白色，附有混浊的粘液，有臭味
眼	明亮而突出	混浊而塌陷，有变质引起的溢血
内脏	内脏坚韧有弹性，胆囊完整，气味正常	内脏破损，渗胆，有恶臭
鱼肉断面状态	紧密有弹性，无异味	肉质松软，骨肉容易分离，有不良气味

表7-9 虾、蟹及贝类的感官鉴定

品 种		感 官 指 标
青虾（河虾）	一级鲜度	青灰色，外壳清晰透明，头体联接近紧密，肌肉青白色，致密，尾节伸屈性强
	二级鲜度	灰白色，透明度较差，头体稍易脱离，肌肉青白色，致密，尾节伸屈性稍差
对虾	一级鲜度	虾体完整，允许有黑箍一个，黑斑四处，虾体清洁，允许串清水及局部串血水，肌肉紧密，有弹性
	二级鲜度	虾体基本完整，允许有黑箍三个和不影响外观的黑斑，虾体清洁，允许串血水，肌肉弹性稍差
梭子蟹		新鲜的梭子蟹背壳青褐色，纹理清晰、有光泽，脐上无胃印，螯足内部洁白。鳃丝清晰、白色或稍带微褐色，蟹黄凝固不流动，步足和躯体连接紧密，提起蟹体时步足不松弛下垂
缢蛏		新鲜的缢蛏外壳紧闭或微张，足及触管灵活，具有固有气味
花蛤		新鲜的花蛤外壳具有固有色泽，平时微张口，受惊闭合，斧足与触管伸缩灵活，具有固有气味
牡蛎		新鲜的牡蛎饱满或稍软，呈乳白色，体液澄清，有牡蛎固有的气味

对鲜度稍差或异味程度轻的水产品以感官检验判断品质鲜度困难时，可以通过水煮实验嗅气味、品尝滋味、看汤汁来判断。

水煮实验时，水煮样品一般不超过0.5kg。对虾类等个体比较小的水产品，可以整个水煮。鱼类则去头去内脏后，切成3cm左右的段，将水烧开后放入样品，再次煮沸后停止加热，开盖嗅其蒸汽气味，再看汤汁，最后品尝滋味。判别鲜度参见表7-10。

表7-10 水煮实验鲜度判别

项 目	新 鲜	不 新 鲜
气味	具有本种类固有的香味	有腥臭味或氨味
滋味	具有本种类固有的鲜味，肉质有弹性	无鲜味，肉质发糜，有氨臭味
汤汁	清晰或带有本种类色素的色泽，汤内无碎肉	肉质腐败脱落，悬浮于汤内，汤汁混浊

（2）微生物学方法鉴定 微生物学方法是检测鱼贝类肌肉或鱼体表皮的细菌数作为判断鱼贝类腐败程度的鲜度评定方法。由于鱼体在死后僵硬阶段，细菌繁殖缓慢，到自溶阶段后期，由于含氮物质分解增多，细菌繁殖很快。鱼贝类的腐败是由微生物作用引起的，测定细菌数可判断鱼贝类的鲜度。一般细菌总数小于 10^4 个/g 的作为新鲜鱼，大于 10^6 个/g 的作为腐败开始，介于两者之间的为次新鲜鱼。其设定方法可参照《全国食品卫生检验方法》执行。由于微生物学方法鉴定鱼贝类的鲜度花费时间长（培养时间需24h），操作较繁琐，需要专门的实验室，故较多用于研究工作中。

（3）物理方法鉴定 物理方法是根据鱼体物理性质变化进行鲜度判断的方法，主要测定鱼的质地、持水率、鱼肉电阻、眼球水晶体混浊度等。质地测定需专用的质地测定仪，一般可测定包括水产品在内的各种食品的硬度、脆性、弹性、凝聚性、附着性、咀嚼性、胶粘性等参数，与感官鉴定具有较好的一致性。持水性的测定只需一台离心机及称量设备。由于物理鉴定还未建立起系统的参照标准，故测定结果只能相对比而言。要准确判断鱼的鲜度等级，目前还较困难。

（4）化学方法鉴定 化学方法主要是以鱼贝类死后在细菌的作用下或由于生化反应所生成的物质为指标而进行鲜度鉴定的方法。化学方法鉴定主要测定挥发性盐基氮（TVB-N）、挥发性硫化物、挥发性脂肪酸及吲哚族化合物量。国内常测的是挥发性盐基氮、pH 值、K 值。

鱼类在细菌作用下生成挥发性氨和三甲胺等低级胺类化合物，测定其总含氮量可作为鱼类的鲜度指标。鱼体死后初期，细菌繁殖慢，挥发性盐基氮的数量少；自溶阶段后期，细菌大量繁殖，挥发性盐基氮的量大幅度增加，所以挥发性盐基氮值可作为鱼类初期腐败的评定标准。一般把挥发性盐基氮的含量 30mg/100g 作为初步腐败的界限标准。

pH 值在鱼死后的各个阶段也不一致。鱼死后随着糖酵解反应的进行，pH 值逐渐下降。但达到最低值后，随着鱼体鲜度的下降，由于碱性物质的生成，pH 值又逐渐回升。活鱼肌肉的 pH 值为 7.2~7.4，在僵硬阶段的 pH 值为 6~6.8，自溶阶段的 pH 值接近 7，腐败开始后的 pH 值大于 7。因此，可根据 pH 值的不同判别鱼的鲜度。

K 值是以水产动物体内核苷酸的分解产物测定其鲜度的指标。鱼类肌肉中 ATP 在其死后初期发生分解，依次生成 ADP、AMP、IMP、HxR（次黄嘌呤核苷）、Hx（次黄嘌呤）。

$$\text{ATP} \xrightarrow[\text{ATP酶}]{\text{Pi}} \text{ADP} \xrightarrow[\text{肌激酶}]{\text{Pi}} \text{AMP} \xrightarrow[\text{肌苷酸脱氨酶}]{\text{NH}_3} \text{IMP} \xrightarrow[\text{磷酸酶}]{\text{Pi}} \text{HxR} \xrightarrow[\text{核苷酸水解酶}]{\text{R}} \text{Hx}$$

测定 ATP 的最终分解产物（次黄嘌呤核苷和次黄嘌呤）所占的 ATP 关联物的百分数即为鲜度指标 K 值。可用下式表示：

$$K = \frac{\text{HxR} + \text{Hx}}{\text{ATP} + \text{ADP} + \text{AMP} + \text{IMP} + \text{HxR} + \text{Hx}} \times 100\%$$

ATP、ADP、AMP、IMP、HxR、Hx 分别代表相应化合物的浓度，以 μmol/g 湿重表

示。K 值所代表的鲜度和一般与细菌腐败有关的鲜度不同，它反映鱼体初期鲜度变化以及品质风味有关的生化质量指标，也称鲜活指标。K 值在 20% 以下的鱼为新鲜鱼，在 60% ~80% 的鱼为初期腐败鱼。

除上述指标外，对于鲐等中上层鱼类，还要测定其组胺的含量，因为组胺达到 700 ~ 1000mg/kg 时，会使一些人发生过敏性食物中毒。

第三节　水产品的冷却和微冻保鲜

鱼类的低温保鲜分冻结方法和非冻结方法两种。如果对渔获物的保藏期要求是首位的，那么最好采用冻结或部分冻结的方法来保质；如果对渔获物的质量要求是首要的，则要采用非冻结的方法。一般非冻结的方法有冰冷却法、冷海水冷却法、冰温保鲜、微冻保鲜法和超冷保鲜技术。下面分别加以介绍。

一、冰冷却法

冰冷却法是鱼货保鲜最常用的方法。它是以冰为介质，将鱼贝类的温度降低至接近冰的融点，并在该温度下进行保藏。冰冷却法可以使用机制冰或天然冰，最好使用机制冰，将冰块砸碎后使用。撒冰要均匀，一层冰一层鱼。一般鱼层厚度为 50 ~ 100mm，冰鱼混合物堆装高度一般为 75cm，否则易压伤鱼体。

冰藏保鲜的用冰量通常包括两个方面：一是鱼体冷却到接近 0℃所需的耗冷量；二是冰藏过程中维持低温所需的耗冷量。冰藏过程中维持鱼体低温所需的用冰量，取决于外界气温的高低，车船有无降温设备、装载容器的隔热程度、储藏运输时间的长短等各种因素。

鱼体从初温到 0 ~ -1℃时所需要的冰量可按下式计算：

$$\omega = \frac{3.316t}{33.16}W \tag{7-1}$$

式中　ω——需冰量，单位为 t；

3.316——鱼体比热，单位为 kJ/（kg·℃）；

t——鱼体从初温冷却到低温时的温度差，单位为℃；

33.16——冰的融解热，单位为 kJ/kg；

W——所需冷却的鱼量，单位为 t。

鱼体冷却的速度与加冰量的关系如表 7-11 所示。

表 7-11　鱼体冷却用的时间（min）和加冰量的关系

冷却程度	加冰量（对鱼重的%）				备　注
	100	75	20	25	
20℃→1℃ 20℃→5℃	134 63	139 68	310 110	冷不到1℃ 236	每尾鱼平均重 1.25kg，厚度 5.5cm。冰块大小是 4cm×4cm×4cm，气温为 10℃

从表 7-11 可以看出，为了达到较快的冷却速度，对鱼重 75% 的加冰量已经足够。鱼体由 20℃降到 5℃时，25% 加冰量的冷却时间比 50% 加冰量的冷却时间要长一倍，而且要冷却至 +1℃用 25% 的加冰量是根本达不到的。鱼类保鲜天数与用冰量的关系如表 7-12 所示。

用冰冷却鱼，速度较慢，鱼体温度达不到0℃，只能达到+1℃。鱼体冷却速度与鱼的品种、大小也有关系，多脂鱼或大型鱼类的冷却速度慢。当冰重为鱼重的200%，由20℃冷却到1℃时，如鱼体厚度为50mm，需110min；如鱼体厚度为60mm，需150min；如鱼体厚度为70mm，需235min；如鱼体厚度为80mm，需325min。

表7-12　鱼类保鲜天数与用冰量的关系

季　节	保鲜天数	用冰量（鱼的质量:冰的质量）
夏	3	1:3
	2	1:2
	1	1:1
春、秋	3	1:2
	2	1:1
	1	2:1
冬	3	1:3
	2	4:1
	1	5:1

用海水冰冷却鱼类比用淡水冰好，因海水冰的融点比淡水冰低（-1℃），冰与鱼体的含盐量相接近，能抑制酶解作用，因此鱼放出的热量减少，冰的融化程度和消耗量降低。用海水冰保鲜鱼体，能使鱼体不失去固有的色泽和硬度，可保持鱼鳃的颜色和眼球的透明度。海水冰冷却比淡水冰能延长鱼类的保鲜时间。

冰冷却法是世界上历史最长的传统保鲜方法，因用冰冷却的鱼最接近于鲜活水产品的生物特性，故至今仍是世界范围广泛采用的一种保鲜方法。用冰冷却的鱼不能长期保藏，保鲜期因鱼种而异，一般淡水鱼为8~10天，海水鱼为10~15天。在冰中加入适当的防腐剂，如氯化物、臭氧、过氧化氢等使其成为防腐冰或抗菌素冰，可延长冷却鱼的储藏期。总之，低温、清洁、迅速这三点是冰冷却法最基本的要求。

二、冷海水冷却法

冷海水冷却法是把渔获物保藏在0~-1℃的冷海水中，从而达到储藏保鲜的目的。这种方法保鲜期为10~14天，适合于围网作业捕捞所得的中上层鱼类。这些鱼大多数是红肉鱼，活动能力强，即使捕获后也仍然活蹦乱跳，很难做到一层冰一层鱼那样储藏，如果不立即使其冷却降低温度，其体内的酶就会很快作用，造成鲜度的迅速下降。

冷海水保鲜装置主要由小型制冷压缩机、冷却管组、海水冷却器、海水循环管路、循环水泵及隔热冷海水鱼舱等组成，如图7-1所示。

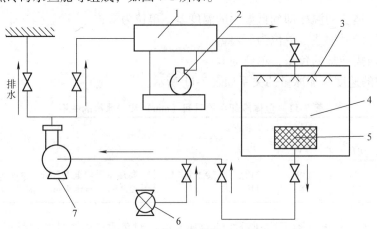

图7-1　冷海水保鲜装置示意图
1—海水冷却器　2—制冷机组　3—喷嘴
4—隔热冷海水鱼舱　5—过滤器　6—船底阀　7—循环水泵

　　船上冷却海水保鲜的具体的操作方法是将渔获物装入隔热舱内，同时加冰和盐。加冰是为了降低温度到0℃左右，所用量与用冰冷却时一样。同时还要加3%冰重的食盐以使冰点下降。待满舱时，注入海水，一般加入海水的量与渔获物之比为3∶7。随后开动循环泵，使海水循环流动，促使冰盐的融化和渔获物的冷却。当冰盐全部融化达1℃后，即停止海水循环。以后随时检查舱温，根据舱温回升情况，再启动制冷装置和循环泵，使温度保持在0~-1℃。

　　这种保鲜方法的优点是鱼体降温快，操作简单迅速，如再配以吸鱼泵操作，则可大大降低装卸劳动强度，渔获物新鲜度好。其不足之处是需要配备制冷装置，随着储藏时间（5天以上）的增加，鱼体在冷海水中浸泡，开始逐渐吸收水分和盐分，使鱼体膨胀、变咸、体表变色，鱼肉蛋白也容易损失，在以后的流通环节中会提早腐烂。另外，船体的摇晃会使鱼体损伤或脱鳞。血水多时海水会产生泡沫造成污染，鱼体鲜度下降速度比同温度的冰冷却法快。所以在实际应用中还存在着一些有待解决的问题。

　　国外冷海水保鲜方法主要应用于围网渔船中、上层鱼类的保鲜和拖网渔船鱼类冻结前的预冷。中、上层鱼类的保鲜有两种：一种是把鱼体温度冷却到0℃左右，取出后撒冰保鲜；另一种是在冷海水中冷却保藏，但保藏时间为3~5天。

三、冰温保鲜

　　冰温保鲜是将鱼贝类放置在0℃以下至冻结点之间的温度带进行保鲜的方法。冰温保鲜的温度区间很小，对温度的要求极其严格，但在0℃左右，温度每降低1℃，鱼肉的细菌数就会明显减少，鱼的保鲜期也相对延长。

　　在冰温带内储藏水产品，使其处于活体状态（即未死亡的休眠状态）、降低其新陈代谢速度，可以长时间保存其原有的色、香、味和口感。同时，冰温储藏可有效抑制微生物的生长繁殖、抑制食品内部的脂质氧化、非酶褐变等化学反应。冰温储藏的储藏性是冷藏的1.4倍，长期冰温储藏时则与冻藏保持同等水平。

　　由于冰温保鲜的食品的水分是不冻结的，因此能利用的温度区间很小，温度管理的要求极其严格，其应用受到限制。为了扩大鱼贝类冰温保鲜的区域，可采用降低冻结点的方法。降低食品的冻结点通常可采用脱水或添加可与水结合的盐类、糖、蛋白、酒精等物质，来减少可冻结的自由水。

四、微冻保鲜法

　　微冻保鲜法是将渔获物储藏在其细胞汁液冻结温度以下（-3℃左右）的一种轻度冷冻的保鲜方法，也称为过冷却或部分冷冻。在该温度下，能够有效地抑制微生物繁殖。

　　鱼类的微冻温度因鱼的种类不同，微冻方法而略有不同。根据淡水鱼的冻结点在-0.2~-0.7℃、海水鱼冻结点在-0.75℃、洄游性海水鱼冻结点在-1.5℃、底栖性海水鱼冻结点在-2℃这些特点，微冻范围一般在-2~-3℃。

　　微冻保鲜的基本原理是利用低温来抑制微生物的繁殖和酶的活力。在微冻状态下，鱼体内的部分水分发生冻结，微生物体内的部分细菌就开始死亡，其他一些细菌虽未死亡，但其活动也受到了抑制，几乎不能繁殖，于是就能使鱼体在较长时间内保持鲜度而不发生腐败变质，与冰冷却法比较，能延长保鲜期1.5~2倍，即20~27天。

微冻保鲜优越性在于：抑制细菌繁殖，减缓脂肪氧化，延长了保鲜期，并且解冻时汁液流失少，鱼体表面色泽好，所需降温耗能少等。其缺点是：操作的技术性要求高，特别是对温度的控制要求严格，稍有不慎就会引起冰晶对细胞的损伤。

鱼类微冻保鲜方法归纳起来大致有三种类型。

1. 加冰或冰盐微冻

冰盐混合物是一种最常见的简易制冷剂，它们在短时间内能吸收大量的热量，从而使渔获物降温。冰和盐都是对水产品无毒无害的物品，价格低，使用安全方便。冰盐混合在一起时，在同一时间内会发生两种吸热现象：一种是冰的融化吸收融化热，另一种是盐的溶解吸收溶解热。因此在短时间内能吸收大量的热，从而使冰盐混合物的温度迅速下降，它比单纯冰的温度要低得多。冰盐混合物的温度取决于加入盐的多少。要使渔获物达到 $-3℃$ 的微冻温度，可以在冰中加入质量分数为 3% 的食盐。

2. 吹风冷却微冻

用制冷机冷却的风吹向渔获物，使鱼体表面的温度达到 $-3℃$，此时鱼体内部温度一般为 $-1 \sim -2℃$，然后在 $-3℃$ 的舱温中保藏，保藏时间最长的可达 20d。其缺点是鱼体表面容易干燥，另外还需制冷机。

3. 低温盐水微冻

低温盐水微冻与空气微冻相比具有冷却速度快的优点，这样不仅有利于鱼体的鲜度保持，而且鱼体内形成的冰结晶小且分布均匀，对肌肉组织的机械损伤很小，对蛋白质空间结构的破坏也小。通常采用的温度为 $-3 \sim -5℃$，盐的质量分数控制在 10% 左右。其方法是：在船舱内预制质量分数为 10% ~12% 的盐水，用制冷装置降温至 $-5℃$。渔获物经冲洗后装入放在盐水舱内的网袋中进行微冻，当盐水温度回升后又降至 $-5℃$ 时，鱼体中心温度约为 $-2 \sim -3℃$，此时微冻完毕。将微冻鱼移入 $-3℃$ 保温鱼舱中保藏。舱温保持 $-3℃ \pm 1℃$，微冻鱼的保藏期可达 20d 以上。

盐水的质量分数是此技术的关键，浸泡时间、盐水温度也应有所考虑。盐水的质量分数很大，则 $-5℃$ 不会结成冰，利于传热冷却。但是如果盐水的质量分数太大就会增大盐对鱼体的渗透压，使鱼偏咸，并且一些盐溶性肌球蛋白质也会析出。所以从水产品加工角度来看，盐的质量分数越低越好，而且浸泡冷却时间也不能过长。从经验得知，三者的较佳条件为：盐水的质量分数为 10%，盐水冷却温度为 $-5℃$，浸泡时间为 3 ~4h。

五、超冷保鲜技术

超级快速冷却（Super Quick Chilling，简称 SC）是一种新型保鲜技术，也称超冷保鲜技术。具体的做法是把捕获后的鱼立即用 $-10℃$ 的盐水作吊水处理，根据鱼体大小的不同，可在 10 ~30min 之内使鱼体表面冻结而急速冷却，这样致死后的鱼处于鱼仓或集装箱内的冷水中，其体表解冻时要吸收热量，从而使得鱼体内部初步冷却，然后再根据不同保藏目的及用途确定储藏温度。

现在渔获物被捞起后，大多数都是靠冰冷却法来保鲜的。虽说冰冷却法可使保藏中的鲜鱼处于 0℃ 附近，但是冰量不足，与冰的接触不均衡，使鲜鱼冷却不充分，造成憋闷死亡、肉质氧化、K 值上升等鲜度指标下降的现象。日本学者发现超级快速冷却技术对上述不良现象的出现有显著的抑制效果。

超冷保鲜技术与非冷冻和部分冻结有本质上的不同。鲜鱼的普通冷却冰藏保鲜、微冻保鲜、部分冻结保鲜技术的目的是保持水产品的品质，超冷快速冷却是将鱼杀死和初期的急速冷却同时实现，它可以最大限度地保持鱼体原本的鲜度和鱼肉品质，原因是它能抑制死后的生物化学变化。表7-13列出了生鲜鲣鱼在冰冷却法与超冷保鲜过程中的感官评价结果。对保鲜中的鲣鱼分别从其外观、眼球、气味、肉色、弹性以及味道等方面来评价鲜度。可以看出，冰冷却法的鱼自捕获后第4天起鲜度就显著下降，而超冷处理的鱼直到第6天还保持了较好的鲜度。从感官结果来分析，可以认为超冷保鲜要比冰冷却法的鲜度延长2~3天。

表 7-13　对冰冷却法和超冷保鲜中鲣鱼的感官评价

项　目	时间/天	外　观	眼　球	气　味	肉　色	弹　性	味　道	咸　度
冰冷却法	0	黑青	透明	鲜鱼味	鲜红色	一般	非常好	适中
	2	黑青	透明	鲜鱼味	红色	一般	好	适中
	4	黑青	透明	不快腥味	暗红色	略软	不好	适中
	6	黑	略微白浊	不快腥味	浅红色	软	不好	适中
	8	浅黑	略微白浊	不快腥味	鲜红色	软	不好	适中
超冷保鲜	0	黑青	透明	鲜鱼味	鲜红色	稍硬	非常好	适中
	2	黑青	透明	鲜鱼味	鲜红色	稍硬	非常好	适中
	4	黑	透明	鲜鱼味	鲜红色	稍硬	非常好	适中
	6	浅黑	透明	鲜鱼味	鲜红色	一般	好	适中
	8	浅黑	略微白浊	鲜鱼味	红色	略软	一般	适中

经过超冷处理，保藏的鲣鱼肌肉组织用显微镜来观察，发现鱼体表面组织没有冻过的痕迹，也没有发现组织被破坏或损伤的情况。活鱼经吊水处理，即使体表被冻结，若是在短时间内马上解冻也是有复苏游动自如的可能，这也说明了肌肉组织细胞几乎没有受到损伤。

超冷保鲜是一个技术性很强的保鲜方法。冷盐水的温度、盐水质量分数、吊水处理的时间长短都是很关键的技术参数，不管其中哪一个因素掌握不好都会给渔获物质量带来严重损伤，所以对鱼种及其大小、鱼体初温、环境温度、盐水质量分数、处理时间、储藏过程中的质量变化等还需要做很多基础工作，细化处理过程的每一个环节，规范整个操作程序及操作参数，以求有更强的实用性。

第四节　水产品的冻结与冻藏

前面介绍的几种保鲜方法都有一个共同的特点，就是鱼体内部分并未完全冻结，细菌和酶的活力也不没有完全消失，所以在鱼类死后，体内的某些生化反应还在继续进行，保鲜期一般不超过20天。因此，冷却或微冻的鱼类都不能长期储藏，一般只用于鲜鱼运输和加工、销售的暂时储藏。为了长期储藏，必须将鱼体的热量除去，使其温度降到 -15 ~ -18℃以下。

一、鱼的冻结

（一）鱼冻结前的清洗和整理工作

鲜鱼在冻结前必须经过挑选和整理。清洗时，首先列出已腐败变质和受机械操作的鱼和杂鱼，然后将鱼放在 3 ~ 4℃ 的清洁水中洗涤，以清除鱼体上的粘液和污物（无鳞而多脂的鱼，如带鱼、鲳鱼等则不必清洗，因洗涤会使其在冷藏过程中因脂肪氧化而迅速变黄）。清洗时要轻拿轻放，在水中停留时间不得过长。鱼清洗完后就要进行整理，对于需装盘的鱼，必须经过整理。整理得是否平直整齐，影响到鱼的质量和损耗。不整齐的鱼不仅堆装困难，而且相互缠绕在一起，在销售过程中常易断头、断尾，损耗要增加 10% 左右。

（二）鱼类的冻结方法和在冻结时的变化

1. 冻结及其方法

把鱼体的温度降到 -18℃可储藏 2 ~ 3 个月，-25 ~ -30℃可储藏 1 年。水被冻结成冰后，鱼体内的液体成分约有 90% 变成了固体，使得大多数化学反应及生物化学反应不能进行或不易进行。因此，要想使鱼保鲜较长时间就要用冻结的方法。按照冷却介质的不同，冻结的方法有以下几种：

（1）吹风冻结法

1）搁架式冻结法。将鱼盘放在管架上，再用风机吹风，风速为 1.5 ~ 2m/s，鱼盘与管架进行接触传热以及鱼与管架间的冷空气对流换热而散失热量。冻结间温度为 -20 ~ -25℃，相对湿度 90% ~ 95%。定时改变空气流动的方向，以保证冻结间内各部位降温一致。但风不能直接吹到鱼体上，以免引起鱼体因脱水过多而变白。这种方法设备简单，温度均匀，耗电量少，但用钢管多，劳动强度大。

2）强烈吹风冻结法。目前采用隧道式空气冻结装置。库温为 -20 ~ -25℃，鱼体终温达到 -15 ~ -18℃。鱼块大小为 40cm×60cm×（11 ~ 12）cm，每块鱼的质量为 15kg，放入冻鱼车的鱼盘内或吊轨（装鱼笼架）上，每辆鱼车装 20 盘鱼，冻鱼车双列布置，用冷风机强烈吹风，风速为 3 ~ 5m/s，冻结时间在 8 ~ 11h 不等，一般是一日冻二次。

卧式平板冻结器可以冻结已包装的食品，对于体形较小的水产品甚为适宜。立式平板冻结器操作简便，适用范围较大，可以冻结各种中小型鱼货，但不能冻结已包装和大型鱼货。

（2）盐水冻结法　用盐水作为介质来冻结鱼类，可分为接触式冻结和非接触式冻结两种。

1）接触式冻结。此方法是将低温盐水直接与鱼体接触，利用盐水的对流传热，使鱼体迅速冻结。它分沉浸和淋浇式直接冻结。沉浸式是将鱼用铁丝笼装着侵入温度为 -18℃的盐水中，在盐水搅拌器的作用下，使鱼体温降到 -4 ~ -5℃。淋浇式冻结法是将 -20℃左右的盐水，以淋浇或喷雾方式迅速喷注到鱼体上。这种方法的最大优点是鱼体冻结迅速，耗冷量少，冻结时间一般为 1 ~ 3h，在冻结过程中没有干耗。缺点是盐水会略微侵入鱼体表面，使鱼味变咸，鱼体变色，成形不规则。

2）非接触式冻结。将鱼放在容器中，再将容器放入低温的盐水中，使鱼体与盐水不直接接触。这种方法的优点是，冻结速度快，冻结时间短，没有干耗，质量好。缺点是：盐水对设备的腐蚀性较大，使用寿命短，操作麻烦，并要注意防止盐水漏入鱼货中。

（3）液化气体冻结法　将液化氮或二氧化碳喷射于水产品上可获得快速冻结，也可以将鱼货直接浸入液化气体中。液化氮在大气压下的沸点为 $-193.56℃$，其潜热为 $199.5kJ/kg$；液化二氧化碳在 $-78.9℃$ 蒸发，可吸收 $575.0kJ/kg$ 的潜能。用液化气体冻结水产品有以下几个特点：①冻结速度快，用液氮比平板冻结快 $5\sim6$ 倍，比空气冻结快 $20\sim30$ 倍；②冻品质量好，由于冻结速度快，产生的冰晶小，对细胞的破坏很轻微，解冻汁液流失少；③干耗小，以牡蛎为例，鼓风冻结干耗8%，液氮喷淋冻结干耗为0.8%；④抗氧化，氮气可隔绝空气中的氧，不易使冻品氧化；⑤设备简单，投资少；⑥大个体冻品容易产生龟裂，这是由于内外瞬间温差太大造成的；⑦冷媒回收很困难，氮成本相对很高，只适宜冻结高档水产品。

2. 鱼体在冻结时的变化

水产品在冻结过程中存在不同程度的物理变化、组织变化和化学变化，致使冻结水产品的风味下降。

（1）冷冻引起鱼贝类肌肉硬度的变化　鱼肉冷却到0℃左右，不会有太大的变化。温度进一步下降，肌肉中的水分开始冻结，肉质变硬。鱼肉在冻结温度下保鲜，其肉中的水分逐渐冻结成冰晶，如果缓慢冻结，细胞外生成量少、个大的冰晶。在后续的冻藏过程中，小个体冰晶不断溶解或升华，数量减少，大粒冰晶则长为更大的冰晶，这些冰晶不断膨胀破坏肌肉组织细胞，加剧了冻结过程中蛋白质的变性，使得肉质硬化。

（2）品质变化　水冻结成冰以后，体积增加约8.7%。鱼经过冻结后，鱼体组织内的水结成了冰，体积膨胀，鱼的冻结体积的变化使肌肉细胞组织结构因水分结冰而受到不同程度的破坏，可能带来组织的损伤，损伤程度依冰结晶的大小、数量和分布而不同，也与冻结速度的快慢有关。冻结速度快，冰晶细小，分布也均匀，主要分布在细胞内；而冻结速度慢，形成的冰结晶则是少数柱状或块状大冰晶，冰晶大部分在细胞间形成。冰结晶的大小是影响水产品质量的一个重要因素，也是造成汁液流失的直接原因。冻结还会造成水分蒸发，使鱼体产生干缩损耗，重量减轻。由于鱼体内血红素被破坏及光线对冰晶的折射，使鱼体色泽较鲜明。

（3）蛋白质的冷冻变性　在冻结过程中，细胞内、外的水—冰饱和蒸气压差使得细胞外的游离水先冻结，由于渗透作用和水蒸气扩散作用，使得剩余在细胞内的水溶液被脱水和浓缩。这样，就使剩下细胞内的溶液 pH 值改变、盐类的浓度增加，使胶质状态成为不稳定状态。如果冻结速度慢，这种状态持续的时间长，则会使细胞中的蛋白质产生冷冻变性。

3. 冻鱼的脱盘和包冰衣

冻结完毕后的鱼应立即脱盘和包冰衣，然后进行冻藏。脱盘和包冰衣的场所应是阴凉的，并具有良好的给、排水条件。

（1）冻鱼的脱盘　脱盘的方法现在大多数采用浸水融脱的方法，即将鱼盘放在一个具有常温的水槽中，将鱼盘浮在水中，使鱼块与盘冻粘的地方融化脱离，然后立即将盘反转，倾出鱼块。有些冷库采用机械脱盘装置。它是一个可以移动的翻盘机械，可将经过水槽后的鱼盘推到脱盘机的台板上，由翻板旋转动作将鱼盘翻到滑板上，使鱼和盘分离。

（2）冻鱼的包冰衣　脱离鱼盘的冻鱼块在进入冻藏间前必须立即包冰衣，其目的是使鱼体与外界空气隔绝，以减少干耗，防止鱼体产生冰晶升华、脂肪氧化和色泽消失等变化。包冰衣是冻鱼工艺的重要工序，也是保持冻鱼质量、延长保存时间的重要环节。

包冰衣操作是将脱盘的鱼块立即运入一个水槽内浸泡 3～5s，再使其滑到一条滑道上，滴除过多的水分，体外很快被包上一层冰衣。包冰衣前，鱼体温最好在 -15℃ 以下。包冰衣槽的水应是预先冷却至 5℃ 左右的清洁水。水槽上还应有补充冷却水和排水装置。补充的冷却水量随水柱厚度和损耗情况决定。

如果需要用坚厚的冰层保护鱼冻品，可在冻结过程加水，使鱼类完全冻结在冰块中间。如对虾的冻结有时采用这种包冰衣的工艺。

二、鱼类的冻藏

水产品冻结后要想长期保持其鲜度，还要在较低的温度下储藏，即冻藏。在冻藏过程中受温度、氧气、冰晶、湿度等的影响，冻结的品质还会发生氧化干耗等变化。所以，水产品的冻藏保鲜工作应受到重视。只有质量好的干净的冻鱼经包冰衣后，才能送入冻藏间内作长期储藏。

1. 冻藏温度

冻藏温度对冻品品质影响极大，温度越低，品质越好，储藏期限越长。但考虑到设备的耐受性及经济效益以及冻品所要求的保鲜期限，一般冻藏温度设置在 -18～-30℃。我国的冷库一般是 -18℃ 以下，相对湿度为 98%～100%，有些国家是 -30℃。

水产品与牛肉、猪肉、禽肉等陆生动物相比，其性质不稳定，保鲜期短。为了保持冻结水产品的良好品质，国际冷冻协会推荐水产品冻藏温度如下：少脂鱼（牙鲆等）-20℃，多脂鱼（鲐鱼等）-30℃，因此冷藏库设计时最低温度应达到 -30℃。

2. 冻藏过程中的变化

冻藏温度的高低是影响品质的主要因素之一，除此之外还有温度的波动幅度、包装材料、湿度、堆放方式等。在冻藏过程中如果不注意这些细节，将会给冻品品质造成极大的危害。鱼贝类经过冻结加工后，鱼体死后变化的速度大大缓解，但这种变化没有完全停止，即使在冻藏过程中也不能完全停止。鱼贝类冻藏期间的变化主要有脂肪氧化、色泽变化、质量损失及冰晶成长等。

（1）水分蒸发与冰晶升华　水分蒸发与冰晶升华能造成冻品的质量损耗。干耗是由于水分的散失而造成的鱼体重量的损失，这是冻鱼在冻藏中最常见的变化。冻结食品冻藏过程中因温度的变化造成水蒸气压差，出现冰晶的升华作用而使表面干燥、重量减少。

水分吸收汽化热变成了水蒸气，水蒸气蒸发后冻品的重量下降。失水的鱼出现表面干燥现象，水产品质量减少、蒸发的水汽凝结在蒸发器上形成霜，会影响传热效果。水蒸气蒸发量的多少与冻藏库房的温度、湿度、空气流速有关。一般来说，温度越高，湿度越低，空气流速越快，则水分蒸发越快、越多。此外，冻品表面积、包装材料等也对干耗有一定影响。

冰晶升华是固态冰吸收升华热不经液态水直接变为气态水蒸气，是引起干耗的主要原因，是冻藏库内进行湿热交换的结果。冷冻品表面冰晶所需要的升华主要来自冻品本身。此外，还有外界通过围护结构传入的热量，冻藏室内电灯、操作人员发出的热量，以及开门带入的热量等。应尽量克服上述因素带入的热量。通过表层包冰衣和密封包装的方法可以减少干耗。

干耗不仅仅是一个物理变化过程。开始冰晶仅在冻品表面发生升华，随着时间的延长，逐渐向里发展，使内部深处的冰晶也发生升华。升华后的地方成为微细空穴，组织变成了海绵状，这样就增加了冻品与空气的接触面积，促进了脂肪的氧化，使外观、风味、营养价值发生劣化。

在冻藏过程中干耗也是肉质纤维化、硬化和品质劣化的主要原因。干耗严重时，冷冻鱼表面会有白垩色干燥且皱缩的现象，情况特别严重时，白色鱼片会变成黄色甚至褐色的。干耗同时还伴随着质构老韧，这是"冻结烧"的显著特征。

干耗会引起冻鱼品质下降，应设法予以控制。在保持冻藏时足够的低温、减少压差、增大相对湿度、加强冻藏鱼的密封包装或采用鱼体表面镀冰衣的方法，可以有效的减少冰晶升华引起的干耗。

（2）冰晶成长　冻藏温度的波动会严重改变水产品冰晶体积和数目。当温度略有上升时，水产品中的一部分冰晶会融化，首先是细胞内的冰晶融化成水，使液相增加。因蒸汽压的存在，水分透过细胞膜扩散到细胞外的间隙中，当温度下降时，这些水分就附着并冻结到细胞间隙中的冰晶上，引起冰晶的长大，水产品质量下降。要想改变这种状况可从以下几个方面解决。

1）降低冻藏温度可以使冻结率提高。在 -30℃ 以下冻藏时，即使温度略有波动，小冰晶也不易融化，水分的迁移很少。

2）采用快速冻结能使鱼贝类中90%以上的水分冻结在原来位置，使其来不及迁移就被冻结。在通过 -1 ~ -5℃ 最大冰晶生成带的停留时间很短。

3）严格控制库房温度，防止波动，-18℃ 以下冻藏时允许有3℃的波动。其次减少开门次数、进出人数、开灯时间等增加热量的机会。

（3）脂肪酸败　在长期冻藏过程中，鱼体受到空气中氧气作用，鱼体的大量不饱和脂肪酸极易氧化，使鱼味变苦，颜色变黄；加上水分对脂肪的缓慢分解作用，形成甘油和脂肪酸，致使鱼体内脂肪发生油烧和酸败。要防止冻鱼在冻藏过程中的脂肪酸败，一般可用以下措施：

1）避免和减少与空气接触。包冰衣、装箱都是有效方法。

2）冻藏温度要低，而且要稳定。

3）防止冻藏间漏氨。因为环境中有氨会加速油烧。

4）使用抗氧化剂或抗氧化剂与防腐剂两者并用。在水产品上使用的抗氧化剂有 BHT 和 BHA 等，规定用量在 0.01% ~0.02%。

（4）颜色的变化　鱼、虾、贝类一经冻结，其色泽有明显的变化，冻藏一段时间以后将更严重。这是由于这些水产品中存在肌肉色素、血液色素和表皮色素，在冻藏过程中，它们将使水产品颜色发生变化。如黄花鱼由黄色变成灰白色，乌贼的花斑纹变成暗红色，对虾由青灰色变成粉红色等。变色的原因包括自然色泽的分解（如红色鱼的退色）

和新的变色物质（如虾类的黑变，白色鱼肉的褐变等）的产生两个方面。

一般鱼肉色素的主体成分为肌红蛋白，其中还含有少量的血红蛋白，它们二者的化学性质极类似，以含量较多的肌红蛋白为代表加以说明。新鲜的红肉鱼，肉色鲜红，在常温或低温下储藏时会逐渐变成褐色。如金枪鱼肉在 $-20℃$ 冻藏二个月以上时，肉色会从红色变成褐色。这种现象的发生是鱼肉色素中肌红蛋白（Myoglobin，Mb）氧化产生氧化肌红蛋白（Metmyoglobin，Met Mb）的结果，即肌红蛋白的血红素中的 Fe^{2+} 被氧化成 Fe^{3+}，产生褐色的正铁肌红蛋白。

有些鱼肉［如冷冻旗鱼（Sword fish）肉］在冷冻储存过程中出现绿色，这种变色常在皮下部位出现，稍带异臭。

鲑、鳟等鱼在冷冻过程中颜色会慢慢变浅，原因是以虾青素为主的红色类胡萝卜素的异构化及氧化。鲷类等红色鱼在冰藏中表皮褪色也属于这种原因。

虾类在冻结及冻藏过程中会发生黑变，其原因主要是空气中的氧在氧化酶（酚酶、酚氧化酶）的催化作用下使虾体内的酪氨酸氧化并进一步聚合而产生黑色素，使虾体局部变黑，即酶促褐变。这种酚酶是潜在性的。黑变的大小、深浅与虾体的新鲜度密切相关，因为新鲜虾酚酶无活性，速冻包好冰衣一般不会黑变。氧化酶在虾的血液中活性最大，头部、触脚和肠胃等处也存在。因此在加工过程中为了防止冻虾黑变，采取去头、内脏、洗去血液等方法后冻结。在冻藏过程中有的采用真空包装来进行储藏，另外用水溶性抗氧化剂溶液浸渍后冻结，再用此溶液包冰衣后储藏，可取得较好的防黑变效果。

冷冻鳕鱼肉的褐变是由于鱼死后肉中核酸系物质反应生成核糖，然后与氨化合物反应产生褐变，是美拉德反应的发生引起的变色。冷冻扇贝柱的黄色变化也是美拉德反应。一般冻鱼在 $-30℃$ 以下冻藏能够防止美拉德反应。

冷冻鱼在冻藏中发生变色是化学反应，冻藏温度越低，化学反应速度就会越慢。目前国际上冷冻鱼类的冻藏温度多在 $-29℃$ 以下，这就延缓或防止了冻鱼的变色。另外，添加一些无机盐（亚硫酸氢钠等）可以阻断和减弱美拉德反应。

总的来说，冻鱼在冻藏时，冻藏温度应低于 $-18℃$。为了减少鱼类在冻藏期中的脂肪氧化、变色、干耗及冰晶成长，除了镀冰衣、包装、使用抗氧化剂等措施外，应把冻藏温度降到更低。库温要保持稳定，尽量少开门，进出货要迅速，以免外界热量传入库内。

第 **八** 章

鲜蛋的冷加工

8

第一节 鲜蛋的构造及其特性

一、蛋的构造

禽蛋是一个完整的、具有生命的活卵细胞。禽蛋中包含着自胚发育至生长成幼雏的全部营养成分，同时还具有保护这些营养成分的物质。不同品种的蛋，其形状、大小、色泽等方面虽不完全相同，但其构造却是相同的，即由蛋壳、内外壳膜、蛋白、蛋黄、系带、气室、胚珠或胚盘7个部分组成。蛋的构成情况如图8-1所示。

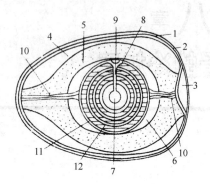

图 8-1 蛋的构成
1—蛋壳 2—壳内膜 3—气室
4—蛋白液 5—中层蛋白 6—粘稠蛋白
7—蛋黄心 8—蛋黄心颈 9—胚盘
10—系带 11—白色蛋黄 12—黄色蛋黄

1. 蛋壳

蛋壳是蛋最外一层，起着包裹和保护蛋的内容物等作用。蛋壳由碳酸钙等矿物质和少量有机物构成，成分中有 90%～95% 碳酸钙，1%左右碳酸镁，0.5%磷酸镁和 3%～5%的有机物（主要是角蛋白质）。因此，蛋壳在常温下能储存一定的时期，但是性脆易破损。蛋壳的厚度为 0.3～0.4mm。蛋小头的壳较大头的壳略厚，纵轴耐压力较横轴为强，所以直立存放可减少破损率。蛋壳主要由壳外膜、多孔层、乳头状层、壳内膜所组成。在蛋壳的外表面有一层胶质的壳胶膜叫壳外膜，是由蛋从泄殖腔排出时涂布在蛋表面的一层粘液干燥而成。这层薄膜起着防止微生物的侵入和蛋内水分蒸发的作用，是抵抗微生物侵入蛋内部的保护层，俗称蛋霜。蛋壳上有许多微小气孔，每只蛋上有 7000～8000 个气孔，其大小为 10～40μm。气孔的数量大头比尖头多，大头有 300～370 个/cm²，尖头有 150～180 个/cm²，气孔是胚胎气体交换和蛋内水分蒸发的通道，使鲜蛋在储藏时质量减轻，同时细菌、霉菌也容易从气孔进入，影响蛋的质量。

2. 蛋壳膜

蛋壳的里面有两层薄膜，称为蛋壳膜，由蛋白质、类脂物和碳水化合物组成。紧贴在蛋壳内表面的一层称为壳内膜，包在蛋白之外的称为蛋白膜。两层膜都是白色透明、具有弹性的网状的有机纤维质。壳内膜的结构比较粗糙，纤维较粗，网间空隙较大，微生物可以直接穿过；蛋白膜纤维质的纹理紧密细致，微生物不能直接通过，只有在分泌的蛋白酶将蛋白膜破坏后，微生物才能进入蛋内。这两层膜从生态学的观点来看是很重要的，但是从营养方面看没有任何价值。

3. 气室

蛋由禽体产出体外时，由于外界的气温低于体内温度，蛋的内容物发生收缩，使蛋内暂时形成部分真空。此时空气由蛋壳上的气孔进入蛋内，在蛋大头的蛋白膜与壳内膜之间形成一个高 3mm、直径小于 13mm 的空气囊，叫做气室。蛋越新鲜，气室越小。储存时间越久，蛋内水分蒸发越多，气室也就越大。因此，蛋的新鲜程度可根据气室的大小鉴别。新鲜蛋气室高度一般在 5mm 以内，普通的蛋气室高为 10mm 左右。当蛋白的气室占全部容积的 1/5 时，这个蛋就为次品蛋；当达到 1/3 而且有异味时则为坏蛋。

4. 蛋白

蛋白为一种带粘稠性的白色半流体物质，约占蛋质量的 58%，它是由蛋白液、中层蛋白、粘稠蛋白所组成。蛋白呈碱性，蛋白内含有许多营养物质，以满足胚生长发育的需要。蛋白稀薄不一，越接近蛋黄越浓。在周围空气温度的影响下，随着保藏时间的延长，粘稠蛋白可逐渐变稀。所以新鲜蛋的粘稠蛋白较多，而放置时间久的蛋稀蛋白较多。

5. 蛋黄

蛋黄是蛋中最富有营养物质的部分，位于蛋的中央，呈圆球状，是由一层卵黄膜包围的黄色的半流体物质，占全蛋总质量的 31%。蛋黄的外部包有一层很薄的角蛋白质膜称为蛋黄膜，其质量占蛋黄的 2%~3%。蛋黄膜具有一定的韧性，可以防止蛋黄和蛋白相混合，可保持蛋黄的完整性，它同时支撑着胚盘和系带。但陈蛋因时间久了，随着周围温度的升高，蛋黄膜的韧性要减弱，使蛋白中的水分慢慢地经由蛋黄膜中渗透到蛋黄中，于是，蛋黄渐渐地膨胀，逐渐松弛，稍微振动便使蛋黄膜破裂，而流散到蛋白中，这种现象称为散黄。散黄后的蛋品很快变质。所以蛋黄膜的张紧度也是鉴定蛋的新鲜程度的标志。

蛋黄有数层相间并列的白色蛋黄层和黄色蛋黄层，整个蛋黄的颜色深浅随着季节的变化和家禽饲养情况而不同。

蛋黄中含有丰富的脂肪，在蛋白中脂肪含量甚微。

6. 系带

系带为蛋黄两端与蛋的纵轴平行的螺旋扭曲物，起着固定蛋黄位置的作用，使蛋黄位于蛋的中央，不与壳膜相粘连。它由内浓蛋白扭曲而成，具有韧性，并会随时间的延长而变弱和变细，最后与蛋黄完全脱离而逐渐消失。

7. 胚珠或胚盘

未受精的蛋在蛋黄表面有一个淡白色的小圆点，叫胚珠，是没有经过分裂的次级卵母细胞。受精后的蛋，次级卵母细胞经过分裂形成内层透明、边缘混浊胚盘，是胚胎生长发育的原始体，比胚珠略大。

总之，蛋是由蛋壳、蛋黄及蛋白这三个主要部分构成的。它们所占的比例随产蛋的季节、品种、饲料条件的不同而变化。

二、蛋的营养价值

蛋的营养成分是极其丰富的，尤其含有人体所必需的优良的蛋白质、脂肪、类脂质、矿物质及维生素等营养物质，而且消化吸收率非常高，堪称优质营养食品。仅从一个禽蛋能形成一个个体，即一个受精蛋在适宜条件下靠自身的营养物质可孵出幼禽雏，就足以说明禽蛋中含有个体生长发育所必需的各种营养成分。

1. 各种蛋的营养成分

各种蛋的营养成分如表 8-1 所示。

表8-1　各种蛋的营养成分（%）

种类	水分	蛋白质	脂肪	糖	发热量/J	矿物质			维生素			
						钙	磷	铁	A	B	C	D
鸭蛋	67.27	14.24	16.00	0.56	879	0.073	0.276	0.0061	++	++	-	++
鹅蛋	61.32	13.14	16.00	8.32	962	0.088	0.13	0.0039	++	++	-	++
鸽蛋	81.69	10.3	6.65	0.50		0.108	0.116	0.0039	++	++	+	++
大鸡蛋	70.32	12.33	15.41	0.81	825	0.066	0.271	0.004	+++	++		++
松花蛋	67.05	13.55	12.40	4.02	761	0.082	0.212	0.003	++			++
咸鸭蛋	57.73	14.02	16.60	4.12	959	0.102	0.214	0.0036	+			+
鸡蛋白	87.51	10.50	0.10	1.32	205	0.006	0.016	0.0003	-	+	-	-
鸡蛋黄	83.13	14.15	30.74	0.32	1360	0.127	0.526	0.0078	+++	+		++

2. 蛋白、蛋黄的营养价值

一般用四个指标来衡量蛋白质营养价值的高低，即蛋白质的含量、蛋白质消化率、蛋白质的生物价和必需氨基酸的含量。禽蛋蛋白质从这四个方面来测定，都达到了理想的标准，所以禽蛋营养价值较高。蛋黄的营养价值比蛋白更高，因为蛋黄内营养成分的种类和含量比蛋白更多。

蛋白的组成虽然大部分是水，但其中12%的固体是高质量的蛋白质。蛋白中通常不含脂类物质，矿物质含量变化很大。蛋白中含丰富的卵白蛋白，是维生素 B_2 的丰富来源。

蛋黄的总固体含量一般为52%。在蛋的储藏期间，水分从蛋白中转移到蛋黄内，使蛋黄含量增加。蛋黄中固形物的主要成分是蛋白质和脂肪。蛋黄中含很多的卵黄磷蛋白。蛋的脂肪多集中在蛋黄中，蛋黄中脂肪含量的变化主要取决于母鸡的品系，大约在32%~36%范围内。蛋黄脂类的组成是甘油三酯65%，磷脂28.3%，胆固醇5.2%。磷脂主要成分是卵磷脂、脑磷脂和神经磷脂，这些成分对脑和神经组织的发育起着重要的作用。蛋黄中的脂肪在常温下呈乳状液态，易消化，消化率为95%。蛋黄含有丰富的维生素 A、维生素 E、维生素 K、维生素 D 及生物素，蛋黄还含有1.1%（以灰分计）的无机盐，它们主要是磷、钙、钾、铁。蛋中铁的成分比牛奶中多，可以补偿牛奶中缺少的铁。

蛋中的蛋白质具有抗原活性，如果生吃蛋类，这些具抗原活性的蛋白质进入血液后，会使人体发生变态反应。但通过加热方式，可以使这些蛋白质的抗原活性失活，消除其不利影响。蛋白中丰富的卵白蛋白和蛋黄中的卵黄磷蛋白都是完全蛋白质，生理价值和消化率都很高，全蛋蛋白质的消化率为98%，对人体的滋养作用很大。

就一般的营养性而言，鸭蛋最好；如果从产生的热量多少而言，鹅蛋最高。咸鸭蛋可以保存很长的时间，营养价值也不差，唯有制成皮蛋时，整个蛋中的维生素 B 就被破坏无遗，营养价值降低了。

就蛋的化学成分、营养价值而言，其在储藏期间的稳定性以及其他重要性质，很大程度上取决于家禽的饲养情况。有一些具有强烈特殊气味的饲料能使蛋也带有这种味道。夏季产的蛋，因家禽多啄食青草，所以稠度较稀，易被细菌感染，有时略带氨味，不适于长期储藏。

第二节　鲜蛋的变质和质量鉴别

一、蛋的腐败变质

蛋性娇嫩，易受外界不良条件的影响而发生腐败变质。引起禽蛋腐败变质的原因，有微生物、环境因素（主要为温度、湿度）和禽蛋本身的特性，其中微生物的侵入是导致蛋腐败变质的主要原因。由于鲜蛋含有丰富的水分、蛋白质、脂肪、无机盐和维生素，以及有大小不一的气孔与外界相通，当蛋保存不当时，受外界环境条件（温度、湿度等）的影响，蛋本身就会发生物理、化学的变化而变为陈蛋。这些变化为微生物的侵入和在蛋内的生长繁殖创造了条件。禽类的生殖道和泄殖腔等处沙门氏菌的带菌率较高，因此，蛋壳的表面易受沙门氏菌的污染。蛋壳的表面也可带染其他微生物（细菌、霉菌等），可通过蛋壳表面的毛细孔侵入蛋内。这些细菌主要来自泄殖腔和不清洁的产蛋场所。特别是受精蛋，细菌也可通过精液进入蛋内。侵入蛋内的细菌，与蛋内的酶一起分解蛋内容物，引起蛋白腐败变质。另一方面，蛋刚产下来时，由于蛋温自然冷却，使蛋的内容物收缩，蛋内需要抽吸空气，微生物即随空气经气孔侵入蛋内。因此，一般鲜蛋中均带有细菌。

鲜蛋的蛋清中有杀菌物质，这是因为含有溶菌酶。这种作用在37℃时可保持6h，温度低则保持时间长，反之则短。当蛋黄与蛋白混合（散黄蛋）或蛋的鲜度下降时，溶菌酶失去作用，这时蛋内微生物就可大量繁殖而加速蛋的腐败。

蛋的腐败变质是一系列生物化学变化的过程。当微生物进入蛋壳后，由于内蛋壳膜及蛋白膜的渗透性比蛋壳小，所以绝大多数微生物集中在两膜之间，经过几星期的储藏，细菌能分泌出一种溶解膜的酶，将两膜溶解破坏而进入蛋白。细菌进入蛋白后会遭遇到蛋白中卵球蛋白G的溶菌破坏，使细菌很难繁殖，大约经过三个月后，溶菌作用开始消失减弱，蛋白质抵抗力减弱，它在细菌和相关酶的作用下分解为氨基酸、蛋白胨等，然后再进一步分解产生硫化氢、氨气和粪臭素等产生强烈的臭味。由于腐败菌的作用和蛋白水解酶的消化作用，引起浓厚蛋白脱水、变稀，此时蛋白系带被分解断裂，蛋黄的相对密度较蛋白轻失去固定作用，致使蛋黄发生移位，浮靠在蛋壳上，变成靠黄蛋、粘壳蛋。这时细菌繁殖再度兴旺，通过蛋黄膜而到达蛋黄。由于蛋黄膜被分解破裂，浓蛋白变稀，而使蛋黄与蛋白混合，蛋变成散黄蛋，加上细菌作用，蛋液成为一种混浊有臭味的液体，蛋就腐败了。当腐败蛋内聚集大量气体后，会引起蛋壳破裂，蛋液外流污染周围的蛋，促其腐败。有的蛋液产生酸臭味，蛋液呈红色的浆状，或有凝块出现，这是微生物分解糖而形成的酸败蛋。也有一种情况是，霉菌在靠近气室部分进入蛋中，并聚集在蛋壳内壁和蛋白膜上生长繁殖，菌丝穿过膜层进入蛋内，形成大小不同的菌点、菌斑并产生霉味，形成了霉蛋。

蛋在腐败变质过程中能产生对人体有毒的物质，因此人们食用腐败变质的蛋会发生中毒。

二、鲜蛋质量的鉴别

鲜蛋在进行储藏之前必须经过严格的挑选，应逐只进行质量检查，因为入库冷却冷藏的蛋越新鲜，蛋壳越整洁，则其耐藏性越强。目前广泛采用的鉴定方法有感官鉴定法和光照鉴定法，必要时，还可进行理化和微生物学检验。

1. 感观鉴定

该鉴定方法主要是凭检验人员的技术经验，靠感官，即眼看、耳听、手摸、鼻嗅等方法，以外观来鉴别蛋的质量，是基层业务人员普遍使用的方法。

看：用肉眼观察蛋壳色泽、形状、壳上膜、蛋壳清洁度和完整情况。新鲜蛋蛋壳比较粗糙，色泽鲜明，表面干净，附有一层霜状胶质薄膜。如表皮胶质脱落，不清洁，壳色油亮或发乌发灰，甚至有霉点，则为陈蛋。

听：通常有两种方法。一是敲击法，即从敲击蛋壳发出的声音来判定蛋的新鲜程度、有无裂纹、变质及蛋壳的厚薄程度。新鲜蛋敲击时声坚实，清脆似碰击石头；裂纹蛋发声沙哑，有啪啪声；大头有空洞声的是空头蛋，钢壳蛋发声尖细，有"叮叮"响声。二是振摇法，即将禽蛋拿在手中振摇，有内容物晃动响声的则为散黄蛋。

嗅：用鼻子嗅蛋的气味是否正常。新鲜鸡蛋、鹌鹑蛋无异味，新鲜鸭蛋有轻微腥味；有些蛋虽然有异味，但属外源污染，其蛋白和蛋黄正常。

2. 光照透视鉴定

该鉴定方法是利用禽蛋蛋壳的透光性，在灯光透视下观察蛋壳结构的致密度、气室大小，蛋白、蛋黄、系带和胚胎等的特征，对禽蛋进行综合品质评价的一种方法。该方法准确、快速、简便，是我国和世界各国鲜蛋经营和蛋品加工时普遍采用的一种方法。用光照蛋的方法应是在空气畅通、干燥而清洁的暗室中利用灯光进行。照蛋用的工具俗称照蛋器。

新鲜的蛋以光照透视时，蛋白近于无色或为极微的浅红色，成胶状液包围于蛋黄的四周。这时只能略微看到蛋黄在整个蛋内成为一团朦胧的暗影。如转动手内的蛋时，蛋黄也随之转动。系带位于蛋黄的两端，在光照下呈淡色的条带，就是由于系带本身在蛋内是一种白色的带状物。胚盘位于蛋黄的上面，最新鲜的蛋照视时看不清楚，或者微显出一个斑点。

陈腐不新鲜的蛋照视时，蛋黄黑暗并接近蛋壳，蛋黄膨胀，气室增大，或是蛋黄膜破裂，使蛋黄的一部分渗入蛋白内或者是蛋黄、蛋白全部相混。这种蛋在光照下其内容物呈一片混浊的状态。

3. 理化鉴定

理化鉴定主要包括相对密度鉴定法和荧光鉴定法。

（1）相对密度鉴定法　该鉴定方法是将蛋置于一定相对密度的食盐水中，观察其浮沉横竖情况来鉴别蛋新鲜程度的一种方法。要测定鸡蛋的相对密度，必须先配制各种浓度的食盐水，以鸡蛋放入后不漂浮的食盐水的相对密度来作为该蛋的相对密度。质量正常的新鲜蛋的相对密度在1.08～1.09之间，若低于1.05，表明蛋已陈腐。

（2）荧光鉴定法　该鉴定方法是用紫外光照射，观察蛋壳光谱的变化来鉴别蛋新鲜程度的一种方法。质量新鲜的蛋，荧光强度弱，而越陈旧的蛋，荧光强度越强，即使有轻微的腐败，也会引起发光光谱的变化。据测定，最新鲜的蛋，荧光反应是深红色，渐次由深红色变为红色、淡红色、青、淡紫色、紫色等。根据这些光谱变化来判定蛋质量的好坏。

4. 微生物学检查法

该鉴定方法用于发现有严重问题、需深入研究时，可进一步通过微生物学检查查找原因，主要鉴定蛋内有无霉菌和细菌污染现象，特别是沙门氏菌污染状况、蛋内菌数是否超标等。

国外有的国家采用测定蛋黄系数大小的办法来鉴定蛋的鲜度。方法是将蛋打开后，把蛋黄和蛋白放在同一水平面上，若蛋黄的高度是 h，直径是 d，h/d 之比称为蛋黄系数，该值因蛋的鲜度不同而异。新鲜蛋的蛋黄系数为 0.44，冷却冷藏到 100 天时则减少到 0.34。随着冷藏时间的延长，蛋黄系数降低到 0.25 以下时，鲜蛋则达到腐败阶段，这时蛋白变黄，粘稠蛋白变成蛋白液（或称水样蛋白），蛋中 CO_2 的含量增加，蛋液 pH 值增大。这时将蛋打开发现蛋黄与蛋白已全部相混。

常见的鲜蛋变质有下列几种类型：

（1）陈蛋 保存时间长，蛋壳表面光滑、颜色发暗，透视时可看出气室稍大。蛋黄暗影小，摇动有声音。这种蛋尚未变质，可以食用。

（2）裂纹蛋 大都是在储存、保管、包装、运输过程中受到振动或挤碰造成的，裂纹时间不长的可以食用。

（3）散黄蛋 蛋黄膜破裂，蛋黄蛋白混在一起。如果蛋液仍较稠厚，没有异味，一般可以食用。

（4）搭壳蛋（贴皮蛋） 由于保存时间过长，蛋白稀释，淡黄膜韧力变弱，蛋黄紧贴蛋壳，贴皮处局部呈红色（俗称红贴）的，一般可以食用。蛋黄紧贴蛋壳不动，贴皮处呈深黑色，并有异味的即已腐败，不可食用。

（5）热伤蛋 没有受精的蛋，受热后，胚胎膨胀的叫热伤蛋。这种蛋气室较大，胚胎周围有小黑点或黑丝、黑斑，一般可以食用。

（6）血筋蛋 热伤蛋继续受热即变成血筋蛋。这种蛋黄不在中心，蛋的大头或蛋黄有明显的黑丝或黑斑。受精蛋受热后也叫血筋蛋，淡黄上有红的血圈、血丝，蛋白稀薄。这种蛋属于好蛋受热，与细菌侵入引起的腐败变质不同，只要无异味，除去血筋后，仍可食用。

（7）霉蛋 鲜蛋受潮湿或雨淋，蛋壳表层的保护膜受到破坏，细菌侵入蛋内，引起发霉变质，蛋的周围形成黑的斑点。发霉严重的不能食用。

（8）臭蛋（腐败蛋） 因蛋内细菌繁殖而造成的蛋品腐败。这种蛋不透光，打开后臭气很大，蛋白蛋黄浑浊不清，颜色黑暗，蛋液稀释，不能食用。

（9）白蛋 孵化两三天未受精的蛋，叫头照白蛋。这种蛋蛋壳发亮，毛眼气孔大，可以食用。

5. 鲜蛋的质量鉴别分类

禽蛋的分级一般从两个方面来综合确定：一是外观检查；二是光照鉴定。在分级时，应注意蛋壳的清洁度、完整性和色泽，外壳膜是否存在，蛋的大小、重量和形状，气室大小，蛋白、蛋黄和胚胎的能见度及位置等。鸡蛋一般分为三类，鸭蛋一般分为两类。

（1）鸡蛋的质量分类标准 鸡蛋质量分类的标准如表8-2所示。

表8-2 鸡蛋质量分类的标准

项目 \ 类别	一 类	二 类	三 类
蛋壳	鲜明、完整、清洁、坚固、无污物	鲜明、完整、清洁、坚固、无污物	完整、不太清洁、略带污物
气室	5mm以内	5～7mm	较大
蛋黄	位居中心或略偏，且坚实	偏移中心且坚实	偏移中心较多，不坚实
蛋白	透光度强，质浓厚，无杂物	透光度较强，质较稀薄，无杂物	透光度较弱，质稀薄，无杂物
胚胎	看不见	看不见或略发育	可以看见，已发育
其他	剔除污壳、畸形、雨淋、干霉、水泡蛋等	同左	同左
抗菌力	强	较强	不强

鸡蛋的一、二类，可称为新鲜优质鸡蛋，在高温库中，储藏期可超过6～9个月以上；三类鸡蛋在高温库内一般储藏期在3～6个月。不符合这三类的鸡蛋，称为市销蛋，仅能在高温库内作短期储藏。

（2）鸭蛋的质量分类标准 鸭蛋的质量分类标准如表8-3所示。

表8-3 鸭蛋的质量分类标准

项目 \ 类别	一 类	二 类
蛋壳	鲜明、完整、干燥、略有污物	鲜明、完整、比较醒黯
气室	较小	较大
蛋黄	位居中心，坚实	偏移中心，较坚实
蛋白	透光度强，无杂物	透光度较强，无杂物
胚胎	看不见	看不见或略发育
其他	剔除畸形、雨淋、干霉、水泡蛋等	同左
抗菌力	强	较强

鸭蛋因毛孔较大，蛋壳上污染物较多，容易受潮霉变，不宜长期储存。一类鸭蛋在高温库内储藏期为3～5个月，二类鸭蛋在高温库内储藏期在3个月以内。不符合二类鸭蛋的可称为市销蛋，应尽快销售。

（3）国家规定的鲜蛋卫生标准（GB 2748—2003）

1）感官指标。各种禽类生产的、未经加工的蛋称为鲜蛋。鲜蛋的感官指标如下：

① 色泽：具有禽蛋固有的色泽。

② 组织形态：蛋壳清洁、无破裂，打开后蛋黄凸起、完整、有韧性，蛋白澄清透明、稀稠分明。

③ 气味：具有产品固有的气味，无异味。

④ 杂质：无杂质，内容物不得有血块及其他鸡组织异物。

2）理化指标。鲜蛋品的总汞含量不得超过 0.05mg/kg；无机砷的含量不得超过 0.05mg/kg；铅的含量不得超过 0.2mg/kg；镉的含量不得超过 0.05mg/kg；六六六、滴滴涕按 GB 2763—2005《食品中农药最大残留限量》执行。

冷藏鲜蛋是经冷藏的蛋，其品质应符合鲜蛋标准。化学储藏蛋是经化学方法（石灰水、泡花碱等）储藏的蛋，其品质仍应符合鲜蛋标准。

第三节　鲜蛋的冷却和冷藏

禽蛋的保鲜工作非常重要。家禽产蛋有强烈的季节性，旺季生产有余，淡季供应不足，为了调节供求之间的矛盾，需要采取适当的储藏方法，保证鲜蛋的质量，延长禽蛋可供食用的时间。

一、鲜蛋冷却前的挑选和整理工作

鲜蛋在冷却前必须经过严格的挑选、检查和分级，剔出霉蛋、散黄蛋、破壳蛋等对长期保藏有影响的次劣蛋，否则这些次劣蛋会污染其他鲜蛋。

鲜蛋在运输时，一般在箱、筐内都有垫草。草上可能带有大量的霉菌，所以除草和照蛋是蛋品冷藏的关键。过去一直是手工操作，生产效率低，劳动强度大。现在通过机器可以实现除草、照蛋、装箱一系列过程的自动操作。这种联合装置长 4m，宽 0.65m，质量为 1.5t，需要 6~7 人，班产量为 3000kg。其工艺流程是：上蛋 → 槽带输送 → 风筒除草 → 输送 → 照蛋 → 胶滚输送 → 下蛋斗 → 称重装箱。

鸡蛋从箱或筐中倒入上蛋部位，由槽带运输到抽风筒下部，引风机将草从风筒中抽出，净蛋移入照蛋部分，依顺序通过灯光照射，人工鉴别出劣蛋，好蛋被送到下蛋斗中，下蛋斗翻转后，将鲜蛋装入木箱或纸箱，蛋箱随着鸡蛋的增加自动下降，质量达 20kg 左右时自动停车，将重箱取出换空箱，磅秤自动复原，机器又开始运行，继续生产。

鲜蛋的包装一般采用木箱、竹篓和纸箱，包装材料必须坚固、干燥、清洁、无异味并不易吸潮。包装好的鲜蛋，要使容器内外通气，以便使鲜蛋易于散热降温，切不可封严密。

作为长期冷藏的鲜蛋，必须是经过挑选检查的新鲜一类蛋和二类蛋。春季产的蛋，耐储藏；4~5 月份产的蛋比春季的蛋略差，但也适合长期储藏；6~9 月产的蛋质量较差，蛋内水分多，蛋黄不坚实，浓厚蛋白少，容易变质，而且雨淋、"出汗"、生霉、受热的多，因此最好不作长期冷藏；10~12 月产的蛋品质量又有好转，可作冷藏。这只是粗略的划分，各地可根据具体情况来考虑。

二、鲜蛋的冷却

所谓鲜蛋的冷却是将鲜蛋由常温状态缓慢地降低到接近冷藏温度的降温过程。

由于蛋的内容物是半液体状态的均匀物质，若骤然冷却会使蛋的内容物收缩，体积减小，蛋内压力降低，空气中的微生物会随空气一起进入蛋内，致使鲜蛋逐渐变坏。此外，鲜蛋直接送入冷藏间会使库温波动剧烈，影响库内正在储藏的鲜蛋的品质。所以，鲜蛋在冷藏前应先进行冷却处理，然后才能进行低温冷藏，以延长储藏期限。

鲜蛋的冷却应在专用的冷却间进行，也可利用冷库的穿堂、过道等。冷却间采用微风速冷风机，以便使室内空气温度均匀一致和加快降温速度。在冷却时，要求冷却温度与蛋体温度相差不大，一般冷却间空气温度应较蛋体温度低 $2 \sim 3℃$，每隔 $1 \sim 2h$ 把冷却间温度降低 $1℃$，相对湿度为 $75\% \sim 85\%$，空气流速应为 $0.3 \sim 0.5 m/s$。一般经过 $24 \sim 48h$，蛋体温度降到 $1 \sim 3℃$，即可停止冷风机降温，结束冷却工作，将蛋转入冷藏间内冷藏。

生产旺季时，冷却可在有冷风机的冷藏间内进行，要求鲜蛋一批进库，然后逐渐降温，达到温度后就可在库内储藏，不必转库。

有的冷库在鲜蛋进行挑选、整理过程中就降温冷却，然后再冷藏，质量也能得到保证。

国外研究指出，蛋白变稀引起的质量变化，关键是温度。经试验，在 $4.4℃$、$12.8℃$ 和 $21.1℃$ 三种不同温度下保藏 3 天后的质量损失分别为 6.3%、12.4% 和 22.5%。并特别指出，母鸡下蛋后的 $48h$ 内，蛋质量下降最快，因此应将刚下的蛋立即在 $10℃$ 左右温度下冷却 $10h$，可将质量下降减少到最低限度，然后再包装、运输并冷藏。

三、鲜蛋的冷藏

预冷后的禽蛋应立即入库冷藏。冷藏法保存鲜蛋时，蛋内各种成分变化很小，蛋壳表面几乎无变化，且操作简单，管理方便，储藏效果好，一般储藏半年以上仍能保持蛋的新鲜，因此，冷藏法在国内外广泛应用。

1. 鲜蛋的冷藏原理

鲜蛋是有生命的"活"的食品，随时受外界条件的影响，发生生物、物理、微生物、化学等各种变化。其主要因素是温度。而降低鲜蛋的环境温度可以减缓蛋内容物的变化和抑制微生物活动，达到长期保存的目的。这就是鲜蛋的冷藏原理。

例如：在 $25℃$ 时，鲜蛋的胚胎就会发育。在 $5℃$ 以下，胚胎不仅能停止发育，还能使其组织"死亡"。温度湿度急骤变化，会使蛋内容物不断地胀缩，加速蛋的水分蒸发和向蛋黄渗透。在 $0℃$ 左右，能减缓这种过程。温度接近蛋黄、蛋白的冰点时可使它们的浓度增大，干耗减少，致使蛋黄位置固定不变。温度较高，会加速蛋内化学变化，同时一旦温度适合，微生物繁殖加快，容易使蛋内容物腐败。当温度降低时，可减慢这些变化。当温度降到 $0℃$ 以下时，大部分微生物发育被抑制，甚至停止活动。因此，国内外的鲜蛋保存均以冷藏法为主。

2. 鲜蛋的冷藏工艺

人们在长期的实践中积累了丰富的鲜蛋的冷藏经验。概括起来主要有三句话：库房要消毒，按质专室存；管理责任明，装卸四个轻；堆垛要留缝，日夜不停风。

（1）库房要消毒，按质专室存 鲜蛋是鲜活商品，它需要新鲜空气，因此在鲜蛋旺季到来之前，对高温库要进行全面消毒。每到淡季对库房进行全面清扫，用漂白粉或石灰消毒，对冷库垫木等用具进行清洗（用热肥皂水）、消毒、晒干，彻底消灭霉菌。冷藏室打干风换新鲜空气。

鲜蛋进库冷藏前要把库内温度降至 $0 \sim -1℃$，相对湿度在 $80\% \sim 85\%$ 之间，这样有利于保持鲜蛋质量。

按质专室存是指高质量的同类食品应用专门冷藏室储存，这样有利于延长食品的储藏期。如每年三、四月份的鲜蛋质量较好（一、二类蛋），就应划定专门冷藏室，储满为止，不再进出，保持温度、湿度的稳定，有利于储存期的延长。这类鲜蛋储存八个月后，一般变质率仅 4% ~5%，而非专室储存的鲜蛋六个月后变质率达 7.4%。专室储藏鲜蛋既有利于保证质量，又有利于其他商品的储存。

（2）管理责任明，装卸四个轻 冷藏室要有专职管理人员，仓管员对冷库性能要心中有数，能了解地板负荷，安排库房堆垛，知道食品特点，做到管理工作有条不紊。如储藏时，鲜蛋不应和其他有异味的食品如葱、蒜、鱼类、汽油等一起堆放；又如鲜蛋与苹果可以并仓储存，因为苹果含水分较少，而橘子、梨因为含水分多，就不能与鲜蛋并仓，以免鲜蛋湿度高而生霉变质。这是保证鲜蛋冷藏质量的重要环节。装卸时要做到四个轻，即做到轻拿、轻放、轻装、轻卸，这样可以大大减少蛋的破碎率。

（3）堆垛要留缝，日夜不停风 实践证明，鲜蛋在堆装时每隔几箱要留一条缝，堆垛与堆垛之间留一点距离，能够顺利通风，可以保证鲜蛋质量。在新建和改建的冷藏室内，将蛋箱三竖二横地放在托板上，用叉式码堆车堆垛，亦可达到上述目的。

库内温、湿度的控制是影响冷藏效果的关键。鲜蛋在冷藏期间，冷藏温度以低于 0℃ 为好，因蛋内容物接近冰点（约 -0.5℃，因地区、季节、品种不同而异，个别的可达 -10℃）时，蛋黄不易贴壳，变化缓慢，干耗小，这样有利于保持蛋的品质。但如果温度过低会使蛋内容物冻结而膨胀，而使蛋壳破裂。多年来经过试验证明鲜蛋冷藏条件可有如下两种：①温度 0 ~ -1.5℃，相对湿度 80% ~85%，保藏期为 4 ~6 个月；②温度为 -1.5 ~2.5℃，相对湿度为 85% ~90%，保藏期为 6 ~8 个月。若需长期储藏，以后一种条件为好，但这种方法要求冷库绝热性能好，地坪作防冻处理。在鲜蛋冷藏期间，库温应保持稳定均匀，不应有忽高忽低现象，其波动在 24h 内不超过 ±0.5℃，以免影响蛋品的质量。冷藏间温度高，打冷风；温度低，打干风，保证 24h 不停风。

在整个冷藏过程中，每昼夜应不少于二次检查库内温度、湿度变化情况。为防止库内不良气体影响蛋的品质，应按时换入新鲜的空气，排除污浊的气体。新鲜空气的换入量一般是每昼夜 2 ~4 个库室的容积。保藏的蛋每隔两个月要检查一次，检查量应占总储量的 3% ~4%，以了解保藏质量，确定保藏期。

3. 鲜蛋在冷藏间内的堆码要求与形式

（1）堆码要求

1）码架规格。鲜蛋在冷藏间堆放，必须设置码架和垫板，蛋的热量才能较快放出，冷空气才易于透进，否则货垛的底层不透风，达不到均匀降温的目的。一般码架规格为：高 10cm、长 150cm、宽 100cm。每块码架为 1.5m，由横（短）5 根，纵（长）9 根方木条组成。纵横为上下两层。上层 9 根纵木条，每根长 150cm、宽 7cm、高 2cm；下层 5 根横木条，每根长 100cm、宽 5cm、高 7cm。上层的木条之间与下层的木条之间的距离均为相等。

2）堆码时应顺着冷空气流动方向，并保证让垛位稳固、操作方便和库房的合理使用。

3）垛与墙壁的距离 30cm，离冷风机要远一点，以防冷风机旁的蛋冻坏。

4）垛与垛的间距为 25cm，箱与箱间距为 3 ~5cm，垛与库柱的距离为 10 ~15cm。

5）两个垛位的长不超过8m，宽不超过2.5m，高不超过冷风机风道出风口的高度。

6）垛与风道间均应留有一定的空隙距离，冷风机吸入口处要留有通道，相对垛间的间距最好能对开，以利于达到冷气流畅循环、冷却均匀的目的。

7）堆垛时要考虑到稳固性堆放量。一般木箱装蛋的堆码高度为8～10层；竹筐装蛋的堆码高度为5～7层，其中每3层垫一层码板，以减轻下层竹筐承受的压力；纸箱装蛋，因包括纸格箱和蛋模箱两种，能使蛋互不挤压、贴靠，减少互染的可能性，蛋模还能使蛋的大头向上竖放，以减少蛋黄粘壳，效果较好。纸箱当堆码至2～3层或4～5层时就应加固，垫一层码板，否则纸箱久储极易吸潮变形。堆放高度不应超过风道喷风口。

8）在每个垛位上做好分垛挂牌和登记工作，便于检查鲜蛋质量，做到先进先出。

（2）堆码形式

1）方格式，如图8-2所示。从立体上看，堆码呈方格形状，主要用于纸箱包装。箱与箱留缝要对正，以便空气畅通，两层垫一层码板。

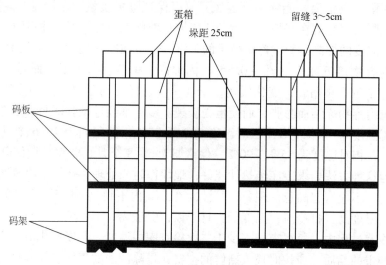

图8-2　方格式堆码

2）棋盘式，如图8-3所示。多用于纸箱包装。箱与箱间的留缝要成纵向对正。由于层与层是砌砖式地交错堆叠，减少了纸箱垂直的承受压力，码板可以隔3层垫1层。

3）双品式，如图8-4所示。所谓双品式是从1方向和2方向两个方向看去，垛下部的两层均呈"品"字形。层与层的纸箱是砌砖式地交错堆叠，码板可隔3层垫1层。箱与箱间的留缝要垂直方向对正。

（3）堆码后的注意事项

1）为了防止在冷藏期间产生贴皮蛋等次蛋，应注意按时翻箱和抽检工作。

2）翻箱日期的长短视蛋的情况和质量而定，凡蛋白的粘度越大和蛋黄的流动性越小，则翻箱的次数应减少。

3）在0～-1.5℃温度冷藏条件下，要求每月翻箱一次，并作好记录。在-1.5～-2℃温度冷藏条件下，因蛋白的粘度显著增加，蛋黄不易上浮而常居于蛋的中心，避免了"搭壳"蛋，所以箱子不需经常翻动，一般隔2～3个月翻箱一次或根据蛋的质量也可

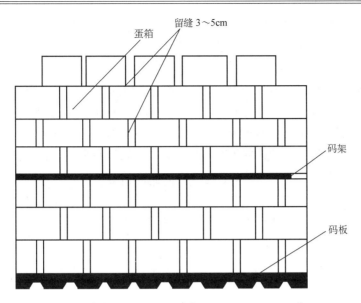

图 8-3　棋盘式堆码

不翻。但每隔 10～20 天应在每垛
中抽检 2%～3%，以鉴定其质量，
确定能否继续保藏。

　　4. 冷藏蛋出库前的升温

　　冷藏的鲜蛋出库供应市场前
必须进行升温工作，否则因温差
过大蛋壳表面就会凝结一层水珠，
俗称"出汗"。这将使壳外膜被破
坏，蛋壳气孔完全暴露，为微生
物顺利进入蛋内创造了有利条件。
蛋壳着水后也很容易感染微生物，
这就加速了蛋的腐败和蛋大量为
霉菌所污染，影响了蛋的质量。

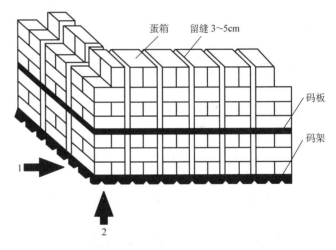

图 8-4　双品式堆码

　　冷藏蛋的升温工作最好是在专设的升温间进行，也可以在冷藏间的走廊或冷库穿堂进
行，将蛋体温度逐渐升高。升温的蛋要根据提货日期，有计划地稳步上升，提前 2～3 天
（或 3～4 天）开始进行，以便掌握足够的升温时间避免升温太快，造成在库内就"出汗"
的现象。冷藏蛋升温时应先将升温间温度降到比蛋温高 1～2℃，以后再每隔 2～3h 将室
温升高 1℃，切忌库温急骤上升。当蛋温比外界温度低 3～5℃时，升温工作即可结束。实
验证明，将冷藏 6 个月的鲜蛋，以 0℃冷库直接置于 27℃房间内，5 天时变质蛋占 13%，
而经过升温处理，未出现变质现象。

　　5. 鲜蛋在冷藏过程中的变化

　　在适宜的冷藏条件下，鲜蛋生命活动受到抑制，故有 6～8 个月的冷藏安全期。但因
长期储藏，酶的活动性和微生物的生长繁殖并没有完全终止，因而鲜蛋在冷藏过程中要发

生一系列的物理、化学、微生物、生理等方面的变化。搞清楚鲜蛋在冷藏过程中的变化规律，是加强冷库管理，确保鲜蛋质量的一项重要工作。

（1）物理变化

1）质量减轻。鲜蛋经长期冷藏后，由于蛋壳表面的气孔与内容物相通，使水分不断蒸发，以致蛋的重量减轻。储存时间越长，减重越多。这个变化过程与冷藏间的温度、湿度、空气流动速度、包装材料的吸湿性、储藏期蛋的新鲜度、个体大小、蛋壳上气孔数量的大小以及内蛋壳膜透气性的强弱等有密切关系。鲜蛋冷藏期间干耗如表8-4所示。

表8-4　鲜蛋冷藏期间的干耗

冷藏温度/℃	相对湿度（%）	冷藏期间的干耗（%）	
		前3个月	后4个月
1 ~ -2	80 ~ 85	0.7 ~ 1.2	1.8 ~ 2.9
-1 ~ -2.5	80 ~ 85	0.55 ~ 0.95	1.4 ~ 2.3
0	75 ~ 85	0.5 ~ 1.8	2 ~ 4.5

2）气室变化。蛋的气室大小不仅可以说明蛋的新鲜程度，同时也是蛋的干耗的明显标志。蛋的质量减少，气室会增大。气室的大小和变化的快慢与冷藏间的温度、湿度、蛋壳上气孔数量和大小有关。在其他条件相同的情况下，储存时间越长，气室越大。例如，将气室高度为2mm的鸡蛋放入温度为-1℃、相对湿度为82% ~ 87%的冷藏间内，保藏6个月后气室扩大为4.6mm，而放在温度-2 ~ -2.5℃，相对湿度为81% ~ 86%的冷藏间内，保藏6个月后气室高度仅为3.4mm。

3）比重减小。由于冷藏期间，鲜蛋的水分蒸发，比重减小了。新鲜蛋平均比重为1.08 ~ 1.09，如将比重为1.088的鸡蛋放在冷藏间内冷藏3个月后，比重减至1.0599，5个月后为1.0491，8个月后为1.0266。再如，比重为1.09的鲜鸡蛋在冷藏间内冷藏5个月后，比重降至1.05，当继续长期储藏，比重降至1.015时，鸡蛋即已腐败，不能食用了。

4）蛋黄、蛋白的冻结点变化。鲜蛋的蛋黄、蛋白的含水量相差较大，因此冻结点相差也大。但经过长期冷藏后它们的含水量接近，故冻结点也都接近。例如在0℃的库内冷藏80天后的蛋，其蛋白冻结点由鲜蛋的-0.44℃左右，可降低到-0.5℃；而蛋黄的冻结点由鲜蛋的-0.62℃左右可升高到-0.54℃左右。

（2）化学变化

1）蛋黄、蛋白的含氨量变化。蛋内的蛋白质及其他氮化合物，随着冷藏时间的延长将分解为氨及氨态化合物，使蛋黄的含氨量增加。蛋白的含氨量变化不规则，一般来说，随着冷藏期的延长，也是增加的。鲜蛋100g的含氨量，蛋白内有0.4 ~ 0.6mg，蛋黄内有3.4 ~ 4.1mg。因此，从蛋的含氨量测定，可以判知蛋的冷藏期及蛋的新鲜、陈旧程度。

2）可溶性磷酸的变化。随着冷藏期的延长，蛋黄中的卵磷蛋白、磷脂体、甘油磷酸等，将逐渐分解成游离无机态磷酸，致使蛋的腐败加重。如刚产的蛋，在100g的蛋黄中含有可溶性磷酸52.7mg，在全蛋液中含22mg，而冷藏11个月后，在蛋黄中含有可溶性磷酸 58.8mg，在全蛋液中含 28.7mg，在蛋白中可溶性磷酸的含量也增加了。

3）酸碱值变化。由于蛋黄和蛋白的营养成分不同，因此其 pH 值也不同。新鲜蛋的蛋黄 pH 值为 6.0～6.3，呈酸性，但随着冷藏期延长和蛋的营养成分的变化，pH 值可逐渐增加到 7，接近中性；新鲜蛋的蛋白 pH 值为 7.8～8.8，呈碱性，但在长期冷藏过程中，蛋白由碱性变为酸性，pH 值下降到 7。如果蛋白质继续分解，则氨的含量逐渐增多，将使 pH 值上升，又向碱性发展。因此，测得蛋白 pH 值即可知蛋的新鲜程度。蛋越不新鲜，其 pH 值就越高。一般当蛋液的 pH 值为 7 时，蛋已相当陈旧了，但尚可食用。如果 pH 值再继续上升，蛋就不能食用了。

第四节　冰蛋的冷加工

鲜蛋除可带壳低温保藏外，还可去掉蛋壳将蛋液进行冻结处理，这是长期储存蛋的一种有效方法，且损耗量小，节省容积，便于储存搬运。冻结的蛋液解冻后，几乎和新鲜蛋没有区别，这种冻结蛋液俗称"冰蛋品"。冰蛋是以均匀蛋液先经 -25～-30℃ 急冻，再放于 -18～-20℃ 冷库中，使中心温度达到 -15～-18℃ 即成。冰蛋主要卫生问题是防止沙门氏菌污染。

加工中应注意以下卫生要求：选择良质鲜蛋，严禁使用粘壳蛋、黑斑蛋及水禽蛋等，洗涤干净，在漂白粉溶液（有效氯浓度 0.08%～0.1%）中消毒 5min，晒 4h，待干后在严格的卫生条件下打蛋。车间所有工具、容器应经 4% 碱水及清水分别浸泡并冲洗，再用蒸汽消毒 10min。生产工人必须有年度健康合格证。生产前，应洗手至肘部，再以酒精消毒。冰蛋可分为冰全蛋、冰蛋黄和冰蛋白三种，其冷加工工艺大致相同。

一、冰蛋制品的加工方法

1. 半成品的加工

将鲜蛋经检验、洗蛋、蛋壳消毒、晾蛋、打蛋等工序后，得到符合卫生要求的蛋黄液、蛋白液或全蛋液。

2. 搅拌和过滤

搅拌与过滤的目的是将打出的蛋液混匀，以保证冰蛋品的组织状态均匀，除去碎蛋壳、蛋壳膜以及系带等杂物。这是经过三个或四个自动连续不断的操作过程。蛋液先注入过滤槽，进行第一次过滤，可初步清除蛋壳、蛋液中杂质冰割破蛋黄。随即蛋液自动流入搅拌器内，进行第二次过滤，蛋液经螺旋桨搅拌后，使蛋液混合均匀，而其中的蛋黄膜、系带、蛋壳膜被清除。再经过过滤后，纯净的蛋液经过漏斗打入储罐准备巴氏灭菌或直接打入预冷罐内冷却。

3. 预冷

预冷可以防止蛋液中微生物的繁殖，加速冻结速度，缩短急冻时间。预冷是在预冷罐内进行的，蛋液与低温的冷盐水进行热交换，使蛋液很快就降至 4℃ 左右。预冷结束，如不进行巴氏消毒，即可直接装桶。

4. 蛋液的巴氏消毒

蛋液的巴氏消毒是在尽量保持蛋的营养成分的条件下，彻底杀灭蛋中的致病菌，最大限度地减少杂菌数的处理手段。一般采用片式热交换器进行。我国在全蛋的消毒时，是采用64.5℃的杀菌温度，时间为3min，消毒后蛋液温度冷却至10~15℃。

英国、德国等国较早地应用低温巴氏杀菌法对蛋液进行消毒，我国近年来在大型蛋品加工厂生产冰蛋品时，也应用巴氏杀菌法。国内外生产冰蛋品的实践充分证明，蛋液经巴氏低温杀菌效果良好。

5. 装听或装桶

蛋液达4℃以下时便可装听，装听的目的是便于速冻与冷藏。一般有5kg、10kg、20kg装三种，装好后即可送入急冻库急冻。一般优级品装入马口铁听内，一、二级冰蛋品装入纸盒内。

6. 急冻

蛋液装听后，送入急冻间。放置时听与听之间要留有一定的间隙，以利于冷气流通。冷冻间温度应保持在-20℃以下，冷冻36h后，将听（桶）倒置，使听（桶）内蛋液冻结匀实。以防止听身膨胀，并缩短急冻时间。听（桶）内中心温度达到-15~-18℃后，方可取出进行包装。

7. 冷藏

包装后送至冷库储藏，温度需保持在-18℃。同时要求冷藏库温度不能波动太大。

二、冰蛋的冻结和冻藏

1. 蛋液的冻结

将冷好的蛋液装入一定大小的马口铁听或灌入塑料袋中，置于有强力通风设备的冻结间内进行冻结。目前冻结间的空气温度一般采用-20~-25℃为宜，当冰蛋中心温度降至-15℃以下时，冻结完成。添加了食盐和糖类的蛋液，为使冻结迅速进行，有时要把冻结室温度降至-30℃以下。对于蛋黄液的冻结，如无高速搅拌和均质处理时，应采用较高温度的冻结方法，要求冻结间温度在-10~-13℃，蛋黄液温度不得低于-8℃，否则成品解冻后将有糊状颗粒产生。另外，对于未作加热杀菌处理的蛋液，应保证快速冻结，否则存在细菌在冻结过程中增殖的危险。蛋液的冻结速度具有重要意义，凡用-20℃以下温度快速冻结的蛋液，其结构致密而均一，可逆性好，解冻时看不到分层现象，反之，则会形成大冰晶、色泽不均、结构疏散，解冻时出现明显的分层现象。

冰蛋冻结完成后，在铁听外套一厚纸箱，外面涂刷商标、号码、重量等标志。盘状冰蛋脱盘后，用蜡纸包装。

2. 冰蛋冻藏

包装好的冰蛋品应用低温库储藏。冰蛋品的中心温度在入库前必须在-18℃以下，冷库温度应稳定保持在-18℃，温差不得超过1℃，冷藏间空气温度以-18~-20℃为宜，空气相对湿度保持在95%~98%。如果是冰蛋黄，应放在-6~-8℃的冷藏间内。冰蛋的冷藏期一般为6~12个月。注意储存冰蛋库不得同时存放有异味和腥味的产品，储存前库内要先进行清洁消毒。另外储存冰蛋垛下应垫枕木，每两层之间应填小木条，垛与垛之间留有通风道，注意冷空气流通。

蛋液在运输和储存上比鲜蛋有更多的优越性。例如：在密闭容器内长期冻藏全蛋液，不会引起干耗，而鲜蛋在冷藏期内，干耗是必然的。

第 **九** 章

果蔬的冷加工

9

果品和蔬菜含有丰富的碳水化合物、矿物质、维生素、无机盐和可食性纤维素等营养成分，不仅有益于人们生活质量的提高和身体健康，还以其特有的色、香、味刺激了人们的食欲，满足了人们对于食物种类和花色的要求，因而在人们日常生活中占据了越来越重要的地位。

在果蔬的加工储藏过程中，其化学成分会发生各种各样的变化，有些变化是我们需要的，有些变化对果蔬的质量极为不利，例如保质期缩短、腐败变质、营养成分的损失、风味色泽的变差及质地的变劣等。果蔬储藏保鲜的目的是通过创造适宜储藏的最佳条件来减少果蔬消耗，延缓衰老，保持其优良品质，减少储藏损失。

第一节 果蔬的营养成分和分类

一、果蔬的营养成分

各种水果和蔬菜都具有特殊的色、香、味、质地和营养，这是由于它们的化学成分及其含量的不同而决定的。其主要化学成分如下：

1. 水分

水分是水果、蔬菜的主要成分之一，它决定了水果、蔬菜的性质和耐储性。水果、蔬菜的含水量是衡量水果、蔬菜新鲜程度的一个重要指标。水又是水果、蔬菜生命活动中必不可少的。水果、蔬菜中所含水分的数量因品种不同而有很大差异，通常新鲜水果、蔬菜中的水分质量分数为 65%～90%，有些品种如黄瓜、冬瓜、南瓜等中的水分质量分数在 95% 以上；富含淀粉的块茎，如山药、木薯等的水分质量分数较少，但也在 50% 以上。一般新鲜的水果、蔬菜水分减少 5%，就会失去鲜嫩特性和食用价值，而且由于水分的减少，水果、蔬菜中酶的活性增强，水解反应加快，会使其营养物质分解、耐储性和抗病性减弱，常引起品质变坏，储藏期缩短。因此，在采后的一系列操作过程中，要密切注意水分变化，除保持一定湿度外，还要采取控制微生物繁殖的措施。

2. 碳水化合物

水果和蔬菜中的碳水化合物主要有糖、淀粉、纤维素和半纤维素、果胶物质等，是果蔬干物质的主要成分。

（1）糖类 水果和蔬菜所含的糖分主要有葡萄糖、果糖和蔗糖，其次是阿拉伯糖、甘露糖以及山梨醇、甘露醇等糖醇。

果蔬中所含的单糖是水果、蔬菜储藏中的呼吸底物，所以经过一段时间储藏后，由于糖分被呼吸所消耗，其甜味下降。若储藏方法得当，可以降低糖分的损耗，保持水果蔬菜质量。

（2）淀粉 淀粉为多糖类，主要存在于薯类之中，在未熟的水果中也有存在。果蔬中，以马铃薯、藕、荸荠、芋头、玉米等的淀粉含量较多，其他果蔬中则含量较少。果蔬中的淀粉含量随其成熟度及采后储存条件变化较大。

（3）纤维素和半纤维素 纤维素和半纤维素均不溶于水，这两种物质构成了水果和蔬菜的形态和体架，是细胞壁的主要构成部分，起支持作用。纤维素和半纤维素不能被人体消化，但能刺激肠的蠕动，有帮助消化的功能。

（4）果胶物质　果胶物质是水果、蔬菜中普遍存在的高分子化合物，主要存在于果实、直根、块茎、块根等植物器官中。它以原果胶、果胶、果胶酸三种形态存在。原果胶存在于细胞壁中，不溶于水，在未成熟的水果中的含量特别多。它与纤维素、半纤维素结合在一起，把果实中的细胞结实地粘在一起，使水果的质地显得脆硬，随着水果逐渐成熟，原果胶在水果中所含原果胶酶的作用下，水解成为果胶。果胶与纤维素分离，并溶解于水，渗入细胞汁液内，使成熟水果组织变软而富有弹性。果胶进一步发生去甲酯化作用，生成果胶酸。果胶酸无粘性，果蔬变成软烂状态。

3. 有机酸

果蔬具有酸味，主要是由于各种有机酸的存在。果蔬中有机酸主要有柠檬酸、苹果酸、酒石酸 3 种，一般称之为果酸。此外果蔬中还含有其他少量的有机酸，如草酸、水杨酸、琥珀酸等。这些酸在果蔬组织中以游离状态或结合成盐类的形式存在。与味感关系密切的是游离态的果酸。

有机酸也是呼吸作用的底物，在储藏中会逐渐减少，从而引起水果、蔬菜风味的改变，如苹果、蕃茄等储藏后的变甜。

4. 含氮物质

水果和蔬菜的含氮物质种类繁多，其中主要的是蛋白质和氨基酸，此外还有酰胺、铵盐、某些糖苷及硝酸盐等。但与鱼、肉食品相比较却要少得多。果蔬不是人体蛋白质的主要来源，果实中的氮的质量分数较少，一般在 0.2% ~ 1.2% 之间，其中以核果、柑橘类含量相对较多，仁果类和浆果类含量更少。蔬菜中氮的质量分数较多，一般在 0.6% ~ 9% 之间，其中以豆类含量最多，叶菜类次之，根菜类和果菜类含量最低。

含氮物质的存在和变化对加工产品的质量有很大影响。如加工冷冻马铃薯时，去皮后容易变黑，这是因为马铃薯中的酪氨酸在酶的作用下进行氧化反应生成黑色素的结果，可通过食盐水的浸泡来防止。

5. 脂肪

在植物体中，脂肪主要存在于种子和部分果实中（如油梨、油橄榄等），根、茎、叶中含量很小。不同种子脂肪含量差别很大，如核桃中脂肪的质量分数为 65%，花生中脂肪的质量分数为 45%，西瓜籽中脂肪的质量分数为 19%，冬瓜籽中脂肪的质量分数为 29%，南瓜籽中脂肪的质量分数为 35%，脂肪含量高的种子是植物油脂的极好原料。脂肪容易氧化酸败，尤其是含不饱和脂肪酸较高的植物油脂原料，如核桃仁、花生、瓜子等干果类及其制品，在储藏加工中应注意这些特性。

植物的茎、叶和果实表面常有一层薄的蜡质，主要是高级脂肪酸和高级一元酸所组成的脂。它可防止茎、叶和果实的凋萎，也可防止微生物侵害。果蔬表面覆盖的蜡质堵塞部分气孔和皮孔，也有利于果蔬的储藏。因此在果蔬采收、分级包装等操作时，应注意保护这种蜡质。

6. 单宁物质

单宁又称鞣质，属多酚类物质，在果实中普遍存在，在蔬菜中含量较少。未熟果的单宁含量多于已熟果。例如，未熟的李子中单宁的质量分数约为 0.32%，成熟时为 0.22%，过熟后为 0.1%。含有单宁的组织，当剖开暴露在空气中时，受氧化酶的作用会变色。例如，含单宁成分多的梨或苹果在剖开后，剖面易变褐色。单宁与糖和酸的比例适当时，能表现良好的风味，故果酒、果汁中均应含有少量的单宁。另外，单宁可与果汁中的蛋白质相结合，形成不溶解的化合物，有助于汁液的澄清，在果汁、果酒生产中有重要意义。

7. 糖苷类

糖苷类在植物体中普遍存在，它是由单糖分子与非糖物质相结合的化合物。大多数糖苷类都具有苦味或特殊的香味，其中一些苷类不只是果蔬独特风味的来源，也是食品工业中主要的香料和调味料。部分苷类有剧毒，如苦杏仁和茄碱苷等，在食用时应予以注意。

8. 色素物质

果蔬呈现各种颜色是由于各种色素的存在及相互影响的结果。随着果蔬成熟期的不同及环境条件的改变，各种色素也发生变化。在多数情况下，颜色常作为果蔬成熟度的主要判断因素，也与风味、质地、营养成分的完整性相关。

9. 芳香物质

各种水果及蔬菜都含有其特有的芳香物质而具有香气，一般含量极微，只有万分之几到十万分之几，只有少数水果和蔬菜，如柑橘类、芹菜、洋葱中的含量较多。芳香物质的种类很多，是油状的挥发性物质，且含量极少，故又称为挥发油或精油。它的主要成分一般为醇、酯、醛、酮、烃、萜和烯等。有些植物的芳香物质不是以精油的状态存在，而是以糖苷或氨基酸状态存在的，必须借助酶的作用进行分解，生成精油才有香气，如苦杏仁油、芥子油及蒜油等。

果蔬中所含有的芳香物质不仅构成果蔬及其制品的香气，而且能刺激食欲，有助于人体对其他营养成分的吸收。

10. 维生素

各种维生素是维持人体正常生活机能和健康状况不可缺少的物质，一般需要的量很少，但缺乏时会引起疾病。果蔬中含有大量的维生素，如维生素 A、维生素 D、维生素 B_1、维生素 B_2、维生素 B_3、维生素 B_5、维生素 B_{12} 及维生素 C 等。因此，果蔬是人们日常生活中不可代替的主要维生素来源。在储藏过程中，果蔬中维生素的含量会随着储藏期的延长而减少，甚至消失，这些都与储藏条件有关。因此，储藏新鲜果蔬，不仅要尽可能保存它们原有的外观和风味，而且要最大限度地使其中的维生素含量少受损失。

11. 矿物质

水果蔬菜中矿物质的质量分数不高，一般为 1.2% 左右，但对人体非常重要。它是构成人体的成分，并保持人体血液和体液有一定的渗透压和 pH 值。所以常食水果、蔬菜，才能维持人体正常的生理机能，保证身体健康。

矿物质在水果、蔬菜中有的以盐的形式存在，有的与某些有机物（如蛋白质）结合存在。

12. 酶

水果蔬菜组织中的酶支配着果蔬的全部生命活动的过程，同时也是储藏和加工过程中引起果蔬品质变坏和营养成分损失的重要因素。

二、果蔬的分类

果蔬的种类很多，一般可作以下分类。

1. 水果分类

（1）仁果类　这类水果的果肉中分布有薄膜状壁构成的种子室，种子室有 2～5 个，室内有不带硬壳的种仁，如苹果、梨、海棠、山楂等。

（2）核果类　在这类水果的果肉中有带硬壳的核，核内的核即为种子，如桃、李、杏、樱桃等。

（3）浆果类　浆果类果形较小，肉质呈浆状，一般种仁小而多，如葡萄、草莓等。

（4）柑橘类　柑橘类果实生长在热带和亚热带，如柑、橘、香蕉、荔枝、柠檬、洋桃等。

（5）复果类　复果类果实是由整个的花序组成，果肉柔嫩多汁，味甜酸适口。属此类的果实有热带的菠萝蜜和面包果等，其中菠萝的经济价值最大，在冷库内不宜储藏过长时间。

（6）坚果类　这类水果含水分较少，通常列为干果，果皮为一硬壳，壳内可食部分便是种子，如核桃、栗子、榛子等。

2. 蔬菜分类

（1）叶菜类　叶菜类的可食部分是菜叶和叶柄，它含有大量的叶绿素、维生素和无机盐等。这类蔬菜含水分多，不易储藏，如大白菜、菠菜、甘兰、油菜、芹菜、韭菜等。

（2）茎菜类　茎菜类的可食部分是茎和变态茎。这类菜大都分富含淀粉和糖分，含水分少，适于长期储藏，但在储藏过程中必须控制温度湿度，否则会出芽，如土豆、洋葱、蒜、姜、竹笋等。

（3）根菜类　其可食部分是变态的肥大的直根，含有丰富的糖分和蛋白质。这类蔬菜耐储藏，如萝卜、胡萝卜、山药等。

（4）果蔬类　其可食部分是果实，富含糖分、蛋白质、胡萝卜素及维生素 C，如番茄、茄子、刀豆、毛豆及各类瓜果等。瓜果如黄瓜、冬瓜、南瓜、丝瓜等。

（5）花菜类　其可食部分是花部器官，如菜花、黄花菜、韭菜花等。

第二节　果蔬的采后生理

果蔬在采收后仍然是活的生命体，在储藏和运输过程中仍然继续进行着呼吸、蒸发等生理活动，以维持其生命。

因此，研究和掌握果蔬采后生理，维持其采后生命活力的正常进行是做好保鲜工作的基础。因为只有活着的有机体才具有耐储性和抗病性。

不同的果蔬有不同的耐储性和抗病性，这是由果蔬的物理、机械、化学、生理性状特性综合起来的特性。这些特性以及它们的发展和变化，都决定于果蔬的新陈代谢的方式和过程。所谓耐储性就是指果蔬在一定储藏期内保持其原有质量而不发生明显不良变化的特性；而抗病性则是指果蔬抵抗致病微生物侵害的特性。生命消失，新陈代谢终止，耐储性、抗病性也就不复存在。

一、呼吸作用

果蔬收获后，光合作用停止，呼吸作用成为新陈代谢的主导过程。呼吸作用是在酶的参与下将体内的复杂的有机物分解为简单物质并释放出能量的过程。呼吸作用直接关系到果蔬采后的生理生化变化，影响其成熟、衰老、品质以及储藏寿命。呼吸作用越旺盛，各种过程进行得越快。因此，在果蔬的储藏保鲜和运输过程中，应尽量在维持产品正常生命过程的前提下，设法抑制和降低呼吸作用，减慢代谢过程，这是做好保鲜工作的基本原则和要求。

1. 呼吸作用的类型

呼吸作用分为有氧呼吸和无氧呼吸，在正常条件下主要是有氧呼吸。

（1）有氧呼吸 有氧呼吸是在氧气的参与下所进行的呼吸作用，结果是将糖、有机酸等基本营养物质氧化成二氧化碳和水，并释放出大量的能量。如果以葡萄糖为呼吸底物，则化学反应式可表示为：

$$C_6H_{12}O_6 + 6O_2 \rightarrow 6CO_2 + 6H_2O + 2817kJ$$

由上式可知，在有氧的条件下，一个葡萄糖分子氧化时，释放出 6 个二氧化碳分子和 6 个水分子，并释放出 2817kJ 的能量，这些能量的一部分用于生理活动，另一部分以热的形式释放到体外（这部分热量称为呼吸热）。

（2）无氧呼吸 在缺氧条件下，或者即使有氧但缺乏氧化酶或生命力衰退所进行的呼吸称为无氧呼吸或缺氧呼吸。进行这种呼吸时，由于基质没有被彻底氧化，便产生了各种分解的中间产物，如乙醇、乙醛等，因此，这种呼吸又称为无氧发酵。其反应式为：

$$C_6H_{12}O_6 \rightarrow 2C_2H_5OH + 2CO_2 + 117kJ$$

由此式可知，一个葡萄糖分子经无氧呼吸分解，产生出 2 个二氧化碳分子和 2 个乙醇分子，这时释放的能量很少。为获得同等数量的能量，就要消耗远比有氧呼吸更多的有机物，即消耗更多的储藏养料，因而加速果蔬的衰老过程，缩短储藏时间。同时，呼吸时产生的乙醇、乙醛等在果蔬中过多地积累，会对细胞组织造成毒害作用，产生生理机能障碍，使产品品质恶化，影响储藏保鲜寿命。因此，在储藏保鲜过程，应尽量防止无氧呼吸的发生。

但有些体积较大的果蔬以及地下根茎器官中，即使在外界氧充分的条件下，由于内部组织气体交换较差，其中也有一部分产生无氧呼吸，也有微量的中间物存在，但这并不会造成有害的影响，仍属于正常生理现象。

采后的果蔬在储藏保鲜过程中，为了维持生理活动所需的足够能量，必须通过呼吸作用分解一定的基质即营养成分。

2. 呼吸指标

在果蔬的储运过程中控制其呼吸作用是做好保鲜工作的关键所在。为了掌握呼吸作用的强弱和性质，就必须了解以下几个主要指标。

（1）呼吸强度（RI） 呼吸强度是衡量水果蔬菜呼吸强弱的指标，用在一定的温度下，单位时间内单位质量果蔬放出的二氧化碳或吸收氧气的毫克数或毫升数来表示。

在果蔬储藏期间，呼吸强度的大小直接影响其储藏期限的长短。呼吸强度越大，消耗的养分越多，这样就会加速衰老过程，缩短储藏期限；呼吸强度过低，正常的新陈代谢受到破坏，也会缩短储藏期限。因此，控制果蔬正常呼吸的最低呼吸强度是果蔬储藏的关键问题。

（2）呼吸商（RQ）　呼吸商（呼吸系数）是水果蔬菜呼吸特性的指标，即水果蔬菜呼吸过程中释放出的二氧化碳与吸收消耗的氧气的体积比，即

$$RQ = \frac{V_{CO_2}}{V_{O_2}} \tag{9-1}$$

RQ 通常是在有氧情况下测定（缺氧时，RQ 较大）的，同一底物，RQ 可表示呼吸状态（有氧和无氧）。RQ 因消耗的底物不同而不同。从呼吸系数可以推测被利用和消耗的呼吸基质。

以糖为呼吸底物，完全氧化时：$C_6H_{12}O_6 + 6O_2 \rightarrow 6CO_2 + 6H_2O$

$$RQ = V_{CO_2}/V_{O_2} = 6/6 = 1$$

以有机酸（醋酸）为呼吸底物，完全氧化时：$2C_2H_2O_4 + O_2 \rightarrow 4CO_2 + 2H_2O$

$$RQ = V_{CO_2}/V_{O_2} = 4/1 = 4 > 1$$

以脂肪、蛋白质为呼吸底物，由于它们分子中含碳和氢比较多，含氧较少，呼吸时消耗氧多，所以 $RQ < 1$，通常在 $0.2 \sim 0.7$ 之间。例如硬脂酸被呼吸氧化时：

$$C_{18}H_{36}O_2 + 26O_2 \rightarrow 18CO_2 + 18H_2O$$

$$RQ = V_{CO_2}/V_{O_2} = 18/26 = 0.69 < 1$$

从以上可以看出，呼吸系数越小，需要吸入的氧气量越大，在氧化时释放的能量也越多。所以蛋白质和脂肪所提供的能量很高，有机酸能供给的能量则很少。呼吸类型不同时，RQ 值的差异也很大。以葡萄糖为基质，进行有氧呼吸时，$RQ = 1$；若供氧不足，无氧呼吸和有氧呼吸同时进行，则产生不完全氧化，反应式如下：

$$C_6H_{12}O_6 + 3O_2 \rightarrow 4CO_2 + 3H_2O + C_2H_5OH$$

$$RQ = V_{CO_2}/V_{O_2} = 4/3 = 1.33$$

由于无氧呼吸只释放二氧化碳而不吸收氧气，故 RQ 值增大。无氧呼吸所占比例越大，RQ 值也越大。因此，根据呼吸系数也可以大致了解缺氧呼吸的程度。

3. 呼吸跃变

果蔬在采后的代谢过程中，呼吸作用的强弱不是始终如一的。有些果实在其成熟过程中，呼吸强度会骤然升高，当到达一个高峰值后又快速下降，这一现象称为呼吸跃变，这类果实称为跃变型果实。呼吸强度的最高值称为呼吸高峰，这时果实的风味品质最好。过了呼吸高峰后，果实由成熟走向衰老，风味品质逐渐下降。因此，储运跃变型果实时，一定要在其呼吸跃变出现以前进行采收。与跃变型果实不同，另一类果实在其发育过程中没有呼吸高峰的出现，呼吸强度在其成熟过程中缓慢下降或基本保持不变，此类果实称为非呼吸型果实。图 9-1 所示为果实的呼吸类型曲线。

为了做好保鲜工作，果蔬果收期要根据其跃变类型而定。一般跃变型果蔬应在呼吸高峰前适当时期进行采收，而对非跃变型果蔬，则可在成熟后采收。对于产在热带、亚热带的跃变型果实，更应掌握好采收期和控制好储运保鲜条件，以推迟呼吸高峰的提前到来。

4. 影响呼吸作用的因素

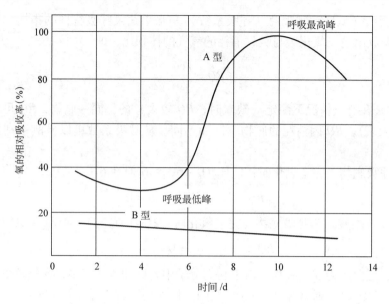

图 9-1　果实的呼吸曲线

A 型—跃变型　B 型—非跃变型

影响呼吸作用强弱的因素很多，除了与果蔬的种类和品种有关之外，主要还与外界的环境温度、气体成分、湿度以及机械损伤等因素有关。

（1）果蔬的种类、品种　不同种类和品种的果蔬呼吸作用的差异很大，这是由遗传性决定的。一般来说，南方水果的呼吸强度比北方的大，夏季成熟的比秋季成熟的大。就种类而言，浆果类的呼吸强度最大，其次是柑橘类，苹果、梨的呼吸强度较小。蔬菜中叶菜类呼吸强度最大，特别幼嫩的瓜果、花椰菜呼吸强度也很大，叶球类较之散叶菜的为低，直根类更低一些，具有休眠特性的鳞茎、块茎蔬菜及老熟瓜果的呼吸强度更低。表9-1 所示是几种果蔬在 0～2℃时的呼吸强度。

表 9-1　几种果蔬在 0～2℃时的呼吸强度　　　　［单位：$mgCO_2 /$（$kg \cdot h$）］

种　　类	呼吸强度	种　　类	呼吸强度
石刁柏	44	甘蓝	5
甜玉米	30	马铃薯	1.7～8.4
豌豆	14.7	胡萝卜	5.4
菠菜	221	洋葱	2.4～4.8
生菜	11	葡萄	1.5～5.0
菜豆	20	苹果	1.5～14.0
番茄	18.8	甜橙	2.0～3.0
甜瓜	5	柿子	7.5～8.5

（2）温度　温度是影响果蔬呼吸作用最主要的外界环境因素。在一定的范围内，温度越高，呼吸强度越大，储藏期也越短。但温度高至 35～40℃以上时，果蔬的呼吸强度

反而降低，如果温度继续升高，酶就被破坏，则呼吸停止。一般来说，温度降低时，果蔬的呼吸强度也降低。

（3）相对湿度　一般来说，湿度降低时可抑制呼吸作用；相反，高湿度会促进呼吸作用。但不同品种的果蔬受湿度的影响也各不相同。

（4）空气成分　空气成分是影响呼吸强度的另一个重要环境因素。空气中氧的含量高，呼吸强度大；但氧的体积分数过低（<2%）会产生缺氧呼吸，易引起生理病害。提高二氧化碳体积分数也可降低呼吸强度，但二氧化碳的体积分数过高也会引起果蔬生理病害。故要维持果蔬正常生命活动，就要使储藏环境中氧气和二氧化碳的含量保持一定的比例。乙烯是果蔬成熟过程中的一种自然代谢物，乙烯体积分数高时，将增强果蔬的呼吸作用，加速成熟和衰老过程，不利于储藏保鲜。

（5）组织伤害及微生物　果蔬遭受机械损伤等时会刺激果蔬呼吸，不仅要消耗营养物质，也易为微生物侵害，耐储性降低。

二、乙烯释放

据报道，几乎所有的植物组织都能产生乙烯，而乙烯反过来又对植物的生长发育、成熟衰老的各个阶段都能产生明显的生理效应。由于乙烯能导致很多果实成熟，同时乙烯的生物合成过程联系着极其复杂的合成降解变化，因而引起人们对乙烯的极大重视。乙烯在极低体积分数（0.5~1mg/kg）时，就能促进采后的果蔬呼吸上升，加速成熟与衰老的作用，因此乙烯又称为成熟激素。

果实在发育期间产生的乙烯，一般呼吸跃变果实在成熟期间产生的乙烯量要比非跃变的果实多很多，呼吸跃变果实在发育期和成熟期的内源乙烯含量变化很大，在果实未成熟时乙烯含量很低，在果实进入成熟阶段时会出现乙烯高峰。与此同时，果实内部的淀粉含量下降，可溶性糖含量上升，有色物质和水洁性果胶含量增加，果实硬度和叶绿素含量下降，果实特有的色香味出现，食用品质最佳。对于呼吸跃变果实来说，只有在果实的内源乙烯达到开始成熟的体积分数之前采用相应的措施才能够延缓果实的后熟，延长果实的储藏寿命。除促进果实成熟外，乙烯还会使其加速软化、失绿黄化、风味劣变、品质下降等。

采后储藏环境对乙烯释放量有很大影响。大多数果蔬中，20~25℃左右时乙烯合成速度最快，因此，低温储藏是控制乙烯产生的有效手段。另外，储藏环境的气体成分也会影响乙烯的生物合成。因为乙烯的生物合成途径为蛋氨酸途径，在 $ACC \rightarrow C_2H_4$ 的转化过程中需要有氧气的参与，低氧气会抑制乙烯的生物合成。二氧化碳是乙烯作用位点上的竞争性抑制剂，适宜的高体积分数二氧化碳对乙烯的合成具有拮抗作用，这也是气调储藏理论的依据之一。

三、蒸发作用

新鲜果蔬含水分很高，细胞水分充足，膨压大，组织呈坚挺脆嫩的状态，具有光泽和弹性。在储藏期间由于水分的不断蒸发，细胞的膨压降低，致使果蔬发生萎缩现象，光泽消退，失去了新鲜感。这主要是蒸发脱水的结果。

植物体及其各种器官，在整个生命期间总是不断地进行蒸发作用的。果蔬在采收前，蒸发作用丧失的水分可由根系从土壤中得到补偿。采收后的蒸发脱水通常不能得到补充，果蔬就逐渐失去新鲜度，并且带来一系列的不良影响。

（1）失重和失鲜 果蔬在储藏中由于水分蒸发所引起的最明显的现象是失重和失鲜。失重即所谓自然损耗，包括水分和干物质两方面的损失，不同的果蔬的具体表现有所不同。失鲜表现为形态、结构、色泽、质地、风味等多方面的变化，其食用和商品品质降低。

（2）破坏正常的代谢过程 蒸发失水严重时不仅会导致植物细胞液的质量分数增高，有些如氢离子、氨离子体积分数过高，引起细胞中毒代谢失调；增强水解酶的活性，加速营养物质的分解。组织中水解过程加强，积累呼吸基质，又会进一步刺激呼吸作用。严重脱水甚至会破坏原生质的胶体结构，扰乱正常的代谢，改变呼吸途径，也会产生并积累某些分解物质如 NH_3 等使细胞中毒。

（3）降低耐储性和抗病性 蒸发失水萎蔫使果蔬组织结构和生理代谢发生异常，体内有害物质增多，造成了耐储性和抗病性降低，腐烂率增高。

水分蒸发的速率与果蔬的种类、品种、成熟度、表面细胞角质的厚薄、细胞间隙的大小、原生质的特性、表面积的大小有着密切关系。此外，温度、相对湿度、空气流速、包装情况等外界环境条件也影响水分的蒸发。避免果蔬萎缩是果蔬储藏过程中一项极为重要的措施。

四、休眠

休眠是植物在完成营养生长或生殖生长以后，为渡过严寒、酷暑、干旱等不良的环境，在长期的系统发育中形成的一种生命活动几乎停止的特性。具有休眠特性的果蔬在采收后，就渐渐进入休眠状态。如一些鳞茎、块茎类的蔬菜在发育成熟后，就会进入休眠状态。

休眠器官在经历一段时间后，又逐渐脱离休眠状态，这时如有适宜的环境条件，就迅速发芽生长。发芽时其器官内积储的营养物质迅速转移，消耗于芽的生长，本身则萎缩干空，品质急剧降低，终至丧失使用价值。

不同种类的果蔬的休眠期是不同的，大蒜的休眠期为 60~80d，马铃薯为 2~4 个月，洋葱为 1.5~2.5 个月，板栗为 1 个月。同种果蔬的休眠期也存在着差异。

果蔬的采后休眠对于果蔬的采后保鲜工作是有利的。这一时期的果蔬体内积累了大量营养物质，原生质发生变化，代谢水平降低，生长停止，水分蒸发减少，呼吸作用减缓，一切生命活动进入相对静止的状态，对不良环境的抵抗能力增加。因此，我们可以充分地利用果蔬的休眠特性，并在适当时候加以调节，为其创造合适的条件，以延长果蔬的休眠，减少营养消耗，达到延长储藏期、保持果蔬品质的目的。如在储藏时，可控制低温、低湿、低氧含量和适当的二氧化碳含量来延长休眠。

五、果蔬的后熟与衰老

一些果菜类和水果，由于受气候条件的限制，或为了便于运输和调剂市场的需要，必须在果实还没有充分成熟时采收，再经过后熟，供食用和加工。

所谓后熟通常是指果实离开植株后的成熟现象，是由采收成熟度向食用成熟度过度的过程。果实的后熟作用是在各种酶的参与下进行的极其复杂的生理生化过程。在这个过程中，酶的活动方向趋向水解，各种成分都在变化。如淀粉分解为糖，果实变甜；可溶性单宁凝固，果实涩味消失；原果胶水解为果胶，果实变软；同时果实色泽加深，香味增加。同时，果实呼吸作用产生了乙醇、乙醛、乙烯等产物，促进了后熟过程。

利用人工方法可加速后熟过程，加速后熟要有适宜的温度、一定的氧气含量及促进酶活动的物质。试验证明，乙烯是很好的后熟催化剂。乙烯能提高果实组织原生质对氧的渗透性，促进果实的呼吸作用和有氧参与的其他生化过程。同时乙烯能够改变果实酶的活动方向，使水解酶类从吸附状态转变为游离状态，从而增强了果实成熟过程的水解作用。

衰老是指果实已走向它个体生长发育的最后阶段，开始发生一系列不可逆的变化，最终导致细胞崩溃及整个器官死亡的过程。果实进入成熟时既有生物合成性质的化学变化，也有生物降解性质的化学变化，但进入衰老期就更多地发生降解性质的变化。

第三节　果蔬的冷却储藏

一、采收和入库前的准备工作

1. 采收

果蔬的采收工作，是农业生产的最后一环，同时又是果蔬加工的最初一环。果蔬的采收时期、采收成熟度和采收的方法在很大程度上影响果蔬的产量、品质和商品价值，直接影响储运效果。

为了保证冷加工产品质量，果蔬要达到最适宜的成熟度方可采收。果实的成熟过程大体可分为绿熟、坚熟、软熟和过熟。采收过早，产品的大小和重量都达不到要求，风味、品质和色泽也不够好，储藏中容易失水，有时还会增加某些生理病害的发生率；但采收过晚，果蔬在植株上已经成熟衰老，采后必然不耐储藏和运输。采收的原则是适时、无损、保质、保量、减少损耗。

正确鉴定果蔬的成熟度是非常重要的。因为它与果蔬的品质、运输和储藏有着密切的关系。目前鉴定果实成熟度的方法主要有果梗脱离的难易度鉴定、果皮颜色鉴定、主要化学物质的含量鉴定、果实的硬度鉴定和果实的生长期鉴定等方法。

2. 分级

果蔬分级的主要目的是为便于收集、储藏、销售和包装，使之达到商品标准化。分级后的果蔬的品质、色泽、大小、成熟度、风味、营养成分、清洁度、损伤程度等基本上一致，更便于加工工艺的确定和保证加工产品的质量。

水果和蔬菜的分级主要是根据品质和大小来进行的，具体的分级标准又因水果蔬菜的种类和品种不同而异。我国目前一般是在果形、新鲜度、颜色、病虫害和机械损伤等方面符合要求的基础上，再按大小对果品进行分级的，即按照果实横径最大部分的直径，区分为若干等级。而蔬菜分级通常根据坚实度、清洁度、大小、重量、颜色、形状、成熟度、新鲜度，以及病虫感染和机械损伤等各个方面来确定。

3. 特殊处理

（1）涂膜　用涂料处理后的果实表面形成一层薄膜，抑制了果实内外的气体交换，降低呼吸强度，从而减少营养物质的消耗，并且减少水分的蒸发损失，保持果实饱满新鲜、增加光泽、改善外观、延长果实的储藏寿命，提高果实的商品价值。经涂膜处理的果实有一层薄膜保护，可以减少微生物的污染而造成腐烂损失，但涂料层的厚度和均匀要适当，如过厚则会导致果实呼吸作用不正常，趋于缺氧呼吸，引起生理失调，从而使果实的品质风味迅速劣化、产生异味，快速衰老以致腐烂。涂料处理只能在一定的期限内起一种辅助作用，不能忽视果实的成熟度、机械伤、储藏环境条件等，对延长储藏寿命和保持品质所起的决定性作用。

选择适当的涂料并使之在果蔬表面形成一层保鲜膜的涂膜保藏法已被广为使用。

（2）愈伤 根茎类蔬菜在采收过程中，很难避免各种机械损伤，即使有微小的、不易发觉的伤口，也会招致微生物的侵入而引起腐烂。马铃薯、洋葱、蒜、芋、山药等采收后在储藏前进行愈伤处理是十分重要的，如将采收后的马铃薯块茎保持在18.5℃以上两天，而后在7.5~10℃和相对湿度90%~95%保待15~20天。适当的愈伤处理可使马铃薯的储藏期延长50%，也可减少腐烂。

（3）其他处理 用化学或植物激素处理也可促进、延迟蔬菜的成熟和衰老，以适应加工的需要。

4. 果蔬的包装

果蔬包装是标准化、商品化、保证安全运输和储藏的重要措施。合理的包装可以减少运输中相互摩擦、碰撞、挤压而造成机械损失；减少病害蔓延和水分蒸发；避免蔬菜散堆发热而引起腐烂变质。此外，包装也是一种贸易辅助手段，可为市场交易提供标准规格单位。包装的标准化有利于仓储工作的机械化操作、减轻劳动强度，设计合理的包装还有利于充分利用仓储空间。

良好的包装材料与容器有保护果蔬的作用。用于水果、蔬菜销售包装的主要材料有塑料薄膜，如玻璃纸、涂PVDC玻璃纸、PVC、PE、PS、PP膜，采用袋装或收缩薄膜包装。但应依透气率要求选择透气膜或在膜上适当打孔，以满足果蔬呼吸的需要。用纸浆或纸板的成型品、塑料片热成型、泡沫塑料制成的有缓冲作用的浅盘也常用于外形较一致的果蔬包装，再覆盖收缩薄膜或将托盘和食品一起装入塑料袋或纸盒套内即可。纸盒有透明塑料窗，可看清包装内容物。木箱、纸浆模塑品、塑料筐（箱）、瓦楞纸箱用于水果及蔬菜的运输或储藏包装。牛皮纸袋、多层纸袋、开窗纸袋、纤维网袋、塑料网袋、带孔眼的纸袋和塑料袋（箱）多用于马铃薯、洋葱等根茎类蔬菜的储运及销售包装。

包装果品时，一般在包装里衬垫缓冲材料，或逐果包装以减少果与果、果与容器之间的摩擦而引起的损伤。包裹材料应坚韧细软、不易破裂。用防腐剂处理过的包裹纸还有防治病害的效果。

质地脆嫩的蔬菜容易挤伤，所以不宜选择容量过大的容器，如番茄、黄瓜等采用比较坚固的箩筐或箱包装，容量不超过于30kg。比较耐压的蔬菜如马铃薯、萝卜等都可以用麻袋、草袋或蒲包包装，容量可为20~50kg。

5. 入库前的准备工作和合理堆码

刚采收的果实带有大量的田间热，呼吸作用十分旺盛，果实内物质的消耗较快，极易腐烂变质。对于长期保藏的果蔬，应在产地进行冷却，充分散发田间热，抑制腐败微生物的生长，抑制酶活性和呼吸作用，延缓后熟，延长储藏寿命。实践证明，果蔬在采收后冷却速度越快越好，特别对那些组织娇嫩、营养价值高、采后寿命短的呼吸高峰型的果实，如果不快速预冷，果实很快腐烂，影响寿命和品质。例如，梨在采收后 24h 内迅速冷却，于 0℃下储藏五星期不腐烂；但采收后经过 96h 才冷却，在 0℃下储藏五星期即有 30% 腐烂。

目前，大都不在产地冷却，而是将果蔬包装后直接运往冷库进行冷却和冷藏。这就要求在果蔬入库前要进行抽验整理，剔除不能长期储藏的果蔬。一般按 1% ~2% 的量抽样检验，查明烂耗比例和成熟情况。如果烂耗比例超过冷库保质制度范围，必须将整批货物重新挑选包装。

经过挑选，质量好的水果如要长期冷藏，应逐个用纸包裹，然后装箱、装筐。有柄的水果在装箱或装筐时应特别注意，勿将果柄压在周围的果实上，以免碰破其他水果的果皮。果蔬不论是箱装还是筐装，最好采用"骑缝式"或"并列式"（每层垫木条）的堆垛方式。地面上要用垫木垫起，垛与垛、垛与墙、垛与风道之间都应留有一定距离，便于冷空气流通。尽管货垛外部已被冷却，但货垛内部由于呼吸热积聚，出现高温、高湿现象，就会引起果蔬腐烂。在冷藏的过程中，还应经常对果蔬质量进行检查，从冷藏间内各个不同部位抽验，对不能继续进行冷藏的果蔬应及时剔除，以防止大批腐烂。

二、果蔬储藏温度

降低储藏温度，能使果蔬的呼吸作用、水分蒸发作用减弱，营养成分的消耗降低，微生物的繁殖减少，果蔬的储藏期延长。一般来说，果蔬的储藏温度在 0℃左右，但由于果蔬的种类、品种不同，对低温的适应能力也是各不相同的。就水果来讲，生长在南方或是夏季成熟的水果，适宜较高温度储藏，不适当的低温或冻结会影响果实的正常生理功能，使品质、风味发生变化或产生生理病害，不利于储藏。例如香蕉长期放在低于 12℃的温度下便不能催熟，即使是短期遭受低温危害的香蕉，催熟后仍果心发硬、果皮发黑。从生产实践得知，金冠、红星苹果宜在 0.5 ~1℃温度下储藏，鸡冠、国光苹果宜在 0 ~ -1℃温度下储藏。大白菜、毛豆、葱头、蒜头宜在 -1 ~1℃下储藏，刀豆、青豌豆宜在 1 ~3℃下储藏。因此，果蔬的冷却储藏应根据不同品种控制其最适储藏温度，即使是同一种类，也会由于品种、成熟程度、栽培条件等有所不同。所以在进行大量储藏时，应事先对它们的最适温度做好选择试验。在储藏期间，要求储藏温度稳定，避免剧烈变动。

三、果蔬的储藏湿度

冷藏室内空气中的水分含量对食品物料的耐藏性有直接的影响。对于果蔬储藏来说，环境湿度的改变，容易引起失重和其他一系列的变化，如干耗、细胞的膨压降低，产生萎蔫，严重影响其鲜嫩品质，还会使水解酶的活性加强，使体内的某些物质成分被水解成简单物质，破坏了正常的新陈代谢活动，引起果蔬储藏期间的生理失调，进而影响果蔬储藏品质和储藏寿命。

冷藏室内的空气既不宜过干也不宜过湿。低温的果蔬如果与高湿空气相遇，就会有水分冷凝在其表面，导致果蔬容易发霉、腐烂。空气的相对温度过低时，果蔬中的水分会迅速蒸发，当水分蒸发达到 5% 时就会出现萎蔫和皱缩，导致正常代谢紊乱。冷藏时大多数水果适宜的相对湿度在 85% ~90%，绿叶蔬菜、根菜类蔬菜和脆质蔬菜适宜的相对湿度可提高到 90% ~95%，坚果类冷藏的适宜相对湿度一般在 70% 以下。若果蔬采用具有阻隔水汽的包装时，空气的相对湿度对果蔬影响较小，控制的要求相对也较低。

冷库内湿度过低时，可在风机前配合自动喷雾器，将细微小雾滴随冷风送入库房，加湿空气；也可在地面上洒些清洁的水或将湿的草席盖在包装容器上，增加库内空气的相对湿度。如果湿度过高，可用机械除湿机除湿，也可在库内墙角放些干石灰或无水氯化钙吸潮。

表9-2和表9-3是水果和蔬菜的最佳储藏温度与储藏期。

表9-2　水果的最佳储藏温度与特性

种　类	相对湿度（%）	冻结点/℃	最佳储藏温度/℃	储藏期/周
苹果	85	−1.5	−1～3	8～28
杏	85	−1	−0.5	2
鳄梨	65	−0.3	5～12	3～6
青香蕉	75	−0.8	12.5	2～3
黑莓	85	−0.8	−0.05	1
蓝莓	83	−1.3	−0.5	3～6
樱桃	83	−1.8	1	2～4
葡萄柚	89	−1.1	10～12	10～16
葡萄（欧洲）	82	−2.2	−1	4～12
青柠檬	89	−1.4	12	12～20
橘子	86	−1.1	5～8	3～3
芒果	81	−0.9	10～12	2～3
瓜类	92	−0.2～1.2	5～10	2～4
橙子	87	−0.8	5～10	6～12
桃	87	−0.9	−0.5	2～6
梨	83	−1.6	−1	8～28
菠萝	85	−1	10	2～4
李子	86	−0.8	−0.5	2～7
树莓	83	−1.1		3～5天
草莓	90	−0.8	0	1～5天

表9-3　蔬菜的最佳储藏温度与特性

种　类	相对湿度（%）	冻结点/℃	最佳储藏温度/℃	储藏期/周
芦笋	93	−0.6	0	2～4
青豆	90	−0.7	7	1～2
利马扁豆	67	−0.6	0～5	1～2
嫩茎椰菜	90	−0.6	0	1～2
抱子甘蓝	85	−0.8	0	2～4
卷心菜	92	−0.9	0	4～12
胡萝卜	88	−1.4	0	12～20

（续）

种　类	相对湿度（％）	冻结点/℃	最佳储藏温度/℃	储藏期/周
菜花	92	-0.8	0	2～4
芹菜	94	-0.5	0	6～10
甜玉米	74	-0.6	-0.5	1～2
黄瓜	96	-0.5	7～10	2～3
茄子	93	-0.8	7～10	10 天
蘑菇	91	-0.9	0	3～7 天
秋葵	90	-1.8	10	7～10 天
洋葱	88	-0.8	0	6～28
西芹	—	-1.1	0	4～8
带荚青豌豆	74	-0.6	-0.5	1～3
甜椒	92	-0.7	7	2～3
土豆	80	-0.6	7	16～24
菠菜	93	-0.3	0	1～2
朝鲜蓟	83	1.2	-0.5	1～2
青番茄（绿熟）	95	-0.6	12	3～6
有色番茄（成熟）	94	-0.5	7～10	1～2
蒜	70	-0.8	0	30
南瓜	75	-0.8	10～12.8	13

四、变温储藏

为了提高储藏质量、减少果蔬在冷藏过程中发生生理病害的可能，在储藏时对某些品种采用变温储藏的方法。例如鸭梨对温度比较敏感，采摘后直接放入 0℃ 冷库迅速降温，一月后均发生黑心，储存两月后全部黑心。如果将鸭梨先放在 15℃ 储存两周，然后再转入 5～10℃ 库中储藏，然后每隔半个月降低 1℃，一直降到 0℃ 储藏，则采用上述逐步降温的方法时，对防止鸭梨黑心病的发生有良好的效果。柠檬在 2℃ 下储藏 21d，接着在 13℃ 下储藏 7d，然后再在 2℃ 下储藏，可储藏 6 个月甚至更长时间。与一直放在低温下储藏的番茄相比，经变温处理后置于低温下储藏的番茄具有更好的表观颜色和风味。

五、空气的更换与异味的控制

1. 空气的更换

果蔬的储藏环境中氧供应量不足或果实本身衰老时，若其对储藏环境不适应就进行缺氧呼吸。缺氧呼吸时除产生二氧化碳外，还产生乙醇、乙醛等中间产物，这些中间产物在果蔬中积累达到一定程度，便会引起果蔬细胞中毒，阻碍其正常的生理功能，造成生理病害，加速果蔬的衰老和死亡。因此，果蔬在储藏过程中，过多地进行缺氧呼吸是极为不利的。在储藏果蔬的冷库内，一般都装有换新鲜空气的管道，及时地把冷库中过量的二氧化碳气体排出，换进适量的新鲜空气。但果蔬冷库的通风量，因其储藏果蔬品种的不同而异，如柑橘的通风换气量推荐值为 $1.6m^3/$（h·t），洋山芋的通风换气量推荐值为 $1m^3/$（h·t）。果蔬储藏时的最适宜风速一般为 0.1～0.5 m/s。

2. 异味的控制

异味的控制一般采用通风、活性炭吸附和空气洗涤等最常用的方法。用活性炭去除异味时，应使用专门加工的高性能活性炭。因为活性炭最易吸附有机物气体和高相对分子质量的蒸气，它不像极性的吸附剂硅胶那样，它与水分没有特殊的亲合力。活性炭除异味时的需要量应按污染的程度和异味气体的浓度来确定，一般 1kg 活性炭可供净化 $6 \sim 30 m^3$ 的冷藏间使用一年。去除异味还可用臭氧，但是臭氧的效果仍存在争议。另外，还可用二氧化硫、雾化次氯酸钠水溶液或醋酸水溶液等清洗除去冷藏间的地坪和设备上的臭味。

六、出库前的升温

果蔬从冷库中直接取出时，表面常常会结露，尤其是夏天，结露的量更多，俗称"发汗"现象，再加上有较大温差的存在，会促使果蔬呼吸作用大大加强，使果蔬容易变软和腐烂。另外，某些包装材料（如纸板箱）也可能受凝结水的损害。所以，为了防止结露，果蔬在出库前要进行升温。

升温过程最好在专设的升温间内进行，也可在冷藏库的走廊内进行。果蔬在升温时，空气温度应比果蔬温度高 $2 \sim 3.5℃$，相对湿度在 $75\% \sim 80\%$，当果蔬温度上升到与外界气温相差 $4 \sim 5℃$ 时才能出库。经过升温后出库的冷藏果蔬能更好地保持其原有的品质，有利于销售和暂时存放，减少了损耗。

第四节　果蔬的气调储藏

一、气调储藏的发展

所谓气调储藏是调整食品环境气体成分的冷藏方法。它是由冷藏、减少环境中氧气、增加二氧化碳量所组成的综合储藏方法。

气调保鲜技术的研究始于 1819 年，法国蒙利埃学院杰克爱丁·贝拉教授首先研究了空气对水果成熟的影响。1941 年美国发表了关于气调储藏的公告，提供了气体成分、温度的参考数据以及气调库的建筑方法和气调库的操作。在这份报告中正式将这种储藏方法称为气调储藏（Controlled atmosphere storage，简称 CA 储藏），也称快速降氧法。这一术语一直被全世界采用至今。据报道，近年来，美国气调储藏苹果量已占冷藏总量的 80% 以上，新建果品冷库几乎全是气调库。英国气调库达 22 万吨以上，其他国家也都大力发展气调技术，气调苹果量均达到冷藏苹果总量的 50% ~70% 以上。

20 世纪 60 年代末，我国开展了香蕉的气调试验，随后开展了苹果、梨、柑橘、番茄、菜花、蒜苔、黄瓜、青椒等的气调储藏试验研究。近年来，随着科学技术的发展，国外气调保鲜技术及设备的引进，进一步促进了 CA 气调储藏库的建立和推广，在苹果、库尔勒香梨、猕猴桃、大白菜等的长期储藏保鲜中取得了较好的效果，为我国果蔬保鲜技术的现代化和发展打下了基础。

严格地讲，CA 储藏保鲜是在冷藏的条件下，将氧气和二氧化碳控制在一定的指标之内，并允许有较小的变动范围。在 1960 年以前，各国普遍采用的气调储藏是靠果蔬自身的呼吸作用来降低氧气、增加二氧化碳的体积分数的，这种储藏方法称之为自发气调或限气储藏保鲜（Modified atmosphere storage），简称 MA 储藏保鲜。这种储藏保鲜方法的氧气和二氧化碳的体积分数变动较大，多用于短期储藏、运输以及销售时的保鲜。

二、气调储藏的生理基础和特点

1. 气调储藏的生理基础

正常的大气环境内空气中的氧气的体积分数为20.9%，氮气为78.1%，二氧化碳为0.03%，其余为氩、水蒸气、甲烷、氖、氦、氪、氙等。如果把空气中的氧含量降低，适当地增加二氧化碳的体积分数，可以降低果、蔬的呼吸强度，其新陈代谢也就减弱了，从而推迟了水果、蔬菜的后熟期。同时在较低体积分数的氧和高体积分数的二氧化碳时，能使果蔬产生乙烯的作用减弱，抑制乙烯的生成，从而延长了果蔬的储藏期。

低温可以减弱呼吸作用，于是延长了呼吸高峰的到来，抑制了果蔬的衰老和死亡，达到了储藏的目的。

但是环境中氧过少会产生缺氧呼吸，二氧化碳量过高会产生中毒，温度太低会引起冷害。所以在气调中恰当地掌握每一种果蔬的储藏湿度和气体成分的含量，就成为气调储藏的关键。

2. 气调储藏保鲜的特点

气调储藏是果蔬储藏的一种新技术，对有些品种（如苹果、梨、青椒等）是最有效的储藏方法。和其他储藏方法相比，其储藏效果是比较好的，对动物性食品（如肉类、鱼类等）也有一定作用。

（1）可以抑制果蔬的后熟　在低温、低氧、高二氧化碳的条件下，有呼吸高峰的果蔬若在呼吸高峰前采收储藏，其呼吸强度明显减弱，并大大推迟呼吸高峰的到来。另外，在气调的条件下，果蔬产生的乙烯量减少，也降低了呼吸作用。气调储藏抑制了果蔬后熟和衰老过程，可以延长其储藏寿命1~2倍。如青椒用气调储藏，可抑制其变红；蒜苔可抑制苔苞发育。并且，气调储藏可以很好地保持果蔬硬度、组织结构、抑制果肉软化，保持味道、香气等。如一般冷藏的苹果4个月后开始发绵，而气调储藏的苹果6个月后仍然香脆、味道不变。

（2）可以减少果蔬损失　气调储藏的苹果平均损失为4.8%，而一般冷库中储藏的苹果平均损失高达21.3%。草莓极易腐烂，0℃时只能保藏7~10d，5℃时为3~5d，21℃时仅为1~2d。如果采用气调储藏，其储藏期可达15d，不仅抑制腐烂，而且品质很好。同时，控制相对湿度在90%左右，能防止水分损失，防止植物萎蔫，能较好地保持其新鲜度。

（3）可以抑制果蔬的生理病害　气调储藏可以抑制果蔬的老化和衰老。二氧化碳可以抑制叶绿素的分解，达到保绿的作用。果蔬的老化主要是纤维素增加而引起的，在气调储藏中这种变化会减慢。如石刁柏在12%的二氧化碳和高湿条件下，老化可推迟，这样处理的产品比放在空气中更嫩，颜色更绿。

（4）可以控制真菌的生长和繁殖　有些果蔬中腐败真菌生长的最低温度为5~10℃，若温度降低，可以防止因真菌所造成的腐败。如再增加二氧化碳的质量分数可以延长真菌的发芽时间，减缓其生长速度。如在10℃以下二氧化碳的质量分数为50%时，可抑制葡萄孢菌；二氧化碳的质量分数为70%时可抑制根霉菌，二氧化碳的质量分数为90%时可抑制木霉菌。所以，将有些果蔬短时间放在高含量二氧化碳中，不会引起二氧化碳中毒，且能抑制真菌的活动。

（5）可以防止老鼠和昆虫的危害　在高二氧化碳和低氧气的条件下，老鼠和昆虫会因窒息而被杀。

（6）有利于推行绿色食品储藏　在气调储藏中，不用任何化学药物处理，所采用的措施全是物理因素，被储产品所能接触到的氧气、二氧化碳、氮气、水分和低温等都是人们日常生活中不可缺少的物理因子，因而不会造成任何形式的污染，完全符合绿色食品的标准。

（7）有利于长途运输和出口外销　具有良好的社会经济效益。

三、气调储藏方法

1. 自然降氧法

自然降氧法利用对不同气体有不同透气性的包装材料和果蔬自身的呼吸作用来增加储藏小环境中的二氧化碳并降低其氧气含量，也可以利用向包装容器中充入氮气等方法，来改变储藏环境中各种气体成分的比例，达到延长储藏期的目的。

实现自然降氧的换气方式主要有部分换气式和气体通过交换式两种换气方式。

（1）部分换气式　果蔬在空气中进行正常呼吸时，呼吸商 RQ 等于 1，也就是说呼吸中消耗的氧气与产生的二氧化碳在容积上是相等的。如果将果蔬置于密封的冷藏库内，由于产品的呼吸，氧气就逐渐减少，二氧化碳逐渐增加。当空气中氧的含量不足时，自室外引进适量新鲜空气以补充氧气；当二氧化碳浓度过量时，可用气体洗涤器将其消除，以减少对果蔬的生理病害。这样即可保持库内既定的气体成分。图 9-2 所示为普通气调储藏库示意图。它具有如下缺点：

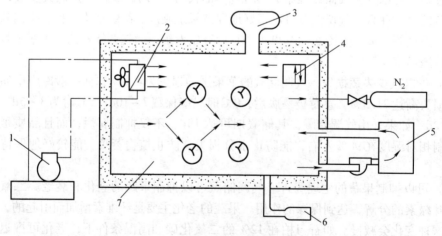

图 9-2　普通气调储藏库示意图
1—冷冻机　2—冷却器　3—橡皮囊　4—脱臭器
5—气体洗涤器　6—气体分析仪　7—气调库

1）达到要求的空气组分需要的时间较长，而达到要求之后，再调整比较困难。

2）利用这种方法制造的人工空气，氧气和二氧化碳的含量不会低于 21%。

3）果蔬在储藏中产生的乙烯气体不能完全除去。

4）外界空气的进入会使外界热量传入，使制冷设备的负荷增加。

由于存在上述的缺点，这种方法目前使用已不多。

（2）气体通过交换式　气体通过交换式一般用塑料膜来实现。通常使用聚乙烯薄膜，因为它具有透气效果好、化学性能稳定、耐低温、密封性好、符合卫生要求、价格便宜等优点。所以，塑料薄膜在果蔬的储藏保鲜中得到广泛应用。这种方法的主要特点为：

1）由于密封在聚乙烯薄膜袋内果蔬的呼吸作用，呼吸氧气而放出二氧化碳、水、乙烯及挥发性物质，使薄膜袋内外产生压差。

2）气体从分压高的一侧向低的一侧扩散。通过袋内外的气体交换改变了袋内的气体成分。

3）由于水分子具有极性，扩散比较困难，透过性差。透水性与其种类、密度、厚度等有关。

聚乙烯薄膜包装果蔬保鲜具有以下作用：①防止果蔬的鲜度下降和减重。②抑制呼吸作用而延缓成分的损耗和后熟。③防止机械损伤。④防止湿度波动而凝露。

气体通过交换式的储藏方法一般有小袋气调储藏、塑料大帐气调储藏、箱装气调储藏、硅窗气调储藏、热缩储藏等几种。

（1）塑料薄膜小袋气调储藏　小袋储藏一般用厚度为 0.02~0.07mm 的聚乙烯薄膜，袋的大小按产品种类而定，每袋装产品量一般为 5~10kg，为便于管理和搬运，每袋最多不超过 30kg。使用时将果蔬装入袋口，然后将袋口密封，置于冷藏库中储藏。

对于较长期的储藏，塑料薄膜的厚度为 0.05~0.07mm，由于袋较厚，储藏时间又长，经过一定的时间后内部的二氧化碳积累过高会造成伤害，因此在储藏期间应根据袋内气体情况每间隔一段时间进行适当的开口放风。短期储藏时，塑料薄膜袋的厚度为 0.02~0.03mm，由于袋很薄，具有一定的透气性能，因此在储藏期间不用放风换气。

（2）塑料薄膜大帐气调储藏　在冷藏库中张起聚乙烯大帐，将果蔬放入其中冷藏。当二氧化碳的含量聚集到一定程度，二氧化碳便会从内透过；氧气低到一定程度时，外界的氧气会从薄膜外面透入，从而使大帐内的空气组成大体上维持在一定的含量。

这种方法比较简单，只要选择具有一定透气性的聚乙烯薄膜将果蔬包装起来，就能延缓果蔬的成熟过程、提高果蔬的储藏质量和寿命。

塑料薄膜大帐常用 0.1~0.2mm 厚低密度聚乙烯薄膜和无毒聚氯乙烯压制成的长方形大帐。大帐体积根据储藏量而定。

为了保持帐内适宜的气体比例和含量，要经常观察帐内气体含量的变化。当氧气过低或二氧化碳过高时，打开大帐的袖口使新鲜空气进入。

（3）硅窗塑料薄膜袋气调储藏　这是在聚乙烯薄膜上镶嵌一定面积的硅橡胶薄膜，制成硅窗袋、硅窗箱或硅窗大帐，然后将水果、蔬菜装入其内。由于硅橡胶薄膜具有透气性高并且二氧化碳与氧气透比大的特性，用带有硅窗的塑料袋或塑料帐储藏果蔬时，由于呼吸作用使氧气的消耗过大时，外界的氧气可通过硅窗进入袋（帐）内，而袋（帐）内积累的二氧化碳也可通过硅窗排出，这样就能很好地保持袋（帐）内气体成分的比例，如图9-3所示。硅窗面积的大小应根据储藏的产品、种类、品种、成熟度、单位体积的储量、储藏温度、要求的气体组成、窗膜厚度等许多因素来计算确定。

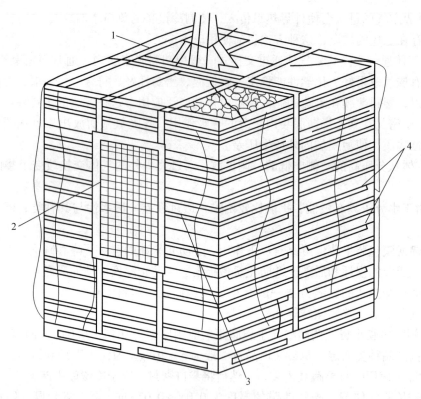

图 9-3　硅气窗包装袋简图
1—聚乙烯袋　2—扩散窗　3—平衡孔　4—箱子

（4）箱装储藏　这种方法是由聚乙烯薄膜和木箱或纸箱组合在一起的储藏方法。首先，将聚乙烯薄膜垫在木箱或纸箱的里边，然后在箱中装入果蔬，最后将聚乙烯薄膜密封或不密封（也有在瓦楞纸的内侧，先贴上塑料薄膜的储藏方法），再放于冷藏库中储藏。

（5）涂膜气调法

食品涂膜是将成膜物质事先溶解后，以适当方式涂敷于食品表面，经干燥后，食品的表面便覆有一层极薄的涂层，故又称为液体包装。食品经涂膜处理后，表层被涂膜包裹着，即形成了一个小型的气调环境，如此在食品外表形成了一个保护层，就能大大减少水分蒸发。对果蔬等生鲜食品而言，这种方法可以阻碍氧气的进入，对防氧化、减弱其呼吸作用等生理生化变化有很好的意义，同时还可防止微生物的侵害。

所使用的涂膜剂必须无毒、无异味，与食品接触不产生对人体有害的物质。一般化学涂膜剂主要成分有：被膜剂、防腐剂、抗氧剂、发色剂及 pH 调节剂等。其中被膜剂主要采用多糖类物质，如淀粉、糊精、壳聚糖、梭甲基纤维素（CMC）、乳化剂（蔗糖酯、单甘酯等）、蛋白质、聚乙烯醇、石蜡、虫胶、乳胶和油脂等；抗氧化剂主要采用 BHA、BHT、PG、抗坏血酸及其盐类等；防腐剂主要采用苯甲酸及其盐类，山梨酸及其盐类，尼泊金乙酯及其丙酯、丁酯、噻唑苯咪唑、亚硫酸盐；发色剂主要采用 L－抗坏血酸、亚硝酸钠、硝酸钠等；pH 调节剂主要采用乙酸、柠檬酸、氢氧化钠等。

涂膜的方法是将一定量的成膜剂、防腐剂等物，按配比加水或以其他方式溶解，随后将需涂膜的食品浸入涂膜液中，使其均匀浸附上膜液，然后迅速取出风干或晾干，也可采用喷涂等方法进行涂膜。其中关键的是要根据不同保鲜对象选用合适的涂膜材料，成膜的厚度也不能过厚或过薄。对果蔬涂膜时，若涂膜过薄或有缺损，达不到气调目的，若过厚，氧气一点不能进入，造成无氧呼吸，产生酒精，到一定程度后引起果蔬发酵，腐败变质。因此，被膜剂的用量、浓度要适当。据研究，涂膜的厚度一般为0.3mm即有效，涂膜时，采用两次成膜法较一次成膜法的保鲜效果要好。

涂膜气调保鲜不仅用于果蔬，还可用于鱼、肉、蛋类、面包等。

2. 快速降氧法（CA储藏）

这种方法是在短时间内可以制取出氧气和二氧化碳总量低于21%的人工空气。这种方法在欧洲、美国和日本等经济发达国家和地区已广泛采用。

该方法是使用气体反应器，通过对丙烷气体的完全燃烧来减少氧气和增加二氧化碳量的。当气体发生器制出果蔬最适宜气体组成后，就把这气体送入冷库中，这样的冷库叫机械气调储藏库，如图9-4所示。

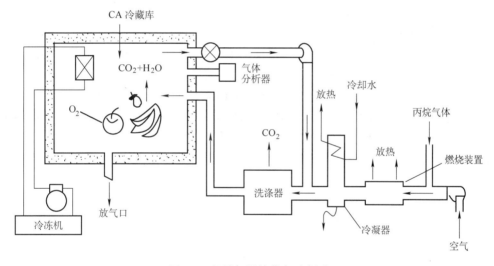

图9-4　机械气调储藏库示意图

CA储藏保鲜与MA储藏保鲜相比，具有以下优点：

1）气体成分的控制更精确、更合理，并可根据需要调节，降氧速度快，保鲜效果更好。对那些不耐储藏的果蔬效果更为显著，如草莓若以自然降氧储藏，还没有达到气体的含量，草莓已经变质腐烂，而用快速降氧法，就可以获得新鲜、优质的产品。

2）可以及时排除库内乙烯。快速降氧法由于库内的空气经常和外界空气交换，因此，果蔬所放出的乙烯可及时地排除。所以，可以推迟产品的后熟，还能防止因冷藏而产生的中毒性病害。

3）库内气密性要求不高，可减少建筑费用。快速降氧法所要求的气密性不如自然降氧法高，这样的气密结构可节省建库的经费。

3. 混合降氧法

这种方法也称为半自然降氧法，它是将自然降氧法和快速降氧法结合起来的一种方法。首先，用快速降氧法使冷藏库内的氧气减少到一定程度，然后由水果、蔬菜本身的呼吸使氧的含量进一步下降，二氧化碳量逐渐增加。

这种方法因开始时氧量下降很快，控制了水果、蔬菜的呼吸作用，防止了像草莓那样易腐的产品的腐烂。因此，混合降氧法比自然降氧法优越。而在中期或后期又靠水果、蔬菜的呼吸自然降氧，所以，较快速降氧法的成本低。

四、减压储藏

减压储藏又称低压储藏、降压储藏，是在冷藏和气调储藏的基础上进一步发展起来的一种特殊的气调储藏方法。1957 年，美国的 Workman 和 Hummel 等同时发现，在几种果品冷藏的基础上再加上降低气压的条件，除使空气中各种气体组分的分压都相应降低外，还能大大加快农产品组织挥发性气体向外扩散的速度，比常规气调储藏的时间明显地延长。1966 年，美国的 Burg 夫妇提出了完整的减压储藏理论和技术，这被认为是农产品储藏保鲜史上的第 3 次革命。此后，在许多国家相继开展了广泛的研究，试验范围也从最先使用的苹果迅速扩大到其他品种的果蔬、花卉、苗木、切花以及禽、肉、水产等易腐农副产品，并取得了良好的储藏效果。

减压储藏是将果蔬置于密闭容器中，抽出容器内部分空气，使内部气压降到一定程度，同时经压力调节器输送新鲜空气（湿度为 80% ~ 100%），整个系统不断地进行气体交换，以维持储藏容器内压力的动态恒定和保持一定的湿度环境，如图 9-5 所示。由于降低空气的压力就等于降低空气中氧气的含量，从而能够降低果蔬的呼吸强度，并抑制乙烯的生物合成，而且低压条件下，可推迟叶绿素的分解，抑制类胡萝卜素和番茄红素的合成，减缓淀粉的水解、糖的增加和酸的消耗等过程，从而延缓果蔬的成熟和衰老，达到保鲜的目的。

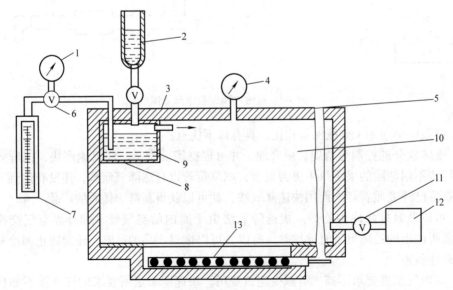

图 9-5　真空冷却减压储藏库结构示意图

1—真空度表　2—加水器　3—阀门　4—温度表　5—隔热墙
6—真空调节器　7—空气流量计　8—加湿器　9—水　10—减压储藏库体
11—真空节流阀　12—真空泵　13—制冷系统的冷却管

减压储藏相对于普通冷藏、气调储藏具有以下优点：

（1）储藏期延长　由于减压储藏除具有冷藏和类似气调储藏的效果外，还有利于组织细胞中有害物质如乙烯、乙醇等挥发性气体的排出。并且，在低压条件下真菌形成孢子受到抑制，气压愈低抑制真菌的生长和孢子生成的作用愈显著。在一般气调储藏中，φ（O_2）为2.7%、φ（N_2）为97.3%（86.13kPa）的条件下，与37.06kPa和13.6kPa的低压条件相比，后者对真菌菌丝的生长和孢子形成的影响大得多，所以减压储藏的果蔬的储藏期大大延长。几种果蔬减压保鲜的效果如表9-4所示。

表9-4　果蔬冷藏与减压储藏储藏期比较

种　类	冷藏/d	减压储藏/d
莴苣	14	40～50
番茄	14～21	60～100
菠萝	9～12	40
草莓	5～7	21～28
香蕉	10～14	90～150
苹果	60～90	300
桃	45～60	300
青葱	2～3	15
黄瓜	10～14	41

（2）具有"三快"的特点　即快速真空降温、快速降氧、快速脱除有害气体成分的特点。在减压条件下，果蔬等农产品的田间热、呼吸热等随真空泵的运行而被排出，造成降温迅速。在真空条件下，空气中的各种气体组分分压都相应的迅速下降，故氧分压也迅速降低，克服了气调储藏中降氧缓慢的缺点。同时由于减压造成果蔬等农产品组织内外有压力差，以此压力差为动力，农产品组织内的气体成分向外扩散，避免了有害气体对农产品的毒害作用，延缓了衰老的进行。

（3）储量大、可多品种混放　由于减压储藏换气频繁，气体扩散速度大，产品在储藏室内密集堆放，室内各部分仍能维持较均匀的温、湿度和气体成分，所以储藏量较大。同时减压储藏可尽快排出产品体内的有害物质，防止了产品之间相互促进衰老，所以可多种产品同放于同一储藏室内。

（4）可随时进出库　由于减压储藏操作灵活，使用方便，所要求的温度、湿度、气体浓度等很容易达到，所以产品可随时出库、入库，减少了普通冷藏和气调储藏产品易受出入库次数的影响。

（5）延长了货架期　经减压储藏的产品，在解除低压后，仍有效，其后熟和衰老过程仍然缓慢，故经减压储藏的产品有较长的货架期。

（6）节能、经济　减压储藏除空气外不需要提供其他气体，省去了气体发生器和二氧化碳脱除设备等。由于减压储藏库的制冷降温与抽真空是不断地连续进行并维持压力的动态平衡，所以减压储藏库的降温速度相当快，故用减压储藏的果蔬可不预冷，直接入库储藏，减少了预冷费用。尤其在运输方面，节约了时间，加速了货物的流通速度。

减压储藏虽有许多优点，但它也存在一些问题。首先，减压储藏的建筑费用比普通冷库高得多。其次，食品易失水，故减压冷藏时要特别注意湿度控制，最好在通入的气体中，增设加湿装置。第三，食品香味易降低，减压储藏后，食品易损失原有的香气和风味；但有些食品在常压下放置一段时间后，风味有些恢复。对于那些中空的仁果类食品（如甜椒），在减压冷藏中会因为里面的空气被抽出而造成变形，失去鲜活商品的价值。

五、果蔬冰温储藏技术

所谓冰温是指从0℃起至各生物组织即将开始结冰时为止的温度带。冰温储藏技术能够长期有效地保持适熟水果的固有风味和新鲜度，因此能够提高商品的价值。在果蔬储藏方面，梨、桃、冬枣、樱桃、李、柑橘、香蕉及珍贵药材等的冰温保鲜都取得了成功。近年来，该技术在日本、美国、韩国等一些国家和地区得到了迅速发展。有学者称冰温技术是农产品储藏、保鲜技术上的又一次革命。

研究结果表明，温度是影响果蔬采后呼吸代谢、后熟衰老的最重要的因素。较低的储藏温度可以降低果蔬的呼吸强度，减缓新陈代谢，延长果蔬的储藏寿命。果蔬采后仍然是活体，即便在冷藏期间也进行着新陈代谢的生化反应，极易氧化变色，气调冷藏法的出现，大大改善了冷藏方法的这个缺陷。但是，气调冷藏法也有局限性：①并非适合于所有的果品和蔬菜。②建造气调冷藏库成本高，限制了它的广泛应用。③此法要求果蔬在尚未完全成熟时就采摘储藏，因为成熟度高的果蔬的生命力通常比较弱，即使短期储藏也会因衰老变质而失去储藏价值，提早采收必将降低果蔬的固有风味和品质。因此，冷藏和气调冷藏都只能在一定程度上保持果蔬的生鲜状态，而不能提高它们的固有风味和品质。

原日本鸟取县食品加工研究所所长、现日本冰温协会理事长山根昭美博士于20世纪70年代初期在研究长期保持鸟取特产洋梨的储存方法时，对爱斯基摩人采用低于0℃的海水储存肉食的方法和对蛇、青蛙等冬眠时为何不会冻死等问题进行了机理研究。研究表明，蛇、青蛙、肉食品等其体内含有糖、蛋白质、醇类等不冻液物质，使其冻结点下降至0℃以下，所以它们处于冬眠状态时可以保持其细胞的活体状态。这一结果说明了生与死的温度界限并非0℃，而是低于0℃的某一温度值。

生物组织的冰点均低于0℃，当温度高于冰点时，细胞始终处于活体状态。这是因为，生物细胞中溶解了糖、酸、盐类、多糖、氨基酸、肽类、可溶性蛋白质等许多成分，而各种天然高分子物质及其复合物以空间网状结构存在，使水分子的移动和接近受到一定阻碍而产生冻结回避，因而细胞液不同于纯水，冰点一般在$-0.5 \sim -3.5℃$之间。山根博士把这种原理应用到食品的储藏中，当食品的冰点较高时，加入冰点调节剂（如盐、糖等）使其冰点降低。所以，冰温的机理包含两方面内容：①将食品的温度控制在冰温带内可以维持其细胞的活体状态。②当食品冰点较高时，可以人为加入一些有机或无机物质，使其冰点降低，扩大其冰温带。

大量的实验研究表明，利用冰温技术储藏水果和蔬菜，可以抑制果蔬的新陈代谢，使之处于活体状态，无论在色、香、味、口感方面都优于冷藏，几乎和新鲜果蔬处于同等水平。对日本洋梨的研究表明，洋梨在新陈代谢过程中，其二氧化碳的呼出量随储藏温度不同而有较大程度的差别。由表9-5可以看出，冰温储藏比冷藏时的二氧化碳呼出量减少30%～60%。

表9-5　在不同温度储藏时洋梨的二氧化碳呼出量　　　　　　　　　[单位：mg/（kg·h）]

储藏方式	储藏温度/℃	开花后138d采摘	开花后146d采摘	开花后156d采摘
冰温	-0.8	0.51	0.92	0.89
冷藏	1	1.30	1.31	1.20
冷藏	10	4.30	5.43	6.05
冷藏	20	11.20	12.62	12.46

冰温储藏技术的诞生，为果蔬等农产品的保鲜开辟了新的途径，作为继冷藏及气调储藏之后的第3代保鲜技术，在农、畜、牧、水产品的储存运输以及医学等领域内被推广利用。为推进冰温技术在中国的应用和发展，必须在蓄冷材料、冰点调节剂、温、湿度控制等技术领域作深入的研究，研制开发出一系列的冰温设备。

第五节　果蔬的速冻

蔬菜和水果的速冻是将新鲜果蔬经过加工处理后，利用低温使之快速冻结并储藏在-18℃或以下，以达到长期储藏的目的。新型果蔬加工制品较好地保持果蔬的色、香、味和新鲜状态，食用便捷，是一种具有发展前景的方便食品。20世纪80年代以来，我国的果蔬速冻加工，尤其是蔬菜速冻得到了快速发展，我国已成为速冻蔬菜出口生产大国，产品绝大部分销往欧美及日本。

一、蔬菜的速冻

速冻蔬菜的一般工艺流程：

原料选择→分级→冷却→清洗→预处理→烫漂→冷却→沥水→速冻→包装→冻藏

1. 原料

原料的好坏是关系到速冻蔬菜制品品质的最重要的条件。直接影响速冻蔬菜制品质量的是蔬菜的种类和品质。此外，采摘期、采摘方式、气候条件、虫害、农药污染以及最佳成熟度都是影响初始质量的重要因素。一般地说，含水分和纤维多的蔬菜抗冻结性弱，即对冻结速度敏感性强一些；而含水分少、含淀粉多的蔬菜抗冻结性强，即对冻结速度敏感性弱一些。蔬菜中适合速冻的种类有：青豌豆、菜豆（豆角、扁豆）、蚕豆、毛豆、青刀豆、荷兰豆、花菜、菠菜、蘑菇、芋头、马铃薯、胡萝卜、芦笋、蒜苗、青椒、茎椰菜、莲藕、甘薯等。

选择原料时，应观察其大小、形状、外观，选择色泽鲜艳、气味浓郁、具有良好组织特性及均匀性外观的蔬菜品种，如豌豆要选择鲜嫩味甜的，菜豆要选择嫩绿无筋的，芦笋要选择有绿色顶端鳞片的。

2. 冷却

蔬菜是收获后仍然继续着呼吸作用与新陈代谢的生命体。为了最大限度地保持蔬菜原料的新鲜程度和原有品质，就必须在蔬菜原料采收以后的最短时间内，在蔬菜原料产地用人工方法帮助其释放田间热，使得呼吸作用和蒸发作用降低到能维持正常新陈代谢的最低水平。蔬菜的冷却方法有空气冷却、水冷却和真空冷却。

3. 清洗

采收后的蔬菜表面沾有泥沙、灰尘和农药等，尤其是根菜类表面和叶菜类的根部带有较多的泥土。速冻蔬菜是一种方便食品，解冻后可生吃或直接下锅烹调，所以必须清洗干净。

4. 预处理

清洗洁净的蔬菜除去皮、种子等不可食部分，再依制品的不同按家庭烹调习惯切分成各种规格形状。在预处理过程中原料不能直接与铜或铁的容器直接接触，否则产品易变色、变味，所以加工过程中应使用不锈钢器具。

有些蔬菜如花椰菜、西兰花、菜豆、豆角等，要在质量分数 2% ~3% 的盐水中浸泡 15~30min，以驱出内部的小虫，浸泡后应在清水中漂洗一次，以去除蔬菜表面的盐水和跑出的小虫，并进一步洗净。一般盐水与原料的质量比不低于 2:1。浸泡时应随时调整盐水含量。含量太低，幼虫不出来；含量太高，虫会被腌死。

速冻后果蔬的脆性会减弱，可以将原料浸入 0.5% ~1% 的碳酸钙（或氯化钙）溶液中，浸泡 10~20min，以增加其硬度和脆性。

5. 烫漂

（1）烫漂的作用　几乎所有的蔬菜类如像鱼和肉那样进行冻结和冷藏时，总是得到非常坏的结果，如被霜打了的蔬菜和冻了的土豆一样，解冻就要褐变，食用时失去了鲜味并带有异常的味道。这种变化的原因，是由于蔬菜中的酶在低温下仍具有一定活性，当解冻品温上升时活性变强，从而引起速冻蔬菜的色泽、风味、质构和营养品质的变化。

若把蔬菜加热使酶失去活性而后冻结时，则可得到很好的结果。这样的冻结前加热处理称作烫漂。

蔬菜经烫漂处理后，可减少微生物污染，清洗蔬菜产品，排除蔬菜组织内部气体，固定颜色和使酶失活。大多数蔬菜都要进行烫漂杀酶，仅仅有少数例外，如洋葱、黄瓜等。

（2）烫漂的方法　烫漂的基本方法有两种，即热水烫漂和蒸汽烫漂。烫漂应该达到：①热处理均匀。②材料各部分烫漂时间一致。③烫漂和冷却过程中无损失。④处理量高，产品质量好。⑤能耗和用水量少。此外烫漂设备性能要可靠，易清洗，对环境无污染。

热水烫漂的用水应符合生活饮用水标准。烫漂时水温为 80~100℃，生产中常用水温为 93~96℃。烫漂时间依据蔬菜种类和水温不同而异。由于水的热容量大，传热速度快，因而烫漂时间较同温下蒸汽烫漂短，而且蔬菜品温均匀升高，适用的品种较多，操作简单，不需大的设备投资等优点。但也存在用水量大、蔬菜营养成分损失较多、失水率高和手工劳动强度大等缺点。烫漂中可加入一些添加剂，提高烫漂效果。如焦磷酸钠可防止马铃薯和花菜变色；钙盐可提高蔬菜组织结构的硬度。

蒸汽烫漂常用高温水蒸气或水蒸气与空气混合气作为加热介质。这种烫漂方法对蔬菜细胞组织破坏性较小，可减少水溶性营养成分损失，蔬菜的风味也保持较好，同时可减少污染和废水量，但该法热量损失较大、烫漂不均匀、水蒸气易在蔬菜表面凝结和设备投资大。

近几年来烫漂方法向快速、节能和操作控制方便的方向发展，其中以高温瞬时蒸汽烫漂、微波烫漂和常温酸烫漂为主要代表。

高温瞬时蒸汽烫漂是指采用高压高温水蒸气短时间（5～60s）加热蔬菜以达到烫漂效果，蔬菜汁液损失减少并改善其质构、提高热利用率（80%）、节约能源。

微波烫漂是将预制的新鲜蔬菜放在915MHz或2450MHz的电磁场中，利用微波的热力效应和生物效应破坏酶的空间结构，使酶失活。这种方法使蔬菜内、外同时加热，品温上升快，并且可以对塑料包装的蔬菜进行烫漂处理。

常温酸烫漂主要用于易发生褐变的蔬菜类，如蘑菇，它含有大量的多酚氧化酶。将蘑菇放在pH值为3.5、浓度为0.05mol/L柠檬酸溶液中处理数分钟，由于低pH值和柠檬酸的作用破坏了酶的三级结构，并且柠檬酸络合多酚氧化酶的中心金属离子，使酶失活。

（3）烫漂的检验　无论采用何种烫漂方法，都必须严格控制烫漂的时间和温度。烫漂不足，不仅没有使酶完全失活，而且使得蔬菜的组织遭到加热破坏。这种情况下，速冻蔬菜在冻藏中所发生的变化将更恶劣。烫漂过度，组织破坏严重、质地过软，蔬菜的绿色变为橄榄色甚至褐色，也浪费了能源。几种蔬菜的烫漂时间如表9-6所示。

表9-6　一些蔬菜在100℃热水中烫漂的时间　　　　　　（单位：min）

名　　称	时　　间	名　　称	时　　间
油菜	0.5～1	花椰菜	2～3
菠菜	5～10（s）	冬笋片	2～3
荷兰豆	1～1.5	蘑菇	3～5
青刀豆	1.5～2	青豆	2～3
小白菜	0.5～1	莴苣	3～4
带心甜玉米（小）	7	茎椰菜	2～3
带心甜玉米（中）	9	芦笋（小）	2
带心甜玉米（大）	11	芦笋（中）	3
甜玉米（粒）	2～3	芦笋（大）	4

烫漂效果的检验一般是检查抗热性较强的过氧化氢酶的活性，即用1.5%愈创木酚酒精液或0.3%的联苯胺和3% H_2O_2 等量混合后，将烫漂后的蔬菜试样切片浸入其中，如在数分钟内不变色，即表示过氧化氢酶已被破坏；若烫漂不足，未被破坏的酶与愈创木酚反应变成红褐色，与联苯胺反应出现深蓝色。但这种方法不能检验烫漂是否过度。

最近也有用脂肪氧化酶和过氧化物酶的活性作为烫漂程度指标的，因为它们活性存在与否对蔬菜的风味、色泽影响很大。脂肪氧化酶特别适用于确定菜豆烫漂是否结束。

6. 冷却、沥水

烫漂完成后应立即冷却，否则残留余热将加速蔬菜可溶性成分的变化，使蔬菜的色泽变暗；温度过高也会使蔬菜干耗增大；适宜的温度也会增加重新污染的微生物繁殖的可能，为微生物的生长发育提供条件。因此，蔬菜烫漂完成后就应立即进行冷却，以使其在短时间内品温降至5℃以下。

冷却的方法有水冷却、冰水或碎冰冷却、冷风冷却。用冰水冷却速度快，且能避免吹风干燥。但是有的蔬菜，如蚕豆，需要分段冷却，以避免表皮剧烈收缩。

采用水冷却或冰水冷却的蔬菜，冷却后需要沥干水分，特别是菠菜之类的叶菜类。残留于叶间的水分在冻结前包装时，会流出积聚于包装袋的底部，冻结后成为冰块而影响成品外观。沥水时多使用离心式或振动式沥水机。

7. 速冻

蔬菜组织细胞膜大部分是由纤维素构成，对压力的承受能力较动物性食品差得多，因此慢速冻结形成的大冰晶体对细胞壁、细胞膜造成的伤害较大，解冻时细胞内营养物质外溢，导致蔬菜品质骤降。快速冻结形成的均匀而细小的冰晶体均匀分布于细胞内外，使细胞的内外压力平衡，解冻时水分大部分能被细胞组织吸收。

常用于蔬菜速冻的装置有流化床冻结装置、接触式冻结装置、液态喷淋冻结装置等。

食品冻结温度即温度中心点，一般应低于或等于储藏温度（一般储藏温度为$-18℃$）。这有利于保持食品快速冻结状态下形成的组织结构。如果食品冻结终温高于$-18℃$，就会使食品组织内部未冻结的水分生成大冰晶，从而出现组织结构被破坏、蛋白质变性、解冻时汁液流失增加等现象，影响速冻食品的质量。

8. 包装与冻藏

包装必须保证在$-5℃$以下低温环境中进行，温度在$-1～-4℃$以上时速冻蔬菜会发生重结晶现象，将大大地降低速冻蔬菜的品质。包装间在包装前1h必须开紫外线灯灭菌，所有包装用工器具，工作人员的工作服、帽、鞋、手均要定时消毒。工作场地及工作人员必须严格执行食品卫生标准，非操作人员不得随便进入，以防止污染、确保卫生。

内包装可用耐低温、透气性低、不透水、无异味、无毒性、厚$0.06～0.08mm$的聚乙烯薄膜袋。外包装用纸箱，每箱净重10kg。纸箱必须防潮性良好，内衬清洁蜡纸，外用胶带纸封口。所有包装材料在包装前须在$-10℃$以下低温间预冷。

速冻蔬菜包装前应按规格检查，人工封袋时应注意排除空气。尽管某些包装薄膜的水蒸气和气体透过性小，但是若在包装内留有空隙，水蒸气就会从冻结蔬菜中向此空间移动，并在包装材料的内侧面凝缩，由此而结霜，这种情况下透明的塑料薄膜内侧就会变得白浊，其中的冻结蔬菜的表面就会变得粗糙而完全失去光泽，也因此而干燥。包装内部的空隙越大，冻藏蔬菜的干燥和氧化就越厉害。一般用热合式封口机封袋，有条件的可用真空包装机封口。装箱后整箱进行复磅，合格者在纸箱上打印品名、规格、重量、生产日期、储存条件、期限、批号和生产厂家。用封口条封箱后，立即送入冷藏库储存。

9. 冻藏中的品质变化

（1）包装状态的影响　冻结蔬菜在避免与自由空气接触的状态下冻藏时，其冻藏时间一般都可以延长。冻结蔬菜在冻藏中变化的共同特点是干燥。蔬菜表面因冰结晶升华而形成微细的小孔，这是严重脱水造成的。这个变化严重时将形成冻结烧症状，使产品失去商品价值。由于干燥不仅仅导致质量的减少和肉质的纤维化，还会导致被氧化和由于变色及香气成分的消失使风味变差，因此为了避免和空气接触，包装和容器就变得非常必要。近年来，为了使工厂的操作合理化，先将冻结蔬菜用小包装袋进行包装，然后将其装入大的容器而进行冻藏。为了用叉式升降机，在其内表面衬上聚乙烯薄膜。青豌豆、刀豆（切好的）、胡萝卜（切碎）、甜玉米（粒）等冻结后，使用这种集装箱冻藏。

（2）冻藏温度的影响　品温是指刚冻结后的蔬菜的终温，其高低会受冷藏室温的影响，因此冻藏温度的管理是非常重要的。经验证明，冷冻蔬菜在冻藏中的品温至少要保持

在 –18℃以下。美国食品科学家 Tressler 对在 –18℃时冻菜的冻藏期限所作的研究结果如表9-7所示。

表 9-7　品温为 –18℃的情况下冻菜的冻藏期限

冻菜的种类	冻藏期限
龙须菜、刀豆、卷心菜、甜玉米（带芯）、蘑菇	8 个月
茎椰菜、花菜、豌豆、菠菜	14～16 个月
甜玉米（粒）、胡萝卜、南瓜	24 个月

美国西部地区农业研究室对 4 种冷冻蔬菜（刀豆、青豌豆、菠菜和花菜）进行研究，冻菜在 –18℃、–12℃和 –7℃条件下储藏，其色泽和风味发生明显变化的时间如表9-8所示。

表 9-8　在不同冻藏温度下冻菜的风味和色泽发生变化的时间　　（单位：月）

制品种类	风味			色泽		
	–18℃	–12℃	–7℃	–18℃	–12℃	–7℃
刀豆	10	3	1	3	1	0.2
青豌豆	10	3	1	7	1.5	0.3
菠菜	6	2	0.7	—	—	—
花菜	10	2	0.7	2	0.5	0.2

（3）叶绿素变化的影响　在蔬菜中所发生的色泽和风味的变化与蔬菜中的成分的化学变化是一致的，如绿色的蔬菜失去新鲜的绿色是由于叶绿素变为脱镁叶绿素所致，在同一温度下这种变化速度由于蔬菜的种类不同而异。总叶绿素量减少 10% 时所需要的时间如表9-9所示。

表 9-9　总叶绿素减少 10% 时的冷藏期限　　（单位：月）

制品种类	品温		
	–18℃	–12℃	–7℃
刀豆	10	3	0.7
菠菜（叶状）	30	6	1.6
菠菜（浆状）	14	3	0.7
青豌豆	43	12	2.5

从表9-9可知，绿色变化最快的是刀豆，其次是浆状的菠菜，叶状的菠菜和青豌豆依次变慢，而且明显呈现出温度越低其变化越慢的趋势。叶绿素向脱镁叶绿素变化的反应在烫漂时已发生，在冻藏时蔬菜中脱镁叶绿素增多的原因，是由于不适当的烫漂或冻藏温度过高造成的。

（4）抗坏血酸的变化的影响　在冷藏中，冻结蔬菜的抗坏血酸量有所减少。抗坏血酸首先变成脱氢抗坏血酸，接着变为二酮葡萄糖酸，这个化学变化与蔬菜外观的恶化不具有直接的关系。但是，抗坏血酸的减少就意味着抗坏血酸因抗氧化作用被除去，所以，抗坏血酸的减少可以看作冻结蔬菜品质变差的象征。

冻藏中抗坏血酸的减少也取决于品温。在同一温度下，由于蔬菜的种类不同，抗坏血酸的减少也有差别，如青豌豆和菠菜的抗坏血酸的稳定性比花菜和刀豆的要好。品温越低，抗坏血酸的稳定性越好。

二、水果的速冻加工技术

水果是深受消费者喜爱的生、鲜食品。冷冻保藏某些具有特殊风味的水果，可以在淡季调节市场。冷冻水果还是其他食品（如果酱、冰淇淋、蜜饯、果子冻）的原料。欧盟国家每年都需进口大量冷冻水果。加工冷冻水果，可以拓宽农产品的销路，解决制约水果种植业发展的上市期短、不耐储藏的瓶颈问题。为了最大程度地保持鲜果的风味、质地，水果冷冻都采用速冻的方法。

水果的速冻工艺流程为：

原料→冷却→清洗→分级→去皮、切分、去核→添加保护剂→速冻→包装→冻藏

1. 原料

速冻水果原料的状况与速冻产品的质量有密切的关系，用低质量的原料不可能加工出高质量的速冻产品。水果的种类很多，但适合于速冻的有苹果、桃、梨、草莓、荔枝和樱桃等。

果实应在最适合的采收成熟度采收，过生或过熟都不能得到高质量的产品。水果速冻后原有的色、香、味得不到提高，因此供速冻的原料要在达到食用成熟度时立即采收，才能加工出优质的速冻水果产品。运到加工点的果实，虽然是经过分级挑选的，但由于经过装卸、运输等环节，一部分会产生机械损伤，甚至腐烂，所以运到加工场地后，还需认真挑选，剔除次果、烂果。

2. 冷却

为了最大限度地保持水果原料的新鲜程度和原有品质，就必须在采收后的最短时间内，在水果原料产地，用人工方法将其冷却到规定温度，使水果维持其正常的生命活动，把呼吸作用和蒸发作用降低到最低水平。目前国外有些国家为了加工高质量的速冻水果产品，已把冷却作为水果采收后加工的第一道工序。我国多在高温冷藏库内采用冷气流强制对流的方法冷却水果，此法简单易行，缺点是冷却速度较慢。

3. 清洗

水果在生长成熟期间以及采后的储运中，经常会受到自然环境的污染、病虫害的侵袭，还有农药的残留、杂物的混入、容器的不清洁等，因此水果必须经过清洁、除杂。对苹果、梨等可以刷洗，对草莓等浆果类原料应采用小量漂洗的方法。洗涤时应注意水的卫生与温度，可以根据需要加入洗涤剂。

4. 分级

为了保证产品的质量规格划一，适于包装，原料需进行分级。分级时依据的是不同的物理性质，如大小、容量、色泽等。一般来说，厂家多根据大小进行分级筛选。

5. 去皮、切分、除核

一般浆果类水果是不需要去皮的，但大多数加工水果是要去皮的。果实去皮的方法有

机械去皮（苹果）、热力去皮（桃）和化学去皮（橘子）等。

（1）机械去皮　多数加工厂用机械去皮，去皮后再根据规格要求用机械或人工方法进行切分并除核。对樱桃类小型果实不需去皮，除核则采取冲击穿刺的机械装置进行。

（2）热力去皮　一般用高压蒸汽或开水短时间加热，使果实表皮突然受热松软与内部组织脱离，然后迅速冷却去皮。

（3）化学去皮　将桃子等放在质量分数为3%的氢氧化钠溶液中浸45～60s后立即取出，用水冲洗，并轻揉其表面去皮，再用流水冲洗。然后将去皮的桃片在质量分数为2%的柠檬酸溶液中浸数分钟，以中和残留的碱性，再用清水冲洗。

水果去皮、切分后与空气接触，很容易变成褐色。为了抑制这一变化，一般采用在速冻前进行特殊处理。

（1）加糖处理　速冻易变色的新鲜水果（如苹果、桃、梨、樱桃等）应在速冻前加糖处理。水果加糖可以降低水果的冻结点，并在渗透压作用下先除去水果的部分水分。因此，可以减少冻结时形成的冰晶对水果组织的破坏。同时，由于糖水也在一定程度上隔绝了空气，削弱了氧化酶的活性，有助于保持水果的色、香、味和维生素C的含量。糖水的质量分数为30%～50%，用量配比是为（2～3）∶1。水果中加入糖水后，应先在0℃库房中存放8～10h，使糖分渗入水果，然后送去速冻。对含水分较高的浆果，如冷冻草莓可加砂糖处理，草莓与砂糖的质量比为7∶3。草莓加糖后也需要存放一段时间，使砂糖吸收果汁而溶解，形成糖浆，起到糖水的作用。糖浆应淹没水果。

（2）添加维生素C　速冻水果添加维生素C是防止褐变的好方法，主要针对在去皮、切分、除核后对褐变特别敏感的水果而言。如将桃的薄片浸渍于糖液中，经速冻后在冻藏期间颜色会变褐，致使产品质量下降。但如果将桃的薄片浸渍在含有0.1%维生素C的糖汁中，取出速冻，于−18℃以下冷藏两年也不变色。

（3）加有机酸　柠檬酸可抑制酶活性，对防褐变起到协同增效效应。在水果糖液中加入质量分数为0.5%的柠檬酸和质量分数为0.05%的抗坏血酸，对桃、杏、梨等水果的冷冻及冷藏中防止褐变有良好效果。

（4）二氧化硫处理　采用二氧化硫处理也可以防止水果褐变。处理方法是水果去皮、切分后，立即投入到质量分数为50mg/kg的二氧化硫溶液中浸渍2～5min，可有效地控制其褐变。值得注意的是，处理过的水果组织所含二氧化硫应限制在20mg/kg以内，二氧化硫含量过高会引起一定程度的果胶水解，同时平均粘度也要下降，结果导致水果硬度降低。

6. 速冻

冻结速度对水果的品质影响很大，即冻结速度越快，品质越好；冻结速度越慢，品质越差。水果的速冻，国内、外多采用流态化单体快速冻结。

在冻结时，根据水果在流化床传送带上悬浮状态的不同又分为全流化、半流化和不流化三种形式。对全流化水果，如樱桃，装料层高30～40mm，冻结时间3～6min。对半流化水果，如荔枝，装料层高80～120mm，冻结时间9～20min。对不流化水果，如桃，装料层高200mm，冻结时间25～35min。流化床内空气温度为−30～−35℃，冷气流速度为4～6m/s。

7. 包装

包装在速冻之前或后进行。包装水果的材料应能抵御弱酸、不漏液体；对趋向褐变和失去香味的水果，特别需要能隔绝空气。可采用这样的包装：内包装用耐低温、透气性低、不透水、无异味、无毒性、厚度为 0.06~0.08mm 的聚乙烯袋。外包装用纸箱，每箱净重 10kg，纸箱表面必须防潮性能良好，内衬清洁蜡纸，外用胶带纸封口。所有包装材料在包装前需在 -10℃ 以下低温间预冷。有条件的可采用真空包装和装袋。

包装必须保证在 -5℃ 以下低温环境中进行，温度在 -1~-4℃ 以上时速冻水果会发生重结晶现象，品质极大地降低。由于速冻水果是解冻后直接食用的即食食品，卫生要求严格，包装间在包装前 1h 必须开紫外线灯灭菌，所有包装用工器具，工作人员的工作服、帽、鞋、手均要定时消毒。工作场地及工作人员必须严格执行食品卫生标准，非操作人员不得随意进入，以防止污染、确保卫生。

8. 冻藏

冻藏温度 -18℃ 以下，温度波动范围应尽可能小，一般控制在 ±1℃ 以内，相对湿度在 95% 以上。

第 十 章

调理食品的冻结

10

第一节 调理食品的概念、特点及分类

一、调理食品的概念与特点

现代调理食品（简称方便食品）又称速食食品或方便食品，特指近 20 年来国际上迅速发展起来的，由工业化生产的各种大众化食品。其最大特点是有一定的配方要求和工程程序的工业化生产，具有加工、保存、运输、销售和食用等环节，省事、省时、省原料、省燃料、体积小以及废料可加工成饲料等优点。可以说，它是现代营养学、食品工艺学、食品冷藏学、现代包装学相结合的产物。

传统调理食品是指作坊式少量生产的当地特色食品。这种方便食品在我国有悠久的历史，在民间一般称之为小吃，在北方也称碰头食，在江浙由于面食小吃居多又称点心。早在周朝，已有各种糕类小吃闻名于世，发展至今，中国小吃已成为享誉世界的中华瑰宝，形成了采纳各种山珍海味、果蔬籽仁、肉鱼蛋奶、米麦黍豆的具有独特风味的小吃群。中国的方便食品（尤其是速冻方便食品）加工业要继承和发扬传统方便食品的精华，坚持中国小吃产业化的道路，使我国的调理食品加工业走出一条具有中国特色的道路。

现代调理食品往往与速冻结合起来，将调理食品经过快速冻结就成为调理冷冻食品，它是冷冻食品的一大系列，它具备冷冻食品的基本特征。速冻调理食品以其均衡的营养调配、充分的能量供给、丰富的品种、安全的储远销售、可口宜人的味道、方便快速的烹煮，日益受到工作繁忙的上班族的喜爱。在美国、日本等国家和我国台湾地区，冷冻调理食品的销售已经趋向于家庭化，种类达到 3000 多种。

二、速冻调理食品的分类

目前，我国的速冻调理食品发展形势喜人。从最初的饺子、包子、烧麦、汤圆、粽子等主食类产品开始起步，发展到现在的中式预制菜肴、西式半成品、地方风味小吃、各大菜系的名点名肴，每年的增长速度超过 10%。

速冻调理食品产品按属性与加工方式可分为八类。

（1）花色米面制品 以粮食或粮食制品与农产品、禽畜产品、水产品等为主料，配以植物蛋白、淀粉、调味料等辅料，经加热、调制、冷却后，快速冻结且有合适包装，在低温状态下储存、销售的食品。此类食品包括各种花色的饭类、面类、饼类等产品。

（2）裹面制品 以农产品、禽畜产品、水产品等为主料，经加工制作，或配以调味料等辅料，成型后覆以面粉、淀粉、脱脂奶粉、蛋等加水混合调制的裹面浆或面包屑等裹面材料，或经油炸、冷却后，快速冻结且有合适包装，在低温状态下储存、销售的食品。此类食品包括裹面鱼虾、肉类、禽块、果蔬等产品。

（3）鱼糜制品 以鱼肉或其他水产动物肉为原料，经均匀捣碎碾磨，配以植物蛋白、调味料等辅料，成型加热、冷却后，快速冻结且有合适包装，在低温状态下储存、销售的食品。此类食器包括鱼、虾、蟹等丸类、糕类、肠类和模拟蟹、贝类制品等产品。

（4）乳化肉制品 以畜禽产品为主料，经绞碎或配以植物蛋白、淀粉、调味料等辅料，搅拌、乳化、成型，或加热、冷却后，快速冻结且有合适包装，在低温状态下储存、销售的食品。此类食品包括畜、禽肉制成的丸类、饼类、肠类等产品。

（5）菜肴制品 以农产品、禽畜产品、水产品等为主料（单一或搭配），配以调味料等辅料，经调味制作，或烹调、冷却后，快速冻结且有合适包装，在低温状态下储存、销售的食品。此类食品包括各式生制、熟制菜肴（含泥状）产品。

（6）烧烤（烟熏）制品 以农产品、禽畜产品、水产品等为主料，配以调味料等辅料，经修割整形、腌制、定型等加工处理，进行烧烤或蒸煮（烟熏）、冷却后，快速冻结且有合适包装，在低温状态下储存、销售的食品。此类食品包括烤鳗、烤（熏）肉、烤（熏）禽、薰蛋、薰肠等产品。

（7）火锅汤料制品 以农产品、禽畜产品、水产品等原料熬制的"汤汁"，配以调味料等辅料，调制冷却后，快速冻结且有合适包装，在低温状态下储存、销售的食品。此类食品包括各种海鲜、麻辣、酸辣口味等火锅汤料（锅底）产品。

（8）汤羹制品 以农产品、禽畜产品、水产品等为主料，添加水、调味料等辅料，经调制、烧煮、冷却后，快速冻结且有合适包装，在低温状态下储存、销售的食品。此类食品包括适畜禽汤、海鲜汤、蔬菜汤、杂烩汤、奶汤等中西式汤羹产品。

第二节　调理冷冻食品加工技术

冷冻调理食品的制造工艺包括原料处理工程、调理工程（成形、加热、冻结）及包装工程。

一、原料处理工程

在原料处理工程方面主要是操作环境和操作状态管理。在使用冷冻品原料时，要进行解冻的管理、用水的水质管理等。

1. 操作环境

操作环境管理的主要目的是减少开始阶段的细菌污染。已清洁的原料要从这第一阶段开始保证不再被污染。为此，作业人员必须要有一定的基础知识和经验，要具有能进行感官上的鲜度判断能力和熟练的操作技术，要认识到选择环境、整理环境的意义。操作环境的管理包括：给排水、换气的检查、室温、水温、原材料的保管状态和保藏室的温度检查；对于作业台、货架、水槽、砧板、饮具和石具等其他操作使用机械器具和容器要选择适当，以使用为目的的清扫用具的清洁对保持食品的品质也具有重要意义。

2. 操作状态

从前处理操作起，要对冷却的必要用冰量、有无不良的原材料、农药残留量、附着的异物和夹杂物等进行检查和指导。

（1）对食品原料品质的检查 原材料的品质对冷冻调理食品的品质有很大的影响，因此在购进原材料之前要设计好主要原材料的标准。购入时对每批原材料要按标准进行认真的检查，并且要求按照规定的保存温度、时间、环境要求等标准进行管理，以防止原料和辅料在保管中品质发生不良的改变。一般对于水产品、畜产品、蔬菜及小麦粉、面包粉、调味料等原材料，在购入时要对每一批次的原材料的规格、数量进行检查，检查有无混入异物、变色、变味等异常情况。除对原料肉的鲜度、有无异常肉、寄生虫害等感官检查外，还要进行细菌检查和必要的调理试验。对食肉、鱼肉等冷冻食品原料，冷库温度要在 $-25℃$ 以下；蔬菜库温一般是 $0 \sim 5℃$，面包粉、淀粉、小麦粉、调味料等副原料一般在常温 $10 \sim 18℃$ 的条件下保存。

（2）加工处理时的操作

1）食肉要从冷冻库移向冷藏库，使品温升到 $-7 \sim 10℃$ 预备解冻（同样，冷藏的果蔬也有个升温过程）。然后用切片机切割后再用切碎机切碎，或者是用压轧机切成细段，再作粉碎处理。这种场合还需注意是否有异物混入，同时要使肉温在 $-3 \sim 5℃$ 的条件下保存。

2）对水产品、虾类，要采用流水解冻法，并剔除异物、夹杂物和鲜度不良及黑变的虾。

3）对肉糜预解冻后，用切断机切断后作肉馅处理。

4）对蔬菜类要进行选择，剔除夹杂物和已腐烂不可食用的部分，经水洗后切碎。

5）由畜肉、鱼肉、蔬菜等种种原料经过调理组合后制造出来的调理冷冻食品，原料的品种、部位、收获地、收获时期等因素及加工时处理是否适当都会影响到食品的品质和营养成分，这是使食品品质变动的重要原因。例如畜肉的肉质（肉种、部位）、含脂率的不同，水产品中虾的品种、产地的不同，蔬菜类土豆、甜玉米、洋葱等的品种、产地、收获期的不同，其糖分、淀粉、风味也就不同。此外，调理冷冻食品的基本材料如洋葱、卷心菜等蔬菜，在刀切时尽量不使蔬菜组织受到破坏。

3. 原料的解冻

使用冷冻品为原料时，要进行解冻管理。解冻前的食品温度，解冻媒体的种类和温度，解冻终了时的食品温度和解冻的均匀性，解冻中的干燥、液滴量、解冻量和具体操作情况以细菌检查等都属于解冻管理的管理内容。

水产和畜肉原料通常是以冷冻品为原料来使用的。适宜的解冻方法是解冻时间要短、解冻要均匀，解冻后的品质必须要良好、卫生。为此，必须根据品种、形状来选择解冻方法，并注意以下三个问题。

（1）解冻前的品质 冷冻品的品质决定于原料和冷冻储藏条件，如果冻结前品质优良、解冻方法得当，对食品的品质、风味的影响就比较少。

（2）解冻速度 在解冻过程中，所使用的空气和水的温度、流速等条件，都会对食品的品质产生影响。据统计，在大多数场合下，解冻速度对品质的影响是不能忽视的。从某种意义上讲，一般低温空气可在缓慢解冻时采用，其原因是冰在组织细胞之间被吸收的时间要长一些，这样流失的液汁少、整体均匀，品质低下的也就少。解冻时间过长也有缺点，这是因为 $-5 \sim 0℃$ 是最大冰晶融解温度带，通过这个温度带需要有一定的时间，而这个温度带同时又容易使肌肉蛋白质发生变化，解冻中渗出滴液为微生物繁殖提供了良好的营养条件。为此，有人主张尽量快地通过这个温度带，可以保持食品的良好品质。

（3）解冻终了温度 解冻终了温度比解冻速度对食品品质的影响更大，因为解冻后比生鲜品的品质劣变来得早而且显著。解冻终了温度与解冻食品利用目的有关，一般生鲜食肉和鱼肉经解冻作为原料时，以保持在冻结点以下的半解冻状态（中心 $-5℃$）为好，以刀能切断为准，解冻介质的温度以不超过 $10 \sim 15℃$ 为宜。为了防止解冻食物质量变化，最好实现均一解冻，这样就要求在冻结前处理时，把冻品做得薄一些、表面积大一些、使用导热良好的介质。对植物性食品如青豆等为防止淀粉 β 化宜采用蒸汽、热水、热油等高温解冻。冻结前经加热调理等处理的冷冻食品，要快速解冻。

对易出现解冻僵硬的冻品，应先把冻品放在 $0 \sim 2℃$ 的空气中 $7 \sim 10d$，将肉的品温降到 $-2 \sim -3℃$ 呈半解冻，此时冻结率在 $50\% \sim 70\%$，然后放到 $10℃$ 的空气中进行第二次解冻。

对于解冻装置和解冻方法，现在各国还在不断地发展和探索，日本学者根据研究结果认为：①真空解冻和流水解冻的解冻时间短，空气解冻时间长。②流水解冻时肉色变化较严重，而真空解冻及空气解冻时则依次较为安定。③鲜度 K 值（%）由于解冻方法不同而不同。④pH 值及蛋白质变性率与解冻方法无关。⑤用真空解冻法解冻冻猪肉时解冻后的细菌数最低。

4. 水质处理

在用水的水质管理方面，无论是洗涤原料还是在调理加工等各个工序中，所有用水水质都必须要符合饮用水的标准。因为水质对冷冻食品制品的品质影响很大，它可对原料、半制品等发生物理的、化学的作用而影响食品的色、香、味和营养价值。即使是同一水源，在不同季节、不同的时间里也会发生成分的变动，掌握这种变动就能根据需要进行消毒、杀菌处理和调整酸碱度。供水流量的变化、水压的变化及自动供水机械设备、节水装置等的卫生管理也是水质处理的重要内容。

5. 原料的前处理

无论是何种原料，一般都需在冷却、冷冻前进行前处理。这个工程统称为食品前处理工程。前处理工程的主要内容如下：

食品前处理
- 普通前处理（切开、除内脏、脱血、洗净、选择分类等）
- 特别前处理
  - 加热处理（蔬菜），干燥处理（育苗等用）
  - 加糖处理（水果类），粘合处理（鱼糕、鱼块、鱼排）
  - 加盐处理（海藻鱼卵），食醋处理（海参）
  - 浓缩处理（用在果汁牛乳冻结）
- 保护前处理
  - 食品添加剂
    - 抗氧化剂
    - 糊料
  - 包装材料

各种构成混合的原材料的种类很多，要考虑从原料的选择、解冻、切断、计量、混合的各工程实行系列化、自动化。但由于原料的形态（固体、液体、粉体）的多样性和配合比率的不同，在机械设备的连续处理上就有些困难，所以往往都采用分批分阶段进行的方法。可是这种方法也有缺点，如冷冻食品的肉糜由于肉和蔬菜混合后经过许多工序的反复搅拌后不仅官感发生恶化，即使低温也不能保持良好的品质，所以有些原料不能用这样的方法炼制。比较好的方法是将肉糜从搅拌机用真空泵吸引，通过不锈钢特别导管输送到成形机成形。成形机能正常地将一定量的肉糜通过加料斗由肉、面制作装置制作成形，全部过程都可实现自动化。在卫生管理方面，由于肉汁渗出等因素，微生物很容易生长繁殖而使其变质。细菌在肉馅中的繁殖速度比在完整的鲜肉中要快 $3 \sim 4$ 倍。所以肉温要保持在 10℃ 以下，送肉装置要采用适当的有冷媒的冷却方式。同时，用泵送肉，其泵齿和齿数以不伤害原料的肉质为原则，一般采用齿数少的特殊旋转泵回转式送肉机。肉馅的质量感官指标如表 10-1 所示。

表 10-1　肉馅质量感官指标

指　　标	良　　质	次　　质	变（劣）质
瘦肉脂肪色泽	鲜明	色较暗	色暗或污绿色
气味	正常	有宿腥味等轻度异味	有腐败臭味
脏肉、砧屑、血筋等杂物	无或不能找见	能找见	较多

6. 原料的混合

原料的混合是将肉食、蔬菜、淀粉、调味料、香辛料、食用油、水等根据配方正确称量，然后按顺序一一放到混合锅内。原料的混合过程兼有调味的过程，要混合均匀。搅拌过度则其食感不好，混合时间应为 2～5min。在混合工程中，温度管理也很重要，各种原料混合时的品温都不能升高，一般采用冰或者干冰颗粒来调节温度，也有在混合搅拌机的外面用装配冷媒循环的冷却夹套的方式来保持低温，控制在 5℃ 以下。由于混合原料的产地、收获时间、使用部位等不同，它的含水量也各有差异，这对以后的成形工艺会产生影响，所以要控制和把握好混合终了时的含水量。

日本在调理冷冻食品的 JAS 品质标准里，还规定了原材料的含有率。例如，汉堡包的食肉种类也有一定的限制，如食肉中的羊肉、马肉、兔肉的含有量在混合量的 30% 以下，因为在定义中规定蛋白质占总量的 20% 以下，所以在 JAS 品质标准中，食肉实际上占总量 40% 以下。除此以外，粗脂肪的含有率应在 20% 以下，淀粉、小麦粉等有关材料的使用量，以搅动的可能性定为 15% 以下。混合工程，一定要将原材料的配合管理看作是生产具有一定品质的制品的一项重要工作。

二、成形

在冷冻食品成形方面，由于种类不同而有各式各样的形状。比如，油炸丸子、汉堡包、烧麦、饺子、春卷、小笼包子等的形状各不相同，一般除一种原料外还有其他材料的复合食品，其成形是大有区别的。食品的成形一般都采用成形机制作，成形机最主要的功能是能进行定量分割，使制品具有一定的形状，一定的质量，设备的结构不能损伤食品原材料，作业后又要容易洗涤和杀菌。至于附面包粉工程，油炸鱼、油炸虾等操作工程则需在另外的机器设备中进行。对面包副粉机、黄油挤压机等，通常要求配套，能自动而连续地进行工作。黄油要滑溜，能引起良好的食感，在作业中要求保持一定的粘度，就是要保持在机械循环中流通。面包粉的附着量不能过多，不然它会引起加黄油时量也过多，从而引起恶感。所以小麦粉的选定、低温管理、粘度的调节等因素在这一工程中是影响食品品质的重要因素。

根据食品的规格标准，要规定食品内容量（单位克）和一定质量单位内的个数。在内容量方面，油炸鱼类一般都是取中等质量形状不整齐的鱼体，由于表面积有差异，故而挂衣的附着量也就不同，常常会发生质量不足的问题。油炸丸子在成形机中也会由于个体的质量不等和形状的不均一性，造成挂衣附着量的混乱。在日本 JAS 标准中，平常油炸虾的衣着量在50%以下，质量除去胸部以及甲壳在6g以下的小油炸的衣着量定为60%以下。油炸丸子的衣着量要在30%以下，烧麦皮占质量25%以下，饺子皮要在45%以下，春卷皮在50%以下。由于油炸虾的挂衣量，因操作技术熟练程度的不同而各有差异。因此制订包括操作工程的标准、规格在内的管理体系是必要的。

三、加热

加热条件不但会影响产品的味道、口感、外观等重要品质，同时在冷冻调理食品的卫生保证与品质保鲜管理方面也是至关重要的环节。按照该类产品的"最佳推荐工艺"（GMP）、"危害因素分析与关键点控制"（HACCP）和该类产品标准所设定的加热条件，必须能够彻底地实现杀菌的目的。从卫生管理角度看，加热的品温越高越好，但加热过度会使脂肪和肉汁流出、出品率下降、风味变劣等。一般要求产品中心温度达到70~80℃。像汉堡包等焙烤类产品，在管理烤箱加热温度、时间的同时，还要看烤后的色泽、形状及产品中心温度，这类食品一般要求中心温度在70℃以上。烧麦等蒸制品的加热，要按照设备与工艺要求保持规定的蒸气压、蒸煮装置的温度；入口、中心与出口处均应保持在规定的温度指标范围内；蒸制时间还要依据蒸制后的形状和温度来加以确认。产品冷却后再进行冷冻。

调理加热机器的应首先满足加热时温度能自动控制；其次，设备要省力高效，并与前后工艺连结成为系列；第三，在卫生要求上，机器构造容易洗净杀菌；第四，热效率良好。还有，前处理后的成形、加热、调理、冷却及冻结工艺的卫生管理上也要能机械化，因为加热调理后要迅速进行冻结。为此，连续式冻结装置和加热调理工艺应连接起来，成为整体的流水作业。综上所述，引入系列化冻结装置，既省力又能防止冻结前的留滞而引起的细菌污染，这对保证食品的品质卫生有着显著的效果。

四、冻结

对冷冻食品的品质，消费者在感官方面最为关心的是食感（食味），所以在食品品质设计中这点必须予以考虑。影响口感的因素有蛋白质、碳水化合物、脂肪等和水，这些物质在食品中以怎样的状态存在，决定了食品的物理特性。蛋白质在冷冻过程中的变性是其口感和滋味下降的主要原因，使其负面影响降低到最低且最有效的办法是快速、低温冷冻。米饭制品和淀粉类制品的主要成分是淀粉，在低温冷冻时，会因淀粉老化而使食品的口感下降。0~-4℃是其最易老化的温度环境，因此，这类食品用速冻机冷冻时，需快速经过容易发生淀粉老化的温度带，进入快速冻结温度，完成速冻过程。米饭类用液氮作为冷媒时，其冷冻品质良好。

近年来，国际和国内先后出现了许多新型调理食品的冻结设备，从原来的箱式速冻机发展到螺旋式、液氮式、隧道式、平板式等各种速冻设备。针对生产速冻方便型食品，目前在冷冻装置中IQF（零散冻结）设备占有优势，它形状小、冻结时间短，快速的冻结使品质和产量不断提高，同时由于生产省力，装置简便，可有效地利用作业场地，实现工程系列化，充分体现了品质、卫生、生产等方面较其他产品的优越性。虽然IQF也曾生产过品温不合格的制品，但主要是因为追求冻结效率，而没有进行深度冻结的缘故。由于食品的种类、形状与冻结时间的不同，因此在管理上必须注意根据制品的每个表面、中心、平均品温的数据，采用适当的冻结条件。风速与冻结速度的关系如表10-2所示。

表10-2　风速与冻结速度的关系

风速 v（m/s）	表面传热系数 /（W/m^2·℃）	冻结速度比（$v=0$ 时为1）	风速 v/（m/s）	表面传热系数 /（W/m^2·℃）	冻结速度比（$v=0$ 时为1）
0	5.8	1	3	18.4	2.85
1	10	1.7	4	22.6	3.45
1.5	10.4	2.0	5	23.6	3.95
2	12.2	2.3	6	26.6	4.3

五、食品的包装和冷冻保藏

从冻结装置出来的制品，要立即进行包装，不能停滞，防止品温升高。包装就是要使内容物的品质受到保护。包装材料要具备许多性能以达到保持冷冻食品品质的目的，其中主要有：

（1）保持性能　包括物理强度、防湿性、防水性、防气性、保香性、防紫外线等的阻挡性、耐热性、耐热水性、蒸汽杀菌性、耐冷性、热成形性等。

（2）适应机械加工性能　包括刚质、柔软性、热封性、滑溜性、耐粘着性、非带电性、折缝保持性等。

（3）便利性能　包括开封性、再封性、携带性、废弃处理性等。

（4）商品性能　包括透明性、光泽、平滑度、适宜印刷性、陈列性等。

（5）经济性能　包括价格、生产性、输送保管性等。

（6）卫生性能　包括安全性、清洁度、清净度等。

在包装操作时，还要考虑到包装材料无异物、灰尘和臭味。带臭气的材料，主要是塑料加工时，由于受热而产生氧化臭，还有在印刷时的油墨加工压成薄板时使用粘合剂而产生异味。在包装后保管前，再次检查有无异臭传带给制品是很必要的。

在包装作业中，对包装材料的入库、出库数量、有无返回品、以及由于作业中其他原因造成的损耗数量的管理要细心；还要对包装机械的检查，制造时间的印记状况、封印状况、耗费劳动时间的确认进行管理。一般在这道工程中，配有金属探测器。

不适宜的包装，或者冷冻保管温度的变动，会导致食品质量损耗、干燥、油脂氧化（酸败）、失去风味、移香等现象迅速发生，使冷冻食品品质恶化，所以要认真检查包装状况。最终制品的状况，应当在包装上得到表示，内容包括：品名、原材料名、着衣率（或者皮率）、内容量、冻结状态、品温、制造年月日、保存方法、使用方法、冻结前有无加热、加热调理的必要性、制造者等。对包装状态（有无针孔或破袋、封印状况、再封性等）、净物质量、着霜状况也都应进行检查。

在包装结束后，要立即进行冷冻保藏。标准的保藏温度是 −18℃。一般要求冷冻食品在库时间几乎都要达到1年的冷冻保管寿命，所以保持低温的条件是十分必要。为此，在包装结束后，不能迟缓入库。入库后要稳定地积装，定时测定并记录库温，坚持先入先出的原则；配置冷风设备，为便于冷风的良好循环，底垫与地面间距要保持 10~15cm，与顶棚间距 20~40cm。保藏温度的变动最主要原因是门的开闭，因开门的次数和时间影响着温度变动。为防止这种冷量损失，往往在门的后边装有橡胶的遮幕以减少开门时冷量的损耗。冷库保冷温度的变动幅度为 ±2℃，故而除霜作业要定期进行，防止降低冷冻效率，但在操作时要采取措施不能使制品受到污染。

六、速冻调理食品的低温冷藏链

速冻调理食品因加工工艺的不同，其种类很多，很难作统一的规定和划分。但它们的共同点就是都要经过煮或蒸或油炸等加工工艺。由于速冻调理食品的类别不同，在制造过程中其低温体系有所区别，但低温控制则是共同的。一种是以 0℃ 为中心、±10℃ 左右的低温控制，多半是在原料保质及其制造产品的过程中实施；另一种是制成成品后，在冻结、储藏、输送（包括配送）、销售、消费过程的冰箱中储藏的低温控制，要求食品的温度保持在 -18℃ 以下。这两种低温控制构成了速冻调理食品的低温冷链。

建立和完善速冻调理食品的冷藏链的基础条件是：一要具备必要的设备、装置及其配套设施。二是企业管理者、从业人员要具备质量意识和认真负责的工作态度。这两者缺一不可，只有两者协调发展，速冻调理食品才能得到全面的质量控制，才能使广大消费者购入满意的速冻调理食品，从而赢得市场信誉，进一步促进速冻调理食品的发展。

速冻调理食品冷藏链各个环节的质量控制是保证冷冻食品品质极重要的内容。速冻设备是冷藏链众多环节、众多要素中最重要的环节和要素。完善了这个环节，就具备了生产速冻调理食品的主要基础条件。

第二个基础条件就是要对各个环节的从业人员进行培训，使其增强质量意识、掌握规范化操作技能。只有这样，速冻调理食品才能步入正常的发展轨道。一些发达国家冷冻食品的生产制造都已实行全面的质量控制，有较完整的理论和操作规范，借鉴是必要的。

第三节　常见速冻调理食品的生产工艺

一、速冻点心类

由于点心类食品的加工方法各异，其速冻性能也差异较大，因此对不同种类的点心，速冻要求也不同。如对带馅点心，要同时满足包皮和馅心两方面的速冻要求。由于包皮较薄，易于速冻，而馅心属加工后的原料，加工中生产的大量气体和含盐量使厚馅的冻结较慢，因此速冻时为防止馅心冻不透，预冷却尤为重要。

1. 速冻饺子

饺子又称水饺，形如半圆月，内有菜肉馅心，水煮即可食用，是我国北方传统的风味小吃。每逢佳节，北方人都喜欢包饺子欢度节日。按馅心的不同，常见的品种有三鲜、白菜、鲜肉、芹菜等馅的饺子。速冻饺子食用时与普通饺子下法相似。下面以白菜饺子为例，介绍其制作及速冻方法。

制作及速冻工艺流程为：原辅料配方及处理→制馅→和面制皮和包馅→速冻。

（1）原辅料配方及处理　配方：富强粉 500g，夹心猪肉 300g，白菜或卷心菜 500g，酱油 10g，猪油 50g，芝麻油（香油）50g，味精 10g，料酒、葱、姜、盐适量。

将夹心猪肉洗净后用绞肉机绞成肉酱，再用多功能食品加工机将白菜（或卷心菜）和葱、姜分别切成碎末。

（2）制馅　用搅拌机先将各种调味料加入肉酱内拌匀，分 3 次按馅水比例为 6:1 加入水，再将菜末均匀拌入肉酱中即可，然后置于 5~7℃ 下冷却数小时。

（3）和面制皮和包馅 按面水比例2.5∶1，用和面机制成软硬适度的面团，用包饺子机直接包馅。

（4）速冻 包好的饺子应尽快在 −30℃下速冻 10～20min，然后装袋封口。

2. 速冻春卷

春卷是人们合家迎春时喜欢吃的点心，也是南方宴席上的佐酒佳肴。春卷皮薄如纸，入口脆香松酥。在北方，馅心以肉丝、韭黄、韭菜、黄花菜为主，而南方则以荠菜肉丝馅和豆沙馅最为著名。速冻春卷食用时只需在微波炉中快速解冻即可。下面以荠菜肉丝春卷为例，介绍其制作及速冻工艺。

制作及速冻工艺流程为：原辅料配方→制馅→和面制皮和皮馅→油炸→速冻。

（1）原辅料配方 配方：富强粉500g，夹心猪肉250g，冬笋100g，荠菜100g，虾米5g，酱油35g，白糖15g，生油100g，麻油（香油）50g，味精10g，油炸用油500g，料酒、葱、姜、盐、水淀粉适量。

（2）制馅 将夹心猪肉洗净后用绞肉机绞成肉酱。冬笋剥壳后，用多功能食品加工机与荠菜和葱、姜一起分别切成丝和碎末。用1/5的油在热锅中分别煸炒肉酱、冬笋丝、葱末、姜末，然后用搅拌机将各种调味料加入肉酱中拌匀，最后加入荠菜末和少量水淀粉，使馅呈粉状。

（3）和面制皮和包馅 按面水适当比例，用和面机强力打筋使其粘度增加，最后制成不粘手的稀软面团，用烧热的平底锅抹油制皮，用人工包馅叠皮，裹成长扁圆形的春卷生坯。

（4）油炸将油入锅烧至七八成熟时，将春卷生坯放入，并不时翻动，待其色泽呈金黄色时，即可取出，然后置于5℃～7℃下冷却数小时。

（5）速冻 将冷却好的春卷尽快装袋封口。为了防止油脂在低温下变质，应在 −35℃下速冻 5～10min，在 −18℃冻藏和销售。

3. 速冻小笼包子

具有代表性的包子是江南的南翔小笼包和天津的狗不理包子。两者均选料讲究，操作精细，具有皮薄、馅重、汁多、鲜美可口的特点。速冻小笼包食用时上笼屉蒸制即可。下面以南翔小笼包为例，介绍其制作及速冻方法。

其制作及速冻工艺流程为：原辅料配方及处理→制馅→制皮和包馅→速冻。

（1）原辅料配方及处理 配方：精白粉500g，夹心猪腿肉500g，酱25g，素油10g，皮冻100g，糖、料酒、葱、姜、盐适量。

将夹心猪肉洗净后用绞肉机绞成肉酱。将猪肉皮煮烂熔化，待冷却后即为皮冻，将其切成小丁。

（2）制馅 取适量清水，分几次加入肉酱中，随后加入皮冻及各种辅料，搅拌至肉酱发粘为止。

（3）制皮和包馅 将面粉调制搓揉成具有韧性的面团，擀成中间厚边缘薄的皮子。包馅时，将包入肉馅的皮子四周团团捏拢，收口后形似宝塔。

（4）速冻 包好的小笼包子应尽快在 −30℃下速冻 10～25min，然后装袋封口冻藏。

4. 速冻粽子

粽子是我国人民传统的节令小吃。最著名的是我国江南的粽子，尤其是浙江嘉兴的五芳斋粽子。按制作分，江南粽子有苏式和广式两种。按原料种类分，苏式可分为赤豆粽、鲜肉粽、豆沙粽、火腿粽、白米粽等，而广式又分猪油沙粽、叉烧蛋黄粽、烧鸭粽等。按包法分，又可分为枕头粽、小脚粽、三角粽、四角粽等。速冻粽子食用时用慢火煮开即可。下面以常见的鲜肉枕头粽为例，介绍其制作及速冻工艺。

其制作及速冻工艺流程为：原辅料配方及处理→包粽子→水煮→速冻。

（1）原辅料配方及处理　配方：糯米 1000g，夹心猪肉 600g，白糖 40g，酱油 80g，食盐 10g，料酒 15g，葱、姜适量。

将糯米掏洗干净后沥干水分，加入酱油和盐，搅拌均匀，使米粒充分吸收调料 2～3h。再将夹心猪肉洗净后切成质量为 30g 的小方块，加入其他佐料，拌匀后让肉浸渍在调料中 2～3h 备用。粽叶在前一天就预先浸泡在清水中。

（2）包粽子　取光面向外的两张粽叶相叠，在中间折成斗形。先在斗形中放入 25g 糯米，中间放入一块猪肉，再盖上 25g 糯米，然后将斗形上部的粽叶折拢，裹成长形枕头状，再用线绳由左到右扎牢。

（3）水煮　将包好的粽子用旺火猛煮 3h 后，以文火再煮 3～4h，使米无夹生即可。

（4）速冻　新煮的粽子应在冷库内冷却 1h 后装袋封口，在 -25℃下速冻 30min。

二、速冻分割肉和肉制品类

1. 速冻涮羊肉片

涮羊肉是涮制菜肴的典型代表。涮就是用火锅把切成薄片的羊肉在滚烫的汤中涮熟，然后再沾上调味进食。传统的涮羊肉以北京前门外的正阳楼最为驰名。涮羊肉既是一些清真餐馆的特色风味饮食，又是冬季普通家庭中亲友聚餐的美食。目前配调料的速冻涮羊肉片以其方便实惠深受消费者的欢迎。下面简单介绍其加工工艺。

其制作及速冻工艺流程为：选料→原辅料配方及处理→速冻和切片→配调料→包装冻藏。

（1）选料　以阉割过的绵公羊的后腿肉作原料为佳。

（2）原辅料配方及处理　原辅料配方：绵公羊肉 5000g，芝麻酱、酱油、料酒、米醋、虾油、辣油、麻油、香菜、大葱、雪里蕻、糖蒜适量。

将羊肉切成 3cm 厚、13cm 宽的长方片，用浸湿的薄布包上羊肉片。

（3）速冻和切片　在 -30℃下速冻 20～35min 后取出，在水中冲洗一下，揭去薄布，即可用切片机切成薄片。

（4）配调料　涮羊肉的调料可根据上述配方配制好装袋封口。

（5）包装冻藏　将涮羊肉片和调料袋一起装袋封口后在 -18℃下冻藏。

2. 速冻鱼圆

鱼圆，又称鱼丸，是宴请宾客的佳肴。我国民间制作鱼圆已有 100 多年的历史。鱼圆口感滑嫩，爽口，富有弹性，深受老百姓的喜爱。下面简单介绍其加工工艺。

其制作及速冻工艺流程为：原辅料配方→选料及处理→水烫成形→速冻。

（1）原辅料配方　配方：净鱼肉 500g，淀粉 15g，糖 23g，猪油 7.5g，蛋清 1 个，水 500g，料酒、味精、盐、姜、葱适量。

（2）选料及处理　速冻鱼圆的原料一般采用价格低廉、腥味很重的滞销鱼种，如白鲢。因此在处理时不仅要解决其冻结变性问题，而且要进行脱腥处理。一般用 0.15% $CaCl_2$ + 0.1% HCl 混合液作为脱腥剂，脱腥剂与鱼肉的比例为 6∶1。脱腥浸漂 1 ~ 2h 后，将鱼肉剁碎，并加水打浆即可。为了防止冻结变性，除了加蔗糖外，还应添加一些食用多磷酸盐。

（3）水烫成形　待水温烧至 60℃ 左右时，用手把鱼浆挤入锅内，用旺火把汤烧开，捞出后冷却。

（4）速冻　将鱼圆在 -30℃ 下速冻 20 ~ 35min 后取出装袋封口，在 -18℃ 下冻藏。

3. 速冻酱排骨

最为著名的酱排骨是无锡酱排骨，又称无锡肉骨头。相传在清朝光绪年间就已问世，一直受到世人的赞誉。下面简单介绍其加工工艺。

其制作及速冻工艺流程为：原辅料配方及处理→上硝盐→漂洗烧煮→速冻。

（1）原辅料配方及处理　原辅料配方：猪排骨 50kg，上等酱油 6kg，绍兴黄酒 1.2kg，盐 1kg，白糖 2.5kg，硝水 1kg，八角、茴香、丁香、桂皮、姜、葱适量。选取鲜猪前夹心的排骨为原料，削去肥肉，切成约 100g 的长方块。

（2）上硝盐　硝的用量为万分之二。将硝水与盐拌匀后，倒入放有长方肉块的缸内，稍浸渍一会就取出，晾摊一昼夜，滴尽血水。

（3）漂洗烧煮　将排骨用清水冲洗干净后，放入沸水中用旺火烧 2 ~ 3min，再在冷水中漂洗。在锅底的竹制篾垫上放入排骨，先加八角、茴香、丁香、桂皮等辅料，再加酱油、绍兴黄酒、白糖、姜、葱等煮 2h 后即可出锅冷却。锅内的汤汁再加些糖，熬成老汤，装袋封口。

（4）速冻　在 -30℃ 下速冻 20 ~ 35min 后取出与老汤袋一起装盒密封，在 -18℃ 下冻藏。

三、速冻调味配菜类

速冻后的调味配菜可归为半调理方便食品，食用时下锅一炒即可食用，非常方便快捷。其调味汤汁的制作和冻结是两大关键所在。为了防止冻结对其的影响，在生产前一定要进行试验以观察速冻和解冻时对其色、香、味的影响。下面所列的工艺仅供参考。

1. 速冻鱼香肉丝

鱼香肉丝是深受大众欢迎的菜肴，也可速冻后销售。其配菜制作及速冻工艺流程为：原辅料配方→切丝处理→调料制作→速冻。

（1）原辅料配方　猪腿肉 150g，冬菇、冬笋、红辣椒各 25g，油、盐、料酒、醋、白糖、水淀粉、辣油、酱油、蛋清、葱、姜、高汤适量。

（2）切丝处理　将肉、冬菇、冬笋、红辣椒切成细丝，用蛋清和少许盐上浆后装盒。

（3）调料制作　将盐、料酒、醋、白糖、水淀粉、酱油用高汤调成调料汁。再用辣油煸炒葱、姜、辣椒后倒入调料汁，装袋封口即成配菜调味袋。

（4）速冻　将原料盒在 -30℃ 下速冻 5min 后取出，放入配菜调味袋后在 -18℃ 下冻藏和销售。

2. 速冻宫保鸡丁

宫保鸡丁是著名的川菜，其配菜制作及速冻工艺流程为：原辅料配方→切丁处理→调料制作→速冻。

（1）原辅料配方 净鸡肉200g，水发玉兰片75g，清油、香油、辣豆瓣酱、盐、料酒、白糖、水淀粉、味精、酱油、蛋清、葱、姜、高汤适量。

（2）切丁处理 将鸡肉、玉兰片切成1cm见方的丁块，用蛋清和少许盐上浆后装盒。

（3）调料制作 将味精、料酒、香油、白糖、水淀粉、酱油用高汤调成料汁。用油煸炒葱、姜、辣豆瓣酱后倒入调料汁中，装袋封口即成配菜调味袋。

（4）速冻 将原料盒在-30℃下速冻5min后取出，放入配菜调味袋后在-18℃下冻藏和销售。

第十一章

食品冷藏库的管理与卫生

11

冷库担负着新鲜易腐食品的冷加工和储藏任务，起着调剂市场供应的作用。食品关系千家万户，必须做好冷库库房的管理工作，同时还应做好卫生管理工作，使库房做到清洁、环保，使广大人民的身体健康得到保证。

第一节　冷藏库的管理

冷库的库房管理工作，涉及多方面的要求，必须建立和健全岗位责任制，做好每一项工作。

一、入库前的准备

1. 对库房的要求

1）库内的运输设备及所有平衡器如地秤、吊秤等都要经有关单位检查，保证完好、准确。

2）冷库应具有可供食品随时进出的条件，并具备经常清洁、消毒、晾干的条件。

3）冷库要具有通风设备，可随时除去库内异味。

4）冷库的室外、走廊，列车或汽车的月台，附属车间等场所，都要符合卫生要求。

5）库房温度要降到所要求的温度。

6）冷库中应有完备的消防设施。

2. 对库内运输工具的要求

1）冷藏室中的一切运输工具和其他一切用具都要符合卫生要求。

2）所有手拉车都要保持干净，并将运输肉和鱼的手拉车区分开来。

3）运输工具要定期消毒。

3. 对入库食品管理的要求

（1）对入库食品的要求　凡进入冷库保藏的食品，必须新鲜、清洁、经检验合格。如鱼类要冲洗干净，按种类和大小装盘；肉类及副产品要求修割干净、无毛、无血、无污染。食品冻结前必须进行冷却和冻结处理工序，在冻结中不得有热货进库。食品在冷却过程中，库房温度保持在 $-1 \sim 0℃$。当肉的温度（对于白条肉是指后腿肌肉厚处温度）达到 $0 \sim 4℃$ 时冷却即完成。食品冻结时，库温应保持在设计要求的最低温度，当肉体内部温度不高于冻藏间温度3℃时，冻结即完成。如冻藏间温度为 $-18℃$，食品冻结后温度必须在 $-15℃$ 以下。

（2）食品入库前的准备工作　在食品到达前，应当做好一切准备工作。食品到达后必须根据发货单和卫生检查证，双方在冷库的月台上交接验收后，立即组织入库。在入库过程中，对有强烈挥发性气味和腥味的食品、要求不同储藏温度的食品、须经高温处理的食品应用专库储藏，不得混放，以免相互感染、串味。

1）禁止入库的食品有：

① 变质腐败、有异味、不符合卫生要求的食品。

② 患有传染病的畜禽商品。

③ 雨淋或水浸泡过的鲜蛋。

④ 用盐腌或盐水浸泡（已作防腐处理的库房和专用库除外）、没有严密包装的食品。

⑤ 流汁、流水的食品。

2）需要经过挑选、整理或改换包装后才能入库的食品有：

① 质量不一、好次混淆及蔬菜、水果腐烂率在5%以上者。

② 污染或夹有污物的食品。

③ 肉制品及不能堆垛的零散商品。

（3）严格掌握库房的温度、湿度　根据食品的自然属性和所需要的温度、湿度选择库房，力求保持库房温度、湿度的稳定。冻结物冻藏间的温度要保持在－18℃以下，库温只允许在进、出货时短时间内有波动，正常情况下温度波动不得超过1℃；在大批冻藏食品进、出库过程中，一昼夜升温不得超过4℃。冷却物冷藏间在通常情况下的库房温度升降幅度不得超过0.5℃，在进、出库时，库温升高不得超过3℃。

外地运来的温度不符合要求的冷却或冻结食品，允许少量进入冷藏间储藏，应保持库内正常储藏温度。如冻结食品温度高于－8℃，应当在冻结间内进行复冻后再放入冷库储藏。

为了减少食品的干耗、保持原有食品的色泽，对易于镀冰衣的食品（如水产品、禽、兔等），最好镀冰衣后再储藏。

（4）认真掌握储藏安全期限　要认真掌握冷藏食品的储藏安全期限，执行先进先出制度，并经常进行定期或不定期的食品质量检查。如果食品将要超过储藏期，或发现有变质现象时，应及时处理。对特殊要求或出口的食品，应按合同规定办理。各种不同食品的安全储藏期规定如表11-1所示。

表11-1　各种食品在不同温度下安全储藏期

品　种	冻藏间温度/℃	相对湿度（%）	安全期/月
冻鱼	－15～－18	95～100	6～9
冻猪肉	－15～－18	95～100	7～10
家禽、冻兔	－15～－18	95～100	6～8
鲜蛋	－1.5～－2.5	85～90	6～8
鲜蛋	2～0	85～90	4～6
冰蛋（听装）	－15～－18	95～100	4～15
畜禽副食品	－15～－18	95～100	5～6

二、库房管理

1. 成立专门小组

库房管理要成立专门小组，要特别注意防水、防潮、防热气、防跑冷、防逃氨等。要严格把好冰、霜、水、门、灯五大关。

1）未经冻结的热货不得进入冻藏间。

2）穿堂和库房的墙、地坪、门、顶棚等部位有了冰、霜、水等时要及时清除。

3）要管好冷库门，商品进出时要随手关门，库门损坏要及时维修，做到开启灵活、关闭严密、不逃冷。风幕应运转正常。

4）库内排管和冷风机要及时扫霜、融霜，以提高制冷效能、节约用电，冷风机水盘内不得积水。

2. 做好建筑物的维护和保养

认真做好建筑物的维护和保养，防止建筑结构的冻融循环及冻酥、冻臌。

1）没有地坪防冻措施的冷却物冷藏间，在使用中应防止地坪冻臌。

2）为了保护地坪，防止冻臌、冻坏，不得把商品直接铺在地坪上冻结，脱钩或脱盘不得在地坪上摔击，不准倒垛拆桩。

3）空库时，冻结间和冻结物冷藏间温度应保持在－5℃以下，防止冻融循环；冷却物冷藏间应保持在露点温度以下，避免库内滴水受潮。

4）商品堆垛、吊轨悬挂，其质量不得超过设计负荷。

5）冷库地下自然通风管道应保持畅通，不得积水、有霜，不得堵塞。对地下防冻加热油管要专人负责，每班检查一次并做好记录。

6）要定期对建筑物进行全面检查，发现问题要及时修复。

除此之外，还要经常维护库内电器线路，防止发生漏电事故，出库房时要随手关灯。

三、对冷藏库的技术工人的要求

冷库技术工人是执行冷库管理制度、实施直接操作的工人骨干，其配备人数和人员素质直接关系到冷库的生产和食品的质量。所以，对冷库技术工人的选择是很重要的。

我国（原）劳动部、（原）国内贸易部于1993年12月联合颁发的《中华人民共和国商业行业技术工人等级标准》规定了冷藏工的等级标准，对各级冷藏工作出了具体要求。

第二节　冷藏库的卫生管理

食品的腐败变质主要是由于微生物的生长繁殖所致。低温虽然可以抑制微生物生长繁殖，但大多数的微生物在低温下并不死亡。因此，冷库必须有严格的卫生制度，尽可能地减少微生物污染食品的机会。

一、冷藏库的卫生管理

1. 库房和工具设备的卫生与消毒

冷库的库房是进行食品冷加工和长期存放食品的地方，因而对库房的卫生管理是整个冷库管理的中心环节。

空气本身虽然不是微生物发育的适宜的环境，但由于空气不断地流动，常能带动和散布大量的尘埃和微生物的孢子，因而在冷库内通风道的木板表面上、排管上的霜层中和库房的死角处都会污染大量的微生物，必须经常进行消毒。空气通过空气冷却器时，可以除去空气中的尘埃和微生物孢子数量的60%～80%。这样微生物孢子就可能附着在空气冷却器的霜层上或湿式空气冷却器的盐水中。为了控制微生物的污染，必须对空气冷却器进行定期的清扫和消毒。

在冷库的库房内，霉菌较其他微生物繁殖得更快些，并极易侵害食品。所以杀灭霉菌是库房卫生工作的首要任务。

运货用的推车、铲车以及其他载货设备也能成为微生物污染食品的媒介。因为这些设备经常装卸食品，在其表面往往残留着食品碎屑而成为微生物的良好培养基，为微生物的生长繁殖创造了条件。如堆放食品的垫木或地板上，$1cm^2$ 有1万～10万个甚至100万个微生物时，即违反了卫生制度。因此冷藏库的工具和设备必须随时随地保持清洁卫生。

对于冷藏的食品，不论是否有包装，都要堆放在垫木上。垫木应刨光并经常保持清洁。每次出货后，应将垫木擦净或用水或热碱水冲洗干净。

一切加工用的设备如鱼盘、鱼车、工作台等，在使用前、后应用清水冲洗干净，必要时还应用消毒液消毒。冷库内的走道和楼梯、电梯要经常清扫，下水道要定期清理并以漂白粉溶液消毒。

2. 冷库除霉

霉菌适于生长在阴冷潮湿的地方，且较其他微生物繁殖得更快，霉菌在冷库内生长后，孢子到处飞扬。霉菌和致病菌不同，它本身无害，也很少产生毒素，但食品生霉菌却严重地损害了商品的外观，并促进了食品的霉烂变质。霉菌生长后，肉眼可以看到，所以杀灭霉菌是库房卫生工作的重要任务。常用的除霉方法有机械除霉、物理除霉和化学除霉三大类。

（1）机械除霉法 用机械进行打扫和铲除生霉的部分，并和其他除霉方法结合进行。机械除霉法中有一种空气洗涤法，即在进风口处装一喷水器，空气在循环时通过水幕而将霉菌的孢子洗去，这种方法就像湿式冷风机一样，可以起到减少霉菌的效果。

（2）物理除霉法 是利用温度、湿度、紫外光、高频电和铜丝网来除霉。霉菌生长的温度一般在 $-6 \sim 40℃$ 之间，因此在冻藏库中很少看到霉菌的生长。霉菌的生长和温度关系很大，所以降低温度可有效地抑制霉菌的生长。紫外光除霉是一种较好的方法，它既能杀菌，又能除霉，也有一定的除臭作用。但是，它只能对直接照射到的部分起作用，一般每立方米用 $0.33 \sim 3W$ 的紫外光辐射，在距离 $2m$ 的表面上照射 $6h$ 可以起到杀灭微生物的作用。紫外光的作用受温度和湿度的影响较大，愈接近微生物生长的正常温度，湿度愈高，杀菌除霉的能力愈强。但紫外光能促进脂肪的氧化酸败，所以在使用时要注意。铜丝网过滤器是在进风口处装的一个铜丝做的网子，可以杀灭一部分霉菌。有人试验用高频电流灭霉，在短波段中霉菌只需经过几秒钟就死亡，但未见在实际生产中使用。

（3）化学除霉法 此方法很多，用得较多的化学品有乳酸、二氧化碳、臭氧、甲醛、漂白粉、氟化钠、羟基联苯酚钠等。

1）二氧化碳法 使用二氧化碳，在任何含量下都不能杀死霉菌，只能延缓霉菌的生长。在 $0℃$ 下，如果二氧化碳在库内空气中的质量分数达到 40% 时，可以完全阻止霉菌的生长。但当它在空气中的质量分数超过 20% 时，由于变性血红蛋白的形成而使肉类变色。一般认为，在 $0℃$ 下，室内二氧化碳的质量分数为 10% 时，可以把冷却肉的冷却保鲜期延长一倍以上。

2）乳酸法 这是一种可靠的消毒方法，它能除霉、杀菌，也能除臭。使用方法是先将库房出清，打扫干净，每立方米容积用 $1mL$ 粗制乳酸，每份乳酸再加 $1 \sim 2$ 份清水，将混合液放在搪瓷盆内，置于电炉上加热蒸发，一般要求将药液控制在 $0.5 \sim 3h$ 蒸发完。然后关闭电炉，密闭库门 $6 \sim 24h$，使乳酸充分与细菌或霉菌作用，以期达到消毒的目的。

3）臭氧法 臭氧法是一种比较好的方法，它既可以杀菌，又可以除霉、除臭味。用这种方法时需采用臭氧发生器，使空气中两个原子组成的氧分子裂化而成三个原子组成的臭氧（$3O_2 \rightarrow 2O_3$）。将形成的臭氧引入冷库内，其质量浓度为 $1 \sim 3mg/m^3$ 即可起作用。但是，臭氧是一种强氧化剂，它能使瘦肉变色和脂肪氧化，同时臭氧对人的黏膜有刺激，所以采用时应该注意。

4）甲醛法 甲醛法即福尔马林蒸气法。这种方法能除霉也能灭菌。但福尔马林气味很大，如果被肉吸收，肉就不能食用，同时福尔马林对人的刺激性很大，且对人体有害，使用时应注意安全。使用此法应先把库出空，打扫干净。一般每立方米容积使用 15mL 福尔马林。使福尔马林变成蒸气的方法有如下两种：一种是将福尔马林放在密闭桶内用管子通入冷库，下面用火烧；另一种是将福尔马林放在开口桶中置于冷库内，由操作人员放入适量高锰酸钾或生石灰，再加些水，待产生气体时，人员外出闭好库门。用福尔马林蒸气消毒几小时后，再用氨水放在库内吸收福尔马林气味，再经过通风，除去气味即告完成。

5）漂白粉法 用质量分数为 4% 的漂白粉溶液进行洗刷消毒，效果很好。如果在 5 份漂白粉中加入 7 份石碱效果更好。消毒几小时后进行通风排气。

6）氟化钠法 用质量分数为 2% 的氟化钠和质量分数为 2% 的高岭土混合粉刷墙壁，在 0℃ 下可以 1~2 年不生霉。

7）羟基联苯酚钠法 用质量分数为 2% 的羟基联苯酚钠溶液涂刷除霉。这种方法气味不传染到肉上，也不会腐蚀器皿，但在涂刷时要做好防护措施。

8）多菌灵 是目前鲜蛋灭菌抑霉较好的药物。将多菌灵粉配成 0.1% 的水溶液或将质量分数为 50% 的多菌灵可湿性粉配成 0.1% 的水溶液进行喷雾或浸渍鸡蛋。

9）新洁尔灭 这是一种较好的食品消毒除霉剂，能使细菌几分钟内死亡，具有很强的杀菌作用。使用时将 0.1% 的新洁尔灭溶液按 $40mL/m^3$ 喷雾消毒，可使霉菌下降率达 50%~84%。

二、冷冻食品的卫生管理

冷冻食品的卫生管理主要是考虑到不同类的食品是否可以混合存放在一起，以及库房异味的及时排出和灭鼠工作。

1. 食品储藏时的卫生要求

对于已经入库的食品，应按照食品的不同种类和不同的冷加工最终温度分别存放。如果冷藏间少，而需要储存的食品种类很多，不可能单独存放；或冷藏间容量大，而某种食品数量少，单独存放不经济时，也可以考虑不同种类的食品混合存放。不同种类食品混合存放应以不致相互串味为原则，并应该分别堆码。具有强烈气味的食品如鱼类、葱、蒜、乳酪等则严格禁止混放在一个冷藏间内。对储藏温度要求不一致的食品，也应该分别储存于不同温度的冷藏间内，而不应堆放于同一冷藏间中。

有人将可以混合堆放的食品总结出来列成表格，如表 11-2 所示，共六大类。同类中的食品可以混合储藏，不同类之间的食品则不能混合储藏。未列入该表内的食品应该单独储藏。

冷藏过程中，食品应该经常进行质量检查，并定期对食品、冷藏间的空气及设备进行测定和分析（指检查微生物污染情况）。如发现某批食品有霉烂、腐败变质和有异味等情况时，应及时采取措施分别加以处理，以免污染其他食品而造成更大的损失。

堆放时，冷藏的食品应该堆放在清洁的垫木上，禁止直接放在地面上。货堆上应覆盖芦席或篷布，以免灰尘、霜雪落入而污染食品。货堆与货堆之间应留有 0.2m 的间隙，以便于空气流通。如系不同种类的货堆，其间隙应不小于 0.7m。在食品堆码时，不能直接靠在墙壁或排管上，货堆与墙壁和排管等制冷设备应保持以下的距离：距冻结物冷藏间顶棚 0.2m；距冷却物冷藏间顶棚 0.3m；距顶排管下侧 0.3m；距顶排管横侧 0.2m；距无排管的墙 0.2m；距墙排管的外侧 0.4m；距冷风机周围 1.5m；距风道底面 0.2m。

除了堆放时的要求之外，库内的食品全部出库以后，应对库房进行通风换气，将库内的混浊空气排出，并从外部换入新鲜的空气。通风换气是利用通风机实现的。在从外部吸入空气时，应尽量选择一天中温度最低时，以节约能源，并应预先经过过滤。

表 11-2　冷库内允许混合储存的食品分类

食 品 名 称	混合储存时间/月	食 品 名 称	混合储存时间/月
（一）冻结食品（低温冻藏）		葡萄（箱装）	3（由采摘后计算）
冻小鱼（包装和未包装）	5	李子（箱装）	1（由采摘后计算）
冻大鱼	3	樱桃（箱装）	12d（由采摘后计算）
冻牛羊肉	4	（四）冷却新鲜食品（高温库）	
冻猪肉	4	番茄	7d（由采摘后计算）
冻副产品（包装）	3	花椰菜	1（由采摘后计算）
冻家禽（箱装）	3	大白菜（早熟）	1（由采摘后计算）
熟猪肉	3	（五）冷却新鲜食品	
冰蛋（桶装）	2	鸡蛋（箱装）	6（由采摘后计算）
乳油	3	罐头（铁皮罐、玻璃罐装）	8（由采摘后计算）
（二）新鲜食品或冷却食品		（六）干食品	
苹果（冬季成熟装箱）	3（由采摘后计算）	蛋粉	6
梨（装箱）	2（由采摘后计算）	乳粉	6
葡萄（装箱）	3（由采摘后计算）	干果	6
（三）冷却食品（高温库）		核桃	4
苹果（早熟箱装）	1（由采摘后计算）	浓缩牛乳	6
桃（箱装）	15d（由采摘后计算）	罐头食品	8

2. 库房异味的排除和灭鼠

（1）除异味　库房中的异味一般是储藏了具有强烈气味的食品所致。此外，在食品腐败变质时，产生的硫化氢和氨也能使库房感染而具有异臭气味。各种食品都具有各自独特的气味。如将某种食品储藏在具有某种特殊气味的库房内，这种特殊的气味就会转入食品内，从而改变了食品原有的风味。因此，清除库房中的异味是一件非常重要的工作。

臭氧具有良好的清除异味的性能，利用臭氧消毒和除异味，不仅适用于空的库房，对于载满食品的库房也同样适用。臭氧的处理效果取决于臭氧的浓度。臭氧的浓度愈大，氧化反应的速度也就越快。利用臭氧处理空库时，臭氧的质量浓度可达到 $40mg/m^3$。对于载有食品的库房来说，臭氧的浓度则应依食品的性质而定，鱼类或干酪为 $1\sim2mg/m^3$，蛋品为 $3mg/m^3$，果蔬为 $6mg/m^3$。如果库内存含脂肪较多的食品，则不应采用臭氧处理，以免油脂因被臭氧氧化而变质。

臭氧是一种强氧化剂，当浓度很高时就有引起火灾的危险。因此在使用时，必须注意安全。

（2）灭鼠   消灭老鼠对冷库安全与卫生具有重要意义。老鼠会破坏冷库隔热结构、污染食品、传播传染病。由于被老鼠咬破电线而引起的冷库火灾也时有报道。鼠类由周围环境中潜入冷库，有时与食品一同进入。因此，须设法使周围地区没有老鼠。在接收物品时，应仔细检查，特别是带有外包装的食品，更应仔细检查，以免把鼠类带进冷库内。

目前冷库内灭鼠方法有机械捕鼠、化学药物灭鼠和二氧化碳灭鼠三种。一般用机械捕鼠器来捕捉冷库内的老鼠效果不理想。而用化学药物来毒死老鼠，虽然效果尚可，但因所用药物都是有毒的，故使用时应特别谨慎。最理想的是用二氧化碳来灭鼠，不但无毒，而且效果显著。做法是将钢瓶内的二氧化碳通入冷库内，如果库房密闭性好，不论冷库处于何种温度，用浓度为 $500g/m^3$ 的二氧化碳在24h内即可达到灭鼠的目的。同时二氧化碳也具有灭菌的性能，库内温度和食品的堆放皆不需改变，省时省力。

第三节   冷冻食品的微生物及其控制

一、冷冻食品的微生物

冷冻食品是将食品冻结并将其储存于低温（ $-18℃$ 以下）条件下，以延缓或抑制微生物的生长。它不像罐头食品那样经过高温杀菌处理并储存在完全无菌的状态下，故微生物对于冷冻食品的品质及公共卫生有很大的关系。世界各国对于冷冻食品微生物的控制都非常严格。

冷冻食品所含的微生物，随原料的种类、加工方法的不同有很大的差别。通常销售的冷冻食品中含有 $103 \sim 105$ 个/g 的微生物。最常见的细菌有极毛杆菌、黄杆菌等低温性微生物，其所占比例最高，约占菌落总数的40%。冷冻食品的微生物中，可在 $0 \sim 10℃$ 条件下生长的，大部分为革兰氏阴性菌、无色杆菌、产碱杆菌，还有部分褐色小球菌、乳酸杆菌、舍氏菌和链球菌。冷冻鱼类中的主要腐败细菌为极毛杆菌和无色杆菌，另外也分离出褐色小球菌的阳性菌。家禽肉类和蛋类中的腐败细菌多为沙门菌，水果中的微生物则以酵母和乳酸菌居多。

冷冻食品中也常发现耐低温的酵母如假丝酵母、圆酵母、丝孢酵母、红酵母等，而常见的霉菌则有交链孢属、孢霉属、芽枝霉属、毛霉属、淡黄青霉、分枝孢属等。

此外，冷冻食品所含的低温性厌氧菌在食品卫生上也不可忽视。例如，远洋冷冻白色鱼肉上常有梭状芽孢杆菌及近海栖息性鱼上的丙酸杆菌、明串球菌等被检出。

二、冷冻食品微生物的污染源及其控制

1. 设备方面

冷冻食品时的操作，首先要注意卫生，但在某些环节上（如家禽类的宰杀、拔毛或蔬菜去皮等场所），往往不易保持清洁，故在建厂时必须考虑到以下几个方面：

1）通风设备良好，避免污染空气流入。

2）排水设备良好，工作人员需经常洗刷污秽场地。

3）要经常保持切割机械、输送带和冻结室等的清洁。

2. 工作人员方面

工作人员的健康情况、个人的卫生习惯以及对卫生方面的认识情况，都直接关系到食品卫生制度贯彻得如何，应特别注意管理。

3. 原料方面

原料含菌数多少对成品的含菌数有很大的影响。一般原料可能被污染的途径有：

1）工作人员带病原菌接触原料而造成的污染。

2）不卫生的操作工具和设备污染原料。

3）空气中微生物的污染。

4）其他含菌数高的原料的污染。

原料管理中除了应保持操作设备及工作人员的清洁外，还必须注意不要使原料暴露在室温下过久，不用的原料需登记好日期，进行冷藏储存。若需放置 24h 以上时，则应快速进行冷冻。

4. 加工过程方面

加工过程中不卫生是微生物污染的主要原因，而成品含菌数的多少完全可以反映工厂卫生状况的好坏。因此，必须注意控制食品加工过程中的温度或者进行快速冻结。

三、冷冻食品微生物的检查与控制

1. 检查的目的

确保食品卫生与质量的优良。

2. 总菌数的检查

检查方法包括显微镜法（直接涂抹法）、薄膜过滤法、稀释平板法等。

总菌数的检查只能表示食品在冷加工过程中的卫生状况、原料鲜度、温度控制和操作人员的卫生等，但不能完全保证产品的安全性。一般实用上多用直接检查法来检查微生物的情况，以查明冷加工品上细菌活动的实际状态。

3. 大肠杆菌群的检查

冷冻食品上的大肠杆菌群可以由土壤和粪便污染，一般作为饮用水的卫生指标。常温下这种细菌在食品中可以繁殖，但在冷藏过程中很快消失，又因其检查手续繁琐，故大肠杆菌的定量检查在冷冻食品卫生管理上没有太大的意义，而定性检验则是必要的。

4. 其他

如葡萄球菌、腊肠菌、沙门氏菌均会引起食物中毒，必须严加控制。

四、冷冻食品微生物的控制

微生物在食品上的分布很不均匀，确定可靠的取样及检查方法比较困难。控制好冷加工食品上的微生物在一定的范围之内非常重要。不同处理的食品微生物的含量不同。例如，远销日本的冷冻食品的控制要求如下：需要加热调理冷冻食品，一般活菌数要求在50000 个/g 以下，大肠杆菌、葡萄球菌、沙门菌均应为阴性。如果是不需加热调理的冷冻食品，大肠杆菌、葡萄球菌、沙门菌应为阴性，挥发性盐基氮含量应为 20mg/100g 以下。

附录 A 食品

温度/℃	牛肉禽类	羊肉	猪肉	肉类副产品	去骨牛肉	瘦鱼	肥鱼	鱼块	鲜蛋
-25	-10.89	-10.89	-10.47	-11.72	-11.30	-12.14	-12.14	-12.56	-8.79
-20	0	0	0	0	0	0	0	0	0
-19	2.09	2.09	2.09	2.51	2.51	2.51	2.51	2.51	2.09
-18	4.61	4.61	4.61	5.02	5.02	5.02	5.02	5.44	4.19
-17	7.12	7.12	7.12	7.96	7.54	7.96	7.96	8.37	6.28
-16	10.05	9.63	9.63	10.89	10.47	10.89	10.89	11.30	8.37
-15	12.98	12.56	12.14	13.82	13.40	14.24	14.24	14.65	10.47
-14	15.91	15.49	15.07	17.17	16.75	17.59	17.17	18.00	12.56
-13	18.84	18.42	18.0	20.52	20.10	20.93	20.52	21.77	15.07
-12	22.19	21.77	21.35	24.28	23.45	24.70	24.28	25.54	17.59
-11	25.96	25.54	25.12	28.47	27.21	28.29	28.05	29.73	20.10
-10	30.15	29.73	28.89	33.08	31.40	33.49	32.66	34.75	22.61
-9	34.75	33.91	33.08	38.10	36.01	38.52	37.26	40.19	25.54
-8	39.36	38.52	37.26	43.12	41.03	43.54	42.29	45.64	28.47
-7	44.38	43.54	41.87	48.57	46.06	49.40	47.73	51.50	31.82
-6	50.66	49.40	47.31	55.27	52.34	56.52	54.43	58.62	36.01
-5	57.36	55.68	54.43	62.80	59.87	64.06	61.55	66.99	41.45
-4	66.15	64.48	61.13	72.85	69.08	74.11	71.18	77.46	47.73
-3	75.36	77.04	73.69	87.92	82.90	89.18	85.41	93.78	注1
-2	98.81	95.88	91.69	109.69	103.41	111.79	106.34	117.65	注2
-1	185.89	179.61	169.98	204.32	194.27	212.27	199.71	224.83	注3
0	232.37	223.99	211.85	261.26	242.83	265.86	249.12	281.77	237.39
1	235.72	227.34	214.78	264.61	246.18	269.63	252.88	285.54	243.32
2	241.16	230.27	217.71	268.37	249.53	272.98	256.23	288.89	243.67
3	242.00	233.02	221.06	271.72	252.88	276.75	259.58	292.66	246.60
4	245.35	236.55	223.99	275.07	256.23	280.10	262.93	296.43	249.95
5	248.28	239.90	226.23	278.84	359.58	283.45	266.80	300.19	252.88
6	251.63	242.83	229.86	282.19	262.98	287.22	269.63	303.54	256.23
7	254.98	246.18	233.21	285.54	266.28	290.56	272.98	307.21	259.16
8	258.33	249.12	236.14	289.31	269.21	294.33	276.75	311.08	262.51
9	261.26	252.46	239.07	292.66	272.56	297.56	280.10	314.85	265.44
10	264.61	255.40	242.00	296.01	275.91	301.03	283.45	318.20	268.79
11	267.96	258.74	245.35	299.78	279.26	304.80	286.80	321.97	271.72
12	270.89	261.68	248.28	303.12	282.61	308.15	290.15	325.73	275.07
13	274.24	265.02	251.21	306.47	285.96	311.92	293.50	329.08	278.42
14	277.59	267.96	254.14	310.24	289.31	315.27	296.84	332.85	281.85

录

焓值表

(单位：kJ/kg)

全脂牛奶	奶油	熟黄油	奶油冰淇淋	牛奶冰淇淋	葡萄樱桃杏	水果浆果	糖水果浆果	糖浆果
-12.56	-9.21	-8.79	-16.33	-14.65	-17.17	-14.24	-17.59	-22.19
0	0	0	0	0	0	0	0	0
2.93	1.68	1.68	3.35	2.93	3.77	3.35	3.77	5.02
5.44	3.35	3.35	6.12	6.28	7.54	6.70	7.96	10.05
8.37	5.02	5.02	11.30	9.63	11.72	10.05	12.14	15.49
11.30	7.12	7.12	15.49	13.40	15.91	13.40	16.75	20.93
14.24	9.21	9.21	19.68	17.59	20.52	17.17	21.35	26.80
17.59	11.30	11.30	24.28	22.19	25.54	20.93	26.38	33.08
21.36	13.40	13.40	29.31	27.21	30.98	25.12	31.40	39.78
25.12	15.91	15.91	34.75	33.08	35.17	29.73	36.84	46.89
28.89	18.00	18.00	40.61	39.78	42.71	34.33	43.12	54.85
32.66	20.52	20.52	46.89	47.31	49.82	39.36	49.40	63.64
37.26	23.45	23.45	54.01	55.68	57.78	44.80	56.52	73.69
42.29	25.96	25.96	62.38	65.31	66.57	51.50	64.90	85.83
48.15	28.47	28.47	72.85	77.04	78.71	58.62	75.78	100.90
54.85	31.40	31.40	86.67	92.11	93.78	68.66	87.60	120.16
62.80	34.33	34.33	105.51	111.79	115.97	82.90	108.02	147.38
73.69	36.84	36.84	131.88	138.58	149.05	104.21	135.23	169.98
88.76	39.78	39.78	178.78	181.29	202.64	139.00	180.45	173.33
111.37	43.12	43.12	221.06	229.86	229.02	211.01	239.90	176.26
184.22	48.99	48.99	224.41	233.21	232.79	267.96	243.67	179.61
319.03	51.92	51.92	227.76	236.55	236.14	271.72	247.02	182.55
322.80	55.27	55.27	231.11	239.90	239.90	275.49	250.795	185.89
326.57	58.20	58.20	234.46	243.25	243.25	279.26	254.14	188.83
330.76	61.13	61.13	237.81	246.60	247.02	283.03	257.91	192.17
334.53	64.06	64.06	241.16	249.95	250.37	286.80	261.26	195.11
338.71	67.41	67.41	244.51	253.72	254.14	290.56	265.02	198.45
342.48	70.76	70.76	247.86	257.07	257.49	294.33	268.37	201.39
346.25	74.11	74.11	251.21	260.42	261.26	298.10	272.14	204.74
350.44	77.46	77.46	254.56	263.77	264.61	301.87	275.49	207.67
354.20	81.22	81.22	257.91	267.12	268.37	305.064	279.26	211.02
258.39	85.41	85.41	261.26	270.47	271.72	309.41	282.61	213.95
362.16	90.02	90.02	266.28	274.24	275.49	313.17	286.38	217.30
366.35	95.04	95.04	267.96	277.59	278.84	316.94	289.73	220.23
270.11	144.03	100.48	271.31	280.93	282.61	320.71	293.50	223.58
374.30	149.47	105.35	274.65	284.28	285.96	324.48	296.84	226.51

温度/℃	牛肉禽类	羊肉	猪肉	肉类副产品	去骨牛肉	瘦鱼	肥鱼	鱼块	鲜蛋
15	280.52	271.31	257.07	313.59	292.66	318.62	300.61	336.62	284.70
16	283.87	274.24	260.42	316.94	296.01	322.38	303.96	340.39	287.63
17	287.22	277.59	263.35	320.71	299.36	325.73	307.31	343.74	290.98
18	290.15	280.52	266.28	324.06	302.71	329.50	310.66	347.50	293.91
19	293.50	283.87	269.21	327.41	306.06	332.85	314.01	351.27	297.26
20	296.84	286.80	272.56	331.18	309.41	336.20	317.36	355.04	300.19
21	299.78	290.15	275.49	334.53	312.75	339.97	321.13	358.39	303.54
22	303.12	293.08	278.42	337.88	315.69	343.32	324.48	362.16	306.89
23	306.47	296.43	281.35	341.64	319.03	346.67	327.83	365.93	309.82
24	309.82	299.36	285.54	344.99	322.38	350.44	331.18	369.28	313.17
25	312.75	302.71	287.63	348.76	325.73	353.79	334.53	373.04	316.10
26	316.10	305.64	290.56	352.11	329.08	357.55	337.88	376.81	319.45
27	319.45	308.99	293.50	355.88	332.43	360.90	341.22	380.58	322.38
28	322.38	311.92	296.84	359.23	335.78	364.67	344.99	383.93	325.73
29	325.73	315.27	299.78	362.58	339.13	368.02	348.34	387.70	328.66
30	329.08	318.20	302.71	366.35	342.48	371.37	351.69	391.47	332.01
31	332.43	321.55	305.64	369.69	345.88	375.14	355.04	395.23	334.94
32	335.36	324.48	308.99	373.04	349.18	378.49	358.39	398.58	338.29
33	338.71	327.83	311.92	376.81	352.53	382.26	361.74	402.35	341.22
34	342.06	330.76	314.85	380.16	355.88	385.60	365.51	406.12	344.57
35	345.41	334.11	317.78	383.93	358.81	388.95	368.86	409.47	347.50
36	348.34	337.04	321.13	387.28	362.16	392.72	372.21	413.24	350.85
37	351.69	340.39	214.06	390.63	365.51	396.07	375.56	417.01	353.79
38	355.04	343.32	326.99	394.40	368.86	399.84	378.91	420.77	356.72
39	358.39	346.67	329.92	397.75	372.21	403.19	382.26	424.12	360.07
40	361.32	349.60	333.27	401.10	375.56	406.54	385.60	427.89	363.00

注：1. 该表引自《冷藏库制冷工艺设计手册》。

2. 冷却鸡蛋为227.76kJ/kg，冰蛋为57.78kJ/kg。

3. 冷却鸡蛋为230.69kJ/kg，冰蛋为75.78kJ/kg。

4. 冷却鸡蛋为234.04kJ/kg，冰蛋为128.54kJ/kg。

（续）

全脂牛奶	奶油	熟黄油	奶油冰淇淋	牛奶冰淇淋	葡萄樱桃杏	水果浆果	糖水果浆果	糖浆果
378.49	155.33	112.21	278.00	287.63	289.73	328.25	300.61	229.86
382.26	161.19	118.49	281.35	290.98	293.08	332.25	303.96	232.79
386.44	166.64	124.77	284.70	294.33	296.84	335.78	307.73	236.14
390.63	172.08	130.21	288.05	297.68	300.21	339.55	311.08	239.07
394.40	177.52	136.07	291.40	301.03	303.96	343.32	314.85	242.42
398.58	182.55	141.10	294.756	304.38	307.31	347.09	318.20	245.35
402.58	187.57	146.12	298.10	307.73	311.08	350.85	321.97	248.70
406.54	192.17	154.49	301.45	311.08	314.43	354.62	325.31	251.63
41.31	196.36	155.33	304.80	314.43	318.20	358.39	329.08	254.98
414.49	200.55	159.52	308.15	317.78	321.55	362.16	332.46	257.91
418.26	204.74	163.70	311.50	321.13	325.14	365.93	336.20	261.26
422.45	208.50	167.47	314.85	324.90	328.66	369.69	339.55	264.19
426.22	212.27	170.82	318.20	328.25	332.43	373.46	343.32	267.12
430.40	215.62	174.17	321.55	331.60	335.78	377.23	346.67	270.47
434.17	218.97	177.52	324.90	334.94	339.55	381.00	350.44	273.40
438.36	222.74	181.29	328.25	338.29	342.90	384.77	353.79	276.75
442.13	226.51	185.06	311.60	341.64	346.67	388.54	357.55	279.68
445.89	230.27	188.83	334.94	344.099	350.02	392.30	360.90	283.03
450.08	234.04	192.17	338.29	348.34	353.79	396.07	364.67	285.96
453.85	237.39	195.52	341.64	351.69	357.13	399.84	368.02	289.31
458.04	240.32	198.45	344.99	355.46	360.90	403.61	371.79	292.24
461.80	243.25	200.97	348.34	358.81	364.25	407.38	375.14	295.59
465.57	246.18	203.48	352.53	362.16	368.02	411.14	378.91	298.52
469.76	248.70	205.99	355.04	365.51	371.37	414.91	382.26	301.87
473.53	251.21	208.08	358.39	368.86	375.14	418.68	386.02	304.80
477.30	253.72	210.60	361.74	372.21	378.49	422.45	389.37	308.15

附录 B 一般食品

序号	食品名称	含水量（%）	冻结点/℃	比热容/〔kJ/（kg·℃）〕	
				高于冰点时	低于冰点时
1	苹果	85	−2	3.85	2.09
2	苹果汁		−17		
3	杏子	85.4	−2	3.68	1.93
4	杏子干				
5	龙须菜	94	−2	3.89	1.93
6	咸肉（初腌）	39	−1.7	2.14	1.34
7	腊肉（熏制）	13～29		1.26～1.80	1.00～1.21
8	香蕉	75	−1.7	3.35	1.76
9	干蚕豆	13	−1.7	1.26	1.00
10	扁豆	89		3.85	1.97
11	甜菜	72	−2	3.22	1.72
12	啤酒	89～91	−2	3.77	1.88
13	洋白菜	85		3.85	1.97
14	黄油	14～15	−2.2	2.30	1.42
15	酪乳	87	−1.7	3.77	
16	卷心菜	91	−0.5	3.89	1.97
17	胡萝卜	83	−1.7	3.64	1.88
18	芹菜	94	−1.2	3.98	1.93
19	干酪	46～53	−2.2～−10	2.68	1.47
20	樱桃	82	−4.5	3.64	1.93
21	栗子				
22	巧克力	1.6		3.18	3.14
23	奶油	59		2.85	
24	黄瓜	96.4	−0.8	4.06	2.05
25	葡萄干	85	−1.1	3.22	1.88
26	椰子	83	−2.8	3.43	
27	鲜蛋	70	−2.2	3.18	1.67
28	黄粉	6		1.05	0.88
29	冰蛋	73	−2.2		1.76
30	鲜鱼	73	−1～−2	3.43	1.80
31	干鱼	45		2.43	1.42
32	冻鱼				
33	干果	30		1.76	1.13
34	冻水果				
35	干大蒜	74	−4	3.31	1.76
36	谷类				
37	葡萄	82	−4	3.60	1.84
38	火腿	47～54	−2.2～−1.7	2.43～2.64	1.42～1.51
39	冻火腿				
40	冰淇淋	67		3.27	1.88
41	果酱	36		2.01	
42	人造奶油	17～18		3.35	

的物理特性

潜热/（kJ/kg）	储藏容积/（m³/t）	储藏温度/℃	储藏相对湿度（%）	储藏期/天（月）
280.52	7.5	−1~1	85~90	(2~7)
	7.5	4.5	85	(3)
284.70	7.5	−0.5~1.6	78~85	7~14
	7.5	0.5	75	(6)
314.01	7.5	0~2	85~90	21~28
130.63	9.4	−23~10	90~95	(4~6)
41.87~92.11		15~18	60~65	
251.21	15.6	11.7	85	14
41.87	7.5	0.7	70	(6)
297.26		1~7.5	85~90	8~10
242.83		0~15	88~92	7~42
301.45	6.2~10.6	0~5		(6)
284.70		0~1.5	90~95	21~28
196.78	5	−10~−1	75~80	(6)
	9.4	0	85	(1)
305.64	15.6	0~1	85~90	(1~3)
276.33		0~1	80~95	(2~5)
314.01	9.4	−0.6~0	90~95	(2~4)
167.47	5.0	−1.0~1.5	65~75	(3~10)
276.33	15.6	0.5~1	80	7~21
	12.5	0.5	75	(3)
	5.6	4.5	75	(6)
192.59	7.5	0~2	80	7
318.20	7.5	2~7	75~85	10~14
280.52	9.4	0	75~85	14
	7.5	−4.5	75	(12)
226.09		1.0~−0.5	80~85	(8)
20.93	6.9	2.0	极小	(6)
242.83		−18		(12)
242.83	12.5	−0.5~4	90~95	7~14
150.72	7.5	−9~0	75~80	(3)
	8.1	−20~−12	90~95	(8~10)
100.48		0~5	70	(6~18)
		−23~−15	80~90	(6~12)
247.02		0~1	75~80	(6~8)
		−10~−2	70	(3~12)
272.14	9.4	−1~3	85~90	(1~4)
167.47		0~1	85~90	(7~12)
		−24~−18	90~95	(6~8)
217.71	18.7	−30~−20	85	14~34
	8.1	1	75	(6)
125.60	5.0	0.5	80	6

序号	食品名称	含水量（%）	冻结点/℃	比热容/〔kJ/（kg·℃）〕	
				高于冰点时	低于冰点时
43	牡蛎	80	−2.2	3.52	1.84
44	猪油	46		2.26	1.30
45	韭菜	88.2	−1.4	3.77	1.93
46	柠檬	89	−2.1	3.85	1.93
47	莴苣	94.8	−0.3	4.02	2.01
48	对虾	76		3.39	
49	玉米	73.9	−0.8	3.31	1.76
50	柑橘	86	−2.2	3.64	
51	甜瓜	92.7	−1.7	3.94	2.01
52	牛奶	87	−2.8	3.77	1.93
53	奶粉				
54	羊肉	60~70	−1.7		
55	冻羊肉				
56	干坚果	3~6	−7	0.92~1.05	0.88~0.92
57	菜油	14.4~15.4			
58	洋葱	87.5	−1	3.77	1.93
59	橘子	90	−2.2	3.77	1.93
60	桃子	86.9	−1.5	3.77	1.93
61	梨	83	−2	3.77	2.01
62	梨干	10		1.17	0.92
63	青豌豆	74	−1.1	3.31	1.76
64	干豌豆				
65	青菠萝		−1.5		
66	菠萝	85.3	−1.2	3.68	1.88
67	李子	86	−2.2	3.68	1.88
68	猪肉	35~42	−2.2~−1.7	2.01~2.26	1.26~1.34
69	冻猪肉				
70	土豆	77.8	−1.8	3.43	1.80
71	鲜家禽	74	−1.7	3.35	1.80
72	冻家禽	60		2.85	
73	南瓜	90.5	−1	3.85	1.97
74	兔肉	60	−1.7	3.35	
75	冻兔肉	60		2.85	
76	萝卜	93.6	−2.2	3.98	2.01
77	米	10	−1.7	1.09	
78	腊肠				
79	菠菜	92.7	−0.9	3.94	2.01
80	杨梅	90	−1.3	3.85	1.97
81	糖	0.5		0.84	0.84
82	（听装）糖汁	36	−2.2	2.68	
83	生西红柿	94	−0.9	3.98	2.01
84	西红柿	94	−0.9	3.98	2.01
85	大豆菜	90.9	−0.9	3.89	1.97
86	西瓜	92.1	−1.6	4.06	2.01
87	葡萄酒				
88	蛋黄粉				1.05

（续）

潜热/（kJ/kg）	储藏容积/（m³/t）	储藏温度/℃	储藏相对湿度（%）	储藏期/天（月）
267.93		0	90	（2）
154.91	5.0	−18	90	（12）
293.08		0	85~90	（1~3）
297.26	9.4	5~10	85~90	（2）
318.20		0~1	85~90	（1~2）
		−70	80	（1）
247.02		−0.5~1.5	80~85	7~28
		1~2	75~80	（1~3）
305.64	9.4	2~7	80~90	7~56
288.89		0~2	80~95	7
	7.5	0~1.5	75~80	（1~6）
		0	80	10
	6.2	−12~−18	80~85	（3~6）
10.05~18.42	12.5	0~2	65~75	（8~12）
		1~12		（6~12）
388.89	9.4	1.5	80	（3）
288.89	9.4	0~1.2	85~90	56~70
388.89	7.5	−0.5~1	80~85	14~28
280.52	7.5	0.5~1.5	85~90	（1~5）
322.38	75	0.5	75	（6）
247.02	8.1	0	80~90	7~21
	7.5	0.5	75	（6）
	8.1	10~16	85~90	14~28
284.70	8.1	4~12	85~90	14~28
284.70	8.1	−4~0	80~95	21~56
125.60		0~1.2	85~90	3~10
		−24~−18	85~95	（2~8）
259.58	12.5	3~6	85~90	（6）
247.02	6.2	0	80	7
	6.2	−30~−10	80	（3~12）
301.45		0~3	80~85	（2~3）
		0~1	80~90	5~10
	6.9	−24~−12	80~90	（6）
309.82	8.1	0~1	85~95	14
	7.5	1.5	65	（6）
		−4~5	85~90	7~10
305.64		0~1	90	10~14
301.45		−0.5~1.5	75~85	7~10
167.47		7~10	低于60	（12~36）
	6.2	1	80	42
309.82		10~20	85~90	21~28
309.82		1~5	85~90	7~21
301.45	8.1	0~1	90	（1~4）
301.45		2~4	75~85	14~21
	7.5	10	85	（6）
20.93		1.5	极小	（6）

附录 C　速冻食品技术规程

（中华人民共和国国家标准 UDC664.8.037
速冻食品技术规程 GB3863—88）

本标准适用于单一或成组食品的速冻加工并在冻结条件下销售的各种食品。

本标准参照采用食品法典委员会 CAC/RCP8—1976《速冻食品的加工和管理国际推荐法规》。

1. 原料与准备

1.1　速冻食品的原料应是质量优良，符合卫生要求。

1.2　原料可在能保持其质量的温度和相对湿度条件下贮藏一段时期。

1.3　熟食品速冻前应在适合卫生加工要求的冷却设备内尽快冷却，不得保存在高于 10℃和低于 60℃的环境中。

2. 速冻

2.1　冷却后的食品应立即速冻。

2.2　食品在冻结时应以最快的速度通过食品的最大冰晶区（大部分食品是 −1 ~ −5℃）。

2.3　食品冻结终了温度应是 −18℃。

2.4　速冻加工后的食品在运送到冷藏库时，应采取有效的措施，使温升保持在最低限度。

2.5　包装速冻食品应在温度能受控制的环境中进行。

3. 贮存

3.1　冷藏库的室内温度应保持在 −18℃或更低（视不同的产品而异）。温度波动要求控制在 2℃以内。

3.2　冷藏库的室内温度要定时核查、记录。最好采用自记温度仪。

3.3　冷藏库的室内空气流动速度以使库内得到均匀的温度为宜。

3.4　冷藏库内产品的堆码不应阻碍空气循环。产品与冷藏库墙、顶棚和地面的间隔不小于 10cm。

3.5　冷藏库内贮存的产品应实行先进先出制。

4. 运输与分配

4.1　运输产品的厢体必须保持 −18℃或更低的温度。厢体在装载前必须预冷到 10℃或更低的温度。并装有能在运输中记录产品温度的仪表。

4.2　产品从冷藏库运出后，运输途中允许温升到 −15℃，但交货后应尽快降至 −18℃。

4.3　产品装卸或进出冷藏库要迅速。

4.4　采用冷藏车运输时，应设有车厢外面能直接观察的温度记录仪，经常检查厢内温度。

4.5　产品运送到销售点时，最高温度不得高于 −12℃。销售点无降温设备时，应尽快出售。

5.　零售

5.1　产品应在低温陈列柜中出售。

5.2　低温陈列柜上货后要保持 −15℃，柜内就配有温度计。

5.3　低温陈列柜内产品的温度允许短时间升高，但不得高于 −12℃。

5.4　低温陈列柜的敞开放货区不应受日光直射，不受强烈的人工光线照射和不正对加热器。低温陈列柜的敞开部分在非营业时间要上盖，在非营业时间除霜。

5.5　低温陈列柜内堆放产品不得超出装载线。

5.6　包装的与不包装的产品应分开存放和陈列。

5.7　未经速冻的食品不能与速冻食品放在同一个低温陈列柜内。

5.8　低温陈列柜内的产品要按先进先出的原则销售。

6.　包装和标志

6.1　包装应按下列要求设计

a　保护产品不受微生物和其他污染；

b　保护产品的色、香、味；

c　尽可能地防止干耗、热辐射和过量热的传入。

6.2　包装在贮存、运输直至最后出售时，应保持完好。

6.3　速冻食品的标签应符合 GB 7718—2004《食品标签通用标准》的要求。

7.　卫生

速冻食品从加工、贮存、运输直至销售应始终保持良好的卫生条件，符合中华人民共和国食品卫生法要求。

8.　测定速冻食品温度的方法

8.1　目的

8.1.1　用相应的仪表测得被测处的准确温度；选择一些有代表性的测量部位，测得本批产品的平均温度，以及其内部温度变化的情况。

8.1.2　测量产品的温度

a　测量产品内部的温度；

b　测量产品的表面温度。

8.2　温度测量仪器的要求

a　仪器的"半值期"⊖应不超过 0.5min；

b　仪器在 −30～30℃ 范围内的精确度要求在 ±0.5℃ 以内；

c　仪器对 0.5℃ 的变化有反应；

d　测量值的精确度应不受环境温度的影响；

e　仪器的刻度标记应小于 1℃，并能读出 0.5℃；

f　测量仪器的敏感元件的结构应能保证与产品有良好的热接触；

g　电器部分应防潮。

⊖　半值期：温度计从最初温度转变到最终温度一半时所需的时间。

8.3　测量温度的仪器

8.3.1　玻璃管温度表的要求

a　总长度应为 25cm；

b　测量产品内部温度时用圆径尖头，测量产品表面温度时用椭圆的；

c　用酒精温度表。

8.3.2　圆盘温度计的要求

a　敏感元件的总长度应为 15cm；

b　测量产品内部温度时用不锈钢制作呈尖头状，测量产品表面温度时采用平头状（厚度不大于 0.5cm）；

c　表盘用塑料膜密封。

8.3.3　电阻（或热电偶）温度计

使用电阻（或热电偶）作敏感元件，探针的总长度应为 15cm 左右。敏感元件的要求：

a　用不锈钢制作敏感元件——探针式或探片式；

b　采用带有补偿电阻的导线。

8.3.4　在产品中打洞的器件

应使用易清洗的尖头金属器件，如探针、钻等。

8.4　产品内部温度的测量

8.4.1　由直接测量产品内的温度取得。

8.4.2　产品内部温度应在其最大表面中心下面 2.5cm 处测量。当产品（或包装产品）有一边的厚度小于 5cm 时，测量点应处于此厚度的中间。

8.4.3　打洞

所测产品（或包装）用经过预冷的探针或钻打孔，孔洞的深度最少要有 2.5cm，孔径大小应以能插入探针为宜。

8.4.4　预冷

a　任选一"预冷包裹"（简称"包裹"）用来预冷探针或手钻和敏感元件。严禁把热的探针、手钻或敏感元件插到要测试的产品中；

b　应把敏感元件插在"包裹"的中心停留三分钟。在准备放入要测试的产品之前，不得把敏感元件从"包裹"里拔出；

c　若产品与"包裹"彼此有良好的接触，则可把敏感元件放在产品与"包裹"之间进行预冷。

8.4.5　测量产品内部温度

a　敏感元件应从"包裹"里拔出后立即插入要测试的产品内；

b　敏感元件应插到被测产品的中心；

c　待温度稳定后记录此时的温度值；

d　测完产品温度后的敏感元件应放回"包裹"中，以备再用。

8.5　产品表面温度的测量

a　按 8.4 条规定，预冷敏感元件；

b 对于大箱内的产品，用尖刀割开箱子的一边，把敏感元件插到箱内第一层和第二层产品之间，使其与敏感元件有良好的接触；

c 在测量箱内上边产品的表面温度时，要保证敏感元件与产品表面有良好的接触；

d 待温度稳定后，记录被测产品的温度值；

e 检查多箱产品时，要待下一个被测试箱子准备妥当后方能把敏感元件从被测试的箱子内拔出；

f 产品放在低温陈列柜内，也应按本条"a"至"e"的步骤进行。

8.6 取样

8.6.1 测量产品的选取

要参考产品过去的检查记录，考虑被取样品测试所取得的结果有代表性。

8.6.2 冷库内

若货箱是紧密地堆在一起时，则应测量最外边的货箱内靠外侧的货包和本批货物中心货箱的内部温度值。它们分别被称为本批产品的外部温度和中心温度。两者的差异视为本批货物的温度梯度，要进行多次测量，以记录本批货物温度状况的可靠数据。

8.6.3 冷藏车或冷藏集装箱内

a 运输中要测量靠近所有门洞边上产品的上部和下部温度；

b 卸货时要测量靠近所有门洞边上产品的上部和下部温度、后角处产品的上部（尽可能离冷却设备最远处）温度、货堆的中心温度、货堆上部表面的中心（尽可能离冷却设备最远处）温度、货堆上部表面的边角（尽可能离冷却设备最远处）温度。其他要进行测量温度的点，由检查负责人决定。

8.6.4 低温陈列柜内

最少要从柜的最上层、柜的中部和柜的下部各检测一包。测温时，低温陈列柜在除霜，应在检测记录中注明。

附加说明：

本标准由中国制冷学会负责起草。本标准主要起草人为曹德胜。

附录 D 冷库管理规范（试行）

（原商业部于 1989 年 12 月 21 日颁布，1990 年 1 月 1 日执行）

本规范适用于肉、禽、蛋、水产类冷加工和储藏的各类冷库。

1. 总则

1.1 冷库是食品冷藏加工企业的主要组成部分。担负着易腐食品的冷冻加工和储藏任务，起着促进农副业生产、调剂市场季节供求、配合完成出口任务的作用。

1.2 冷库结构复杂，技术性强，冷库的使用、维修、管理，必须严格按照科学办事，认真执行国家颁布的有关标准和法规，做到安全、卫生、低消耗。

1.3 冷库领导及各级主管部门在抓使用的同时，要抓好日常维护检修工作，切实做到使用好、管理好冷库。

1.4 冷库全体职工要钻研业务，掌握科学技术，热爱本职工作，爱护国家财产。要加强科学研究，充分发挥科技人员的作用，采用先进技术努力赶超世界先进水平。

2. 人员

2.1 企业必须按有关规定配备受过专门教育和培训，具有冷藏、加工、制冷、电器、卫检等专业知识、生产经验和组织能力的各级管理人员和技术人员，有一定数量的技师、助理工程师、工程师、高级工程师负责冷库的生产、技术、管理、科研工作。

2.2 冷库的压缩机房操作人员，必须具有初中以上文化程度，经过专业培训，获得合格证书，方能上岗操作。

2.3 负责冷库生产和管理的企业领导人，应具有冷库管理的专业知识和实践经验，要定期组织专业技术人员和操作人员进行技术学习和经验交流，要对本规范的实施负全部责任。

3. 库房

3.1 冷库的使用，应按设计要求，充分发挥冻结、冷藏能力，确保安全生产和产品质量，养护好冷库建筑结构。库房管理要设专门小组，责任落实到人，每一个库门，每一件设备工具，都要有人负责。

3.2 冷库是用隔热材料建成的，具有怕水、怕潮、怕热气、怕跑冷的特性，要把好冰、霜、水、门、灯五关。

3.2.1 穿堂和库房的墙、地、门、顶等都不得有冰、霜、水，有了要及时清除。

3.2.2 库内排管和冷风机要及时扫霜、冲霜，以提高制冷效能。冲霜时必须按规程操作，冻结间至少要做到出清一次库，冲一次霜。冷风机水盘内和库内不得有积水。

3.2.3 冷库内严禁多水性作业。

3.2.4 没有经过冻结的货物，不准直入冻结物冷藏间，以保证商品质量，防止损坏冷库。

3.2.5 严格管理冷库门，商品出入库时，要随时关门，库门如有损坏要及时维修，做到开启灵活、关闭严密、防止跑冷。凡接触外界空气的门，均应设空气幕，减少冷热空气对流。

3.3　防止建筑结构冻融循环、冻酥、冻臌。

3.3.1　各类冷库库房必须按设计规定用途使用，冷却物、冻结物冷藏间不能混淆使用。原设计有冷却工艺的冻结间，如改为一次冻结时，要配备足够的制冷设备。冷却物冷藏间、冻结物冷藏间、原设计的两用间确需换用途的，由设计部门设计并按程序报批。

3.3.2　空库时，冻结间和冻结物冷藏间应保持在 −5℃ 以下，防止冻融循环。冷却物冷藏间应保持在露点温度以下，避免库滴水受潮。

3.4　保护地坪（楼板），防止冻臌和损坏。

3.4.1　不得把商品直接散铺在地坪上或垫上席子等冻结；拆肉垛不得采用倒垛的方法；脱钩和脱盘不准在地坪上摔击，以免砸坏地坪，破坏隔热层。

3.4.2　商品堆垛、吊轨悬挂，其质量不得超过设计负荷。

3.4.3　没有地坪防冻措施的冷却物冷藏间，其库温不得低于 0℃，以免冻臌。

3.4.4　冷库地下自然通风道应保持畅通，不得积水、有霜，不得堵塞，北方地区要做到冬堵春开。采用机械通风或地下油管加热等设备，要指定专人负责，定期检查，根据要求，及时开启通风机、加热器等装置。

3.5　冷库必须合理利用仓容，不断总结、改进商品堆垛方法，安全、合理安排货位和堆垛高度，提高冷库利用率。堆垛要牢固、整齐，便于盘点、检查、进出库。

3.6　库内货位堆垛要求：

距冻结物冷藏间顶棚 0.2m。

距冷却物冷藏间顶棚 0.3m。

距顶排管下侧 0.3m。

距顶排管横侧 0.2m。

距无排管的墙 0.2m。

距墙排管外侧 0.4m。

距冷风机周围 1.5m。

距风道底面 0.2m。

3.7　库房要留有合理的走道，便于库内操作、车辆通过、设备检修，保证安全。

3.8　商品进出库及库内操作，要防止运输工具和商品碰撞库门、电梯门、柱子、墙壁和制冷系统管道等工艺设备，在易受碰撞之处，应加防护装置。

3.9　库内电器线路要经常维护，防止漏电，出库房要随手关灯。

3.10　冷库不宜采用包库制度，防止违章使用。

4.　商品保管与卫生

4.1　冷库要加强商品保管和卫生工作，重视商品养护，严格执行《食品卫生法》保证商品质量，减少干耗损失。冷库要加强卫检工作。库内要求无污垢、无霉菌、无异味、无鼠害、无冰霜等，并有专职卫检人员检查出入库商品。肉及肉制品进入冷库时，必须有卫检印章或其他检验证件。严禁未经栓疫检验的社会零宰畜禽肉及肉制品入库。

4.2　为保证商品质量，冻结、冷藏商品时，必须遵守冷加工工艺要求。商品深层温度必须降低到不高于冷藏间温度3℃时才能转库，如冻结物冷藏间库温为−18℃，则商品冻结后的深层温度必须达到−15℃以下。长途运输的冷冻商品，在装车、船时的温度不得高于−15℃。外地调入的冻结商品，温度高于−8℃时，必须复冻到要求温度后，才能转入冻结物冷藏间。

4.3　根据商品特性，严格掌握库房温度、湿度。在正常情况下，冻结物冷藏间一昼夜温度升降幅度不得超过1℃，冷却物冻藏间不得超过3℃。

4.4　对库存商品，要严格掌握储存保质期限，定期进行质量检查，执行先进先出制度。如发现商品有变质、酸败、脂肪发黄现象时，应迅速处理。商品储藏保质期如下表：

品　名	库房温度	保质期
带皮冻猪白条肉	−18℃	12 个月
无皮冻猪白条肉	−18℃	10 个月
冻分割肉	−18℃	12 个月
冻牛羊肉	−18℃	11 个月
冻禽、冻兔冻	−18℃	8 个月
畜禽副产品	−18℃	10 个月
冻鱼	−18℃	9 个月
鲜蛋	−18℃（相对湿度 80% ~85%）	6 ~8 个月
冰蛋（听装）	−18℃（相对湿度 80% ~85%）	15 个月

超期商品经检验后才能出库。

4.5　鲜蛋入库前必须除草，剔除破损、裂纹、脏污等残次蛋，并在过灯照验后，方可入库储藏，以保证产品质量。

4.6　下列商品要经过挑选、整理或改换包装，否则不准入库：

4.6.1　商品质量不一、好次混淆者。

4.6.2　商品污染和夹有污物。

4.6.3　肉制品和不能堆垛的零散商品，应加包装或冻结成型后方可入库。

4.7　下列商品严禁入库：

4.7.1　变质腐败、有异味、不符合卫生要求的商品。

4.7.2　患有传染病畜禽的肉类商品。

4.7.3　雨淋或水浸泡过的鲜蛋。

4.7.4　用盐腌或盐水浸泡，没有严密包装的商品，流汁、流水的商品。

4.7.5　易燃、易爆、有毒、有化学腐蚀作用的商品。

4.8　供应少数民族的商品和有强挥发气味的商品应设专库保管，不得混放。

4.9　要认真记载商品的进出库时间、品种、数量、等级、质量、包装和生产日期等。要按垛挂牌。定期核对账目，出一批清理一批，做到账、货、卡相符。

4.10　冷库必须做好下列卫生工作：

4.10.1　冷库工作人员要注意个人卫生，定期进行身体健康检查，发现有传染病者应及时调换工作。

4.10.2　库房周围和库内外走廊、汽车和火车月台、电梯等场所，必须设专职人员经常清扫，保持卫生。

4.10.3　库内使用的易锈金属工具、木质工具和运输工具、垫木、冻盘等设备，要勤洗、勤擦、定期消毒防止发霉、生锈。

4.10.4　库内商品出清后，要进行彻底清、消毒，堵塞鼠洞，消灭霉菌。

5.　设备管理

5.1　冷库中的制冷设备和制冷剂具有高压、易爆、含毒的特性，冷库工作人员要树立高度的责任感，认真贯彻预防为主的方针，定期进行安全检查。每年旺季生产之前，要进行一次重点安全检查，查制度，查各种设备的技术状况，查劳动保护用品和安全设施的配置情况。

5.2　要加强冷库制冷设备和其他设备的管理，提高设备完好率，确保安全生产。冷库的机房要建立岗位责任制度、交接班制度、安全生产制度、设备维护保养制度和班组定额管理制度等各项标准。根据设备的特性和实际操作经验，制定本厂切实可行的技术规程，报主管部门备查，并严格执行。

5.3　冷库所用的仪器、仪表、衡器、量具等都必须经过法定计量部门的鉴定，同时要按规定定期复查，确保计量器具的准确性。

5.4　操作人员要做到"四要"、"四勤"、"四及时"：

5.4.1　"四要"是：要确保安全运行；要保证库房温度；要尽量降低冷凝压力（表压力最高不超过 1.5MPa）；要充分发挥制冷设备的制冷效率，努力降低水、电、油、制冷剂的消耗。

5.4.2　"四勤"是：勤看仪表；勤查机器温度；勤听机器运转有无杂音；勤了解进出货情况。

5.4.3　"四及时"是：及时放油；及时除霜；及时放空气；及时清除冷凝器水垢。

5.5　操作人员要严格遵守交接班制度，要加强工作责任心，互相协作。

5.5.1　交接班时，要做到：

5.5.1.1　当班生产任务及机器运转、供液、库温等情况清楚。

5.5.1.2　机器设备运行中的故障、隐患及需要注意的事项明确。

5.5.1.3　车间记录完整、准确。

5.5.1.4　生产工具、用品齐全。

5.5.1.5　机器设备和工作场所清洁无污，周围没有杂物。

5.5.2　交接中发现问题，如能在当班处理时，交班人应在接班人协同下负责处理完毕再离开。

5.6　氨瓶的使用管理，必须严格遵守《气瓶安全监察规程》中的有关事项，特别注意：

5.6.1　不得使用已超过检验期的氨瓶。

5.6.2　充装量不得超过规定。

5.6.3　不得放在热源附近。

5.6.4　不得强烈震动。

5.6.5　不得在太阳下曝晒。

5.6.6　氨瓶必须按期鉴定。

5.7　大、中型冷库必需装设库温遥测装置，以保证冷库温度的稳定和设备的正常运转，降低能源消耗。

6.　冷库维护检修

6.1　冷库要按有关规定撮大修理基金，做到专款专用。

6.2　冷库必须认真执行有关的维护检修制度。冷库维护检修工作要列入领导议事日程，配备专人负责。要将冷库的定期检修和日常维护相结合，以日常维护为主，切实把建筑结构、机器设备等维护好，使其经常处于良好的工作状态。

6.3　为掌握建筑结构和机器设备的技术性能善，便于管理和维修，要按标准建立完善的技术档案。

6.4　要定期对冷库屋面和其他各项建筑结构进行检查。

6.4.1　屋面漏水，油毡层臌起、裂缝，保护层损坏，屋面排水不畅，落水管损坏或堵塞，库内外排水管道渗水、墙面或地面裂缝、破损、粉面脱落，冷库门损坏等，应及时修复。

6.4.2　地坪冻臌，墙壁和柱子裂缝、破损、粉面脱落，冷库门损坏等，应及时修复。

6.4.3　松散隔热层有下沉，应以同样材料填满压实，发现受潮要及时翻晒或更换。

6.4.4　冷库平顶和月台罩棚顶，不得做其他用途，有积雪、长草时应及时清除。

6.5　冷库的维修必须保证质量。积极采取新工艺、新技术，力求维修后的使用效果达到或超过原调设计要求。要认真做好维修的质量检查，竣工后要组织验收。

6.6　冷库的机器设备发生故障和建筑结构损坏后，应立即检查，分析原因，制定解决办法和措施，并认真总结以验教训。对于那些玩忽职守，违章操作造成事故的人员，要追究责任，依章处理。

6.7　冷库发生重大事故要立即逐级向主管部门报告。一般事故亦要建立登记制度，报厂级劳动安全部门备案。各冷库每年要将各种事故书面报告主管部门，省级汇总后报商业部。

7.　附则

7.1　本远东是根据 1978 年商业部颁发的《商业部门冷库管理办法》修改的，自 1990 年 1 月 1 日起执行，《商业部门冷库管理办法》相应废止。

7.2　本规范修改、解释权属于中华人民共和国商业部。

注：1. 冷库重大事故是指各机器设备遭受严重破坏，以致辞报废或大修理后才能使用；由于爆炸、跑氨等事故造成严重的人身伤亡；商品变质损失达十万元以上；冷库建筑坍塌，地坪严重冻臌、沉陷、造成主要结构损坏，需要停产进行大修等。

2. 冷库一般事故是指各种机器设备的部件非正常磨损而发生的损坏，经过一般修理后仍能恢复使用；设备、容器、管道局部开裂、折断、跑氨以及一般的商品质量，建筑结构损坏等。

参考文献

［1］汪之和．水产品加工与利用［M］．北京：化学工业出版社，2003．

［2］吕劳富，何勇，等．果品蔬菜保鲜技术和设备［M］．北京：中国环境科学出版社，2003．

［3］石文星，等．冰温技术在食品贮藏中的应用［J］．食品工业科技，2002，23（4）：64-66．

［4］刘红英，齐凤生，张辉．水产品加工与贮藏［M］．北京：化学工业出版社，2006．

［5］林洪，张瑾，熊正河．水产品保鲜技术［M］．北京：中国轻工业出版社，2001．

［6］沈月新．水产食品学［M］．北京：中国农业出版社，2001．

［7］冯志哲．食品冷藏学［M］．北京：中国轻工业出版社，2001．

［8］沈月薪．水产食品学［M］．北京：中国农业出版社，2000．

［9］丁玉庭，骆肇尧，季家驹．中国水产学会第四次全国会员代表大会论文集［C］．1988，356-362．

［10］赵晋府．食品工艺学［M］．2版．北京：中国轻工业出版社，1999．

［11］华泽剑，李云飞，刘宝林．食品冷冻冷藏原理与设备［M］．北京：机械工业出版社，1999．

［12］袁惠新．食品加工与保藏技术［M］．北京：化学工业出版社，2003．

［13］马长伟．食品工艺学导论［M］．北京：中国农业大学出版社，2002．

［14］周家春．食品工艺学［M］．北京：化学工业出版社，2003．

［15］李勇．食品冷冻加工技术［M］．北京：化学工业出版社，2004．

［16］李里特．食品原料学［M］．北京：中国农业出版社，2001．

［17］谢晶，华泽剑，李云飞．非热技术在食品解冻中的应用［J］．制冷学报，1999（3）．

［18］刘北林．食品保鲜技术［M］．北京：中国物资出版社，2003．

［19］曾庆孝，等．食品加工与保藏原理［M］．北京：化学工业出版社，2002．

［20］刘建学．食品保藏学［M］．北京：中国轻工业出版社，2006．

［21］田国庆．食品冷加工工艺［M］．北京：机械工业出版社，2004．

［22］孙企达．真空冷却气调保鲜技术及应用［M］．北京：化学工业出版社，2004．

［23］谢晶．食品冷冻冷藏原理与技术［M］．北京：化学工业出版社，2005．

［24］张子德．果蔬贮运学［M］．北京：中国轻工业出版社，2002．

［25］李富军，张新华．果蔬采后生理与衰老控制［M］．北京：中国环境科学出版社，2004．

［26］钟芳．食品的冷冻玻璃化保藏［J］．食品与机械，2000（5）．

［27］刘海鑫．食品减压冷藏中三个主要参数的实验研究［C］．2004．

［28］李修渠．食品解冻技术［J］．食品科技，2002（2）．

［29］尤瑜敏．冻结食品的解冻技术［J］．食品科学，2001（22）．

［30］张辉玲，刘明津，张昭其．果蔬采后冰温贮藏技术研究进展［J］．热带作物学报，2006（3）．

［31］冯月荣，樊军浩，陈松．调理食品现状及发展趋势探讨［J］．肉类工业，2006（10）．

［32］冷平．冰温贮藏水果、蔬菜等农产品保鲜的新途径［J］．中国农业大学学报，1997，2（3）：79-83．